教育部人文社会科学研究一般项目（09YJC760033）
国家自然科学基金重点资助项目（51238011）
上海市教育委员会科研创新项目（11YS34）

U0385256

地区人居环境营建
体系的理论方法与实践

Theoretical Methods and Practices on
Regional Human Settlements Constructive System

魏 秦 著

中国建筑工业出版社

图书在版编目（CIP）数据

地区人居环境营建体系的理论方法与实践 / 魏秦著 . —北京：中国建筑工业出版社，2013.10
ISBN 978-7-112-15708-2

Ⅰ.①地… Ⅱ.①魏… Ⅲ.①居住环境-研究 Ⅳ.①X21

中国版本图书馆 CIP 数据核字（2013）第 185684 号

责任编辑：李东禧　李成成
责任设计：陈　旭
责任校对：张　颖　刘　钰

地区人居环境营建体系的理论方法与实践
魏　秦　著

＊

中国建筑工业出版社出版、发行（北京西郊百万庄）
各地新华书店、建筑书店经销
北京嘉泰利德公司制版
北京君升印刷有限公司印刷

＊

开本：787×1092毫米　1/16　印张：14$\frac{1}{2}$　字数：360千字
2013 年 12 月第一版　2013 年 12 月第一次印刷
定价：58.00元
ISBN 978-7-112-15708-2
　　　　（24519）

序

　　伴随着全球化与中国各地区高速的城镇化发展，在文化趋同和地区建筑与城市特征丧失的同时，面临着更为复杂的矛盾：如何在经济发展与大规模的建设过程中解决生态恶化、环境污染与文脉丧失等诸多保护与发展的问题，成为目前我国人居环境建设中十分迫切的课题。

　　地区建筑学研究是基于吴良镛院士提出的"人居环境科学"架构下，提倡回归基本原理，从各地区传统文化特征与智慧发掘中，结合现代科学理论与研究成果，保持地区特质的多元化，实现地区人居环境的可持续发展。建筑学科开展地区人居环境的可持续发展研究，离不开整体思维与综合集成的方法，需要从多学科视角切入才有可能获得实质性的突破。

　　将不同地区特定的生态资源状况、建筑气候区划、地形地貌类型、经济运作模式、居住生活方式等与人居环境营建系统纳入统一视野，明确其土地利用、空间布局、灾害防御、适宜技术、文脉延续等的应对策略，借助现代科学原理与技术手段，进行地区生态建筑经验的科学化与技术化研究，优化传统被动式营造技术，建立不同状态之下各个层面的应对智慧与设计策略，并在空间形态上体现地方风貌特质，进而带动中国的人居环境建设向多元、科学与内涵发展。

　　目前，乡村建设是探寻具有中国特色的城市化之路不可回避的问题，而从具有地区鲜明特质的乡村营建切入来研究地区建筑体系是当前地区人居环境研究领域比较务实的途径。传统聚落与民居是建立在有限资源利用、对自然有限改造的基础上，以低能耗的方式与生态环境维持着良性的和谐关系；其在处理人与环境方面积累了很多的生态智慧与营建策略，在采光、保暖、御寒、通风等方面有很多适应气候、适应环境和节约能源资源的优势。随着中国城镇化进程的飞速发展，乡村聚落正经历着快速的发展与变迁，在生活环境全面改观的同时，简单地"拷贝"城市模式，不仅丧失了各地区传统乡村聚落自然原生的有机形态，更遗失了与乡村生存空间一一对应的地域营建智慧，更重要的是会失去对整体人居环境良好的生态支持，直接影响着中国人居环境可持续发展的进程。

　　本书正是基于上述研究背景，在对国内外地区人居环境理论与实践加以梳理的基础上，针对我国地区人居环境的现状与问题，聚焦于地区营建体系研究。该书以跨学科的宽阔视角，系统地架构了地区营建体系的理论与方法框架。作者在多年对黄土高原窑洞民居考察与研究积累的基础上，选取窑居营建体系作为研究个案，完整地提出了黄土高原窑居营建体系适宜性的营建策略与形态模式，在理论方法与研究成果上都有不少创新点，对相关地区人居环境的研究和建设具有一定的借鉴与参考价值。

作者魏秦作为地区建筑学研究领域的青年学者，曾经参与了多项课题研究与规划设计的工作，奠定了较为扎实的研究基础。《地区人居环境营建体系的理论方法与实践》一书是在其博士论文的基础上修改、补充与完善而成，也是其多年学术研究与积累的成果。从我指导魏秦的本科毕业设计开始，她就开始进入西安建筑科技大学国家自然科学基金重点项目《黄土高原绿色建筑体系与基本聚居单位模式研究》的课题研究，参与了延安枣园绿色住区的基础调研与规划设计工作，并通过硕士论文《从原生走向可持续发展——黄土高原地区建筑学研究》，完成了对地区建筑深层结构的思考与诠释；后来魏秦又考入浙江大学攻读博士学位，参与我的国家自然科学基金项目"长江三角洲城镇基本住居单位可持续发展适宜性模式研究"课题，仍然沿着地区建筑学研究方向不断地积累着，并在对课题组研究成果提升与整合的基础上，基于她对黄土高原窑居建筑的研究与思考完成其博士学位论文。现在魏秦能够在该研究领域辛勤耕耘，并独立承担教育部人文社会科学课题《地区人居环境营建体系可持续发展的适宜性模式研究》等多个国家与地方的研究项目。作为魏秦的导师，我见证了她从一个对学术研究懵懂的学子成长为一名执著于地区人居环境营建研究方向的青年学者的成长过程。

值本书出版之际，以此序谨表祝贺，希望魏秦能够在地区人居环境的研究领域走得更稳、更远！

2013 年 8 月　杭州　求是村

摘　要

　　可持续发展作为 21 世纪人类生存与发展的行动纲领，已经深入到包括建筑领域在内的各行各业。针对人居环境的城市化与目前的社会经济发展方式所导致的环境污染、能源资源危机与居住环境改善等问题，如何立足于我国国情，协调处理好环境与发展、全球化与地区性等矛盾，建设人居环境的可持续发展，是目前紧迫而严峻的问题。

　　城市与乡村在大规模的建设中遭到了不可挽救的破坏，尤其是植根于地区自然与文化环境的传统聚落与住居，正逐渐被城市化的建设模式所取代，地区传统营建体系的演进与发展面临着种种困境。本研究的目的是从地区营建体系切入，研究如何挖掘与整理这些包含生态价值与智慧的地区营建经验，结合当前科学的理论方法与技术成果，将其转化为地区人居环境营建体系与方法，使地区传统建筑持续发展获得重生。

　　首先，本书在借鉴国内外地区人居环境理论与实践研究成果的基础上，针对我国人居环境的现状与问题，提出了地区营建体系的概念及内涵。

　　其次，本书分别从文学批评中的原型理论、生命科学中基因对生物性状的作用规律、控制论下的系统工程方法、生态学原理及其智慧、拓扑几何学原理在整体结构下的形态转换等相关学科领域获得启发，将地区建筑营建体系置于整体的自然、经济、社会文化等综合要素的动态网络中，在多维视野中整体地把握系统的构成关系，挖掘本源，找到科学的求解途径，把握地域基因的发生、调控以及演进机制，并运用神经元 BP 网络评价方法，由此架构完整的地区营建体系的理论框架与操作基点平台，为地区营建体系的可持续发展研究提供科学的方法与营建导则。

　　在此理论框架的指导下，选取黄土高原的窑居营建体系作为地区研究案例，从黄土高原生态、经济与社会文化环境分析入手，对窑居营建体系的地域基因进行诊治识别、重组与整合，在对其系统规律分析与把握的基础上，建构了窑居的"地域基因库"，调控其向可持续发展的目标演进。

　　最后，本书将营建体系的理论及原则落实于绿色窑居营建体系的形态设计上，架构了从窑居独院、基本生活单元到窑居聚落，直至营建体系的各层级形态设计对策细则及多样化的形态转换拓扑群，为专业人士与居住者协作设计提供了直接的参照模版，以利于窑居营建体系的良性生长。为了验证理论研究的可行性，本书还结合枣园绿色住区示范点的建设作为实证研究，以期对其他地区人居环境的研究有所借鉴与启发。

　　关键词：地区营建体系，多维视野，演进机制，绿色窑居，枣园绿色住区

Abstract

Sustainable development, the guideline of human beings' existence and development in 21st century, has penetrated into all fields and industries, including architecture. Along with urbanization of human settlements and our social and economical development, problems, such as environment pollution, energy and resources crisis, living environment improvement and so on, have emerged. Thus, it has become an urgent and critical issue how to coordinate environment with development, globalization with regional problems and maintain sustainable development of building human settlements in terms of our national conditions.

Urban and rural areas have undergone irreparable destruction in the process of large-scale construction. The traditional settlements and homes rooted in the natural and cultural environment are being replaced by the pattern of urban construction. The sustainable development of traditional constructive system is confronted with all kinds of difficulties. From the perspective of regional constructive system, the research aims at finding out how to uncover and sort out the regional constructive experience, rich in ecological value and wisdom, then to combine the experience with the current scientific methods and technological achievements to turn it into scientific constructive system and method of regional human settlements, and finally to make the sustainable development of the regional traditional architecture reborn.

Firstly, in view of the human settlements conditions and problems in our country, this book, drawing on the experience of oversea regional human settlements theories and practices, puts forward the concept and connotation of the regional constructive system.

Secondly, inspired by knowledge and findings in the following scientific fields: archetype theory from literary criticism, the law that genes act on biological traits in life science, system engineering method from Cybernetics, principles of ecology and its wisdom, and form conversion in overall structure from topology and geometry, the research places the regional constructive system in a dynamic network involving cultural, economical and natural elements, grasps the constitutional relationship of the system structure from all perspectives, discloses the origin, finds a scientific solution, masters the regulation mechanism, morphogenetic mechanism and evolutionary mechanism of regional genes. Furthermore, the book builds a neuron BP network index method, based on which the theoretical framework and operation platform for the regional constructive system are formed, and they provide scientific methods and construction guidelines for research on the sustainable development of regional constructive system.

Guided by the theoretical framework, the book selects cave dwelling constructive system on The Loess Plateau to conduct case study. Through analysis of ecological, economical, cultural and social environment of The Loess Plateau, diagnosis, identification, restructuring and integration of the regional genes of cave dwelling constructive system and analysis and grasp of its systematic rules, the book constructs a regional gene pool of cave dwelling and regulates the evolutionary process towards the goal of sustainable development.

Finally, the book applies the theories and principles of constructive system to the pattern design of green cave dwelling constructive system and constructs cave dwelling yards, basic living units and its settlements. Moreover, the book provides countermeasures for all-level pattern design and diverse topological groups of form conversion, designs and provides templates for professionals and inhabitants, thus can be beneficial to the benign development of cave dwelling constructive system. In order to verify the feasibility of the theoretical research, the research conducts an empirical study on construction of Zaoyuan village, a demonstration of green settlements, hoping to bring experience and inspiration to research on green settlements in other regions.

Key words : Regional Constructive System, Multi-dimensional Perspectives, Evolutionary Mechanism, Green Cave Dwelling, Zaoyuan Green Settlements

目　录

上篇　地区人居环境营建体系的思考与方法

1 绪 论

1.1 研究背景

1.1.1 研究缘起

1. 地区营建的现状思考

伴随着从敬畏、了解到征服自然的人与自然关系的演变，人类利用自然的深度与广度也在不断提升，营建活动从被动地顺应自然到主动地适应自然、利用自然、改变自然。随着全球范围内的社会与经济的高速发展，人与自然、人与社会关系发生了严重失调，由此触发了一系列诸如人口、交通、居住、环境污染、资源能源匮乏等连锁反应。全球生态危机对人类生存发展的严重威胁，已经引发了全人类的忧虑与思考。因此，有关于"生态"、"可持续发展"的议题已经成为各学科、各行各业所探索的焦点，试图从多角度研究解决人类生存与发展问题。

全球经济与社会的空前发展，促使世界范围内的城市化时代的快速到来。我国大陆城镇人口占总人口比重，由 1980 年的 13.6% 提高到 2003 年的 38%；根据国家统计局公布的数据，2011 年城镇人口比重达到 51.27%，城镇人口首次超过农村人口，达到 6.9 亿人。根据《中国城市发展报告（2011）》的公开数据：至 2011 年年末，中国共有 657 个设市城市，建制镇增加至 19683 个。"美国经济学家、诺贝尔奖获得者斯蒂格利茨（Joseph E. Stiglitz）在世纪之初曾断言：21 世纪影响人类进程最主要的两件大事即为中国的城市化和新技术革命。"[1] 近十年来，我国城镇化速度的突进可以体现在一系列的数据上：2000 年，全国城镇化率为 36%，2003 年达到 38%，2011 年达到 51.27%。发达国家需要经历近百年实现的城镇化率从 20% 增长到 50% 的过程，我国只经历了 20 余年。

高速城市化发展始终伴随着超大规模的建设："2003~2011 年间，我国城镇住宅每年竣工量从 600 万套增加到了 900 万套左右，达到发达国家住宅建设高潮时期的水平。我国城镇住宅竣工面积由 1998 年的 4.76 亿 m^2 增加到 2010 年的 8.68 亿 m^2，加之农村的住宅，每年的住宅总建造面积可达到 15 亿 m^2。"[2] 这些都迅速改变着广大城市和乡村的面貌，一方面带给我们舒适便利的居所与享受，另一方面回馈给我们的是环境污染、生态恶化、资源浪费、特色缺失等。超大的人口规模、地域间经济发展的不平衡使得我国的人居环境面临的生态压力之艰巨、矛盾问题之突出，都绝非其他发达国家可比。因而，应协调人与自然的关系，注

---

❶ 刘辰. 中国城镇化率之惑 [N]. 中国房地产报，2008-04-29
❷ 陈杰. 保增长、促民生：保障房建设的双重功能 [N]. 中国社会科学报，2012-08-27.

重生态保护、资源有效利用等问题，尤其是在保护与发展、传统与现代、全球化与地区性等人居环境建设所面临的各种矛盾中辩证分析与反思，在立足于我国国情的前提下，将人居环境的可持续发展作为建筑及相关学科领域的思考与攻关方向。

2. 问题的提出

2005年10月，中国共产党十六届五中全会通过《十一五规划纲要建议》，提出要按照"生产发展、生活宽裕、乡风文明、村容整洁、管理民主"的要求，扎实推进社会主义新农村建设。❶随着各地新农村建设的深入开展，乡村生产、生活、基础设施等状况得到了全面的改善，实现了现代化的物质文明。但是同时各地区乡村建设盲目套用城市发展模式，使得原本各地区特质鲜明的乡村逐渐脱离其本真，在生活方式得到改观的同时，也带来地区住居形态的衰落及良好社会生活网络的丧失。各地区农村住宅呈现的整齐划一的村落形态、笔直的道路、带有城市标记的乡村面貌（图1-1、图1-2），已经使我们不仅远离了清新的乡土气息、旷野的田园风光，更遗失了与乡村生存空间一一对应的地域营建智慧（图1-3、

图1-1　模仿城市模式的乡村面貌
（资料来源：www.baidu.com）

图1-2　上海城市边缘区新农村面貌

图1-3　原生的乡村景象
（资料来源：www.nipic.com）

❶ 社会主义新农村建设 [EB/OL]. 百度百科 http://baike.baidu.com/view/326969.htm.

图1-4）。这种意识形态与空间形态上的无根状态，正是当下新农村建设中用无根的东西替代扎根于地区生活真实性的症结所在，由此使得地区人居环境建设缺乏原有的生命力。

图1-4 山环水抱的徽州村落
（张平兮摄）

　　中国是一个以乡村为主体的社会，乡村人口达到9亿，乡村建筑面积更达到300多亿平方米。在乡土中国的社会中，乡村聚落与乡村已经成为代表各地区社会文化与特质的主体。那么，我们在感慨地区文化特色缺失的同时，更应该清醒思考的是：如何在乡村实现现代化生活品质的同时，恢复与保护能够对城市环境起到生态净化与治疗功效的地区"田园风光"，而非盲目套用本已缺乏地区根基的城市模式，使本就脆弱的生态环境雪上加霜。因而，如何探寻各地区建设的适宜模式，找到符合地区状况的人居环境建设的方法与对策就显得尤其重要，这使得我们不得不重新反思地区营建的演进历程。

　　从地区营建的选址与形态演变过程中，我们可以发现早期的人们是如何被动地顺应生态约束，发挥对气候的巧妙应对与对地形地貌的创造性利用，取自然之利，避自然之害，巧妙地运用生态规律，因地制宜地构筑居所，使其既适应于当地自然环境与资源状况，又体现出地区的经济与社会文化特征的。

　　地区传统的营建方式是被动而自发的选择，实实在在地建立在对有限资源利用、对自然有限改造的基础上，因而在形成和发展的过程中对环境的干扰也很有限。它利用建筑、人与环境之间的调适作用，在基本不需要运行设备的条件下，营造出相对健康的居住环境，并以低能耗的方式与生态环境维持着良性的和谐关系。

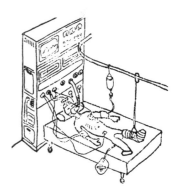

　　现代建筑由于运用高技术而忽视了人、建筑与自然间应有的调适性，以消耗巨大的能量与资源为代价来换取舒适的环境，而割裂了建筑与自然环境间维持几千年的朴素生态关系，致使建筑如同病入膏肓的病人（图1-5），依赖"医疗设备"维持生命，一旦失去技术支撑下的能量支撑就会陷入停顿的困境！如果广大乡村的建设仍沿袭"高技术、高能耗、高污染"的运营模式，其后果不仅是打破了乡村聚落与自然的良性和谐机制，导致广大乡村生态环境的恶化，更重要的是城市人居环境将会失去良好的生态支持，直接阻碍中国人居环境可持续发展的进程。

　　地区传统营建中蕴涵着原生的生态规律与各种适用的规则、技术及深层的文化内涵，但是其在当下的存在与未来的持续发展却面临着种种困境，也是无法回避的事实。那么，如何使这些宝贵的地区营建经验在当下的语境中

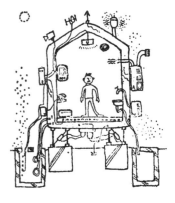

图1-5 现代建筑就像病入膏肓的病人
（资料来源：真锅恒博.住宅节能概论[M].北京：中国建筑工业出版社，1987）

图 1-6（左） 浙北山地保留的民居
图 1-7（右） 上海城郊城市别墅式
的新农村住宅

有机转化、持续发展、获得再生，是我们不得不反思的重要问题。

首先，地区乡土聚落、建筑空间形态与新的乡村生活方式及营建体系产生矛盾。

地区经济与社会的快速发展，聚落的经济与社会生活方式的急剧转变，新技术与新材料的运用，公共基础设施的配置，使得渗透着地区文化的原生建筑难以支持现代的居住生活，由此导致其成为形式的躯壳（图 1-6）。然而，新生的地区住居在表述现代化的品质和面貌的同时，却缺失了地域传统及社会文化的内涵（图 1-7）。全球化所带来的趋同本就是缺乏地域根基的病因所在，那么用"无根"的东西取代原本就"扎根"于地方生存空间的东西，简单地以城市模式为范本恐怕只会更加背离地区生活的逻辑事实与营建的永恒价值，而加速地域文化的衰亡。

其次，乡村营建活动需要科学化。

经过长期实践以经验为主导的传统营建机制，尽管着眼于和生态共生共存的方式，被动地运用生态规律，利用建筑的形态布局、材料构造来应对气候、地形与资源的限定，但是其生态效应具有一定的偶然性，远未形成循环的建造体系，既无法从整体的角度来把握建筑的建造过程，也难以真正地从总体上减少建筑的营建与运作能耗，或者即使保证了低能耗，却无法为居住者提供一个满足现代生活需求的舒适健康的居住环境。乡土营建活动还需运用科学规律加以指导、引导，从材料的加工、选材、建造、运营直至废弃后再利用的整个过程完成营建的科学化与体系化。

最后，脱离生存主体的地区营建活动能否真实体现地区生活的事实。

地区建筑是"没有建筑师的建筑"，建造者既是使用者又是设计的创造者，在营建实践中积累智慧，将对气候的回应、对资源创造性的利用、对材料结构的忠实体现以及最少最小的营建理念真实地反映在异彩纷呈的居住实体形态与日常生活逻辑中。而现代建筑的设计过程决定了建造活动与建筑使用者主体的脱节，设计者由于缺乏对乡村生活功能与逻辑的认识，无法深切地体会到使用者的需求，造成空间营造与空间活动的疏离，又如何能传达乡村生活的事实呢？因而，地区人居环境建设不仅需要政府的推动、专业人士的引导，更不能缺少广大使用者对营建的参与。

1.1.2　研究的目的与意义

从以上分析可知，我们应该挖掘与整理地区营建中蕴涵的生态价值与营建智慧，及地区文化的真实性，弘扬那些已被或将被遗失的"地方性知识"，以现代科学的方法与理论加以诊治，剔除与现代需求不相符合的"病源"，将其转化为可持续发展的地区人居环境营建体系与方法，以便更高效地利用地区的优势因素，结合当前科学的理论方法与技术成果，建立符合地区经济与社会发展状况的营建原则、对策与营建模式，为地区的人居环境建设提供参照依据与可操作实施的模板，使地区营建体系实现可持续发展的目标。

1.2　国内外地区人居环境研究成果的梳理与评述

1.2.1　国外地区人居环境理论与实践研究成果

1.2.1.1　国外地区人居环境理论研究

国外关于人居环境的理论与实践研究起源于 20 世纪 60 年代，推动建筑师从生态视角探索的，是兼具生物学家、生态学家与作家多重身份的蕾切尔·卡逊（Rachel Carson）在 1962 年所著的《寂静的春天》，它将绿色运动推动到世界范围内，使人们认识到拯救工业文明破坏自然的重要性。1968 年，来自世界各国的几十位科学家、教育家和经济学家等学者聚会罗马，成立了一个非正式的国际协会——罗马俱乐部（The Club of Rome）。其工作目标是关注、探讨与研究人类面临的共同问题，使国际社会对人类困境包括社会的、经济的、环境的诸多问题有更深入的理解，并提出应该采取的新态度、新政策和新制度。受俱乐部的委托，以麻省理工学院丹尼斯·米都斯（Dennis L. Meadows）为首的研究小组，针对长期流行于西方的高增长理论进行了深刻反思，并于 1972 年提交了俱乐部成立后的第一份研究报告《增长的极限》❶（The Limits to Growth），深刻阐明了环境的重要性以及资源与人口之间的基本联系。报告提出避免因超越地球资源极限而导致世界崩溃的最好方法是限制增长，即"零增长"的结论；其阐述的"合理的持久的均衡发展"，为孕育可持续发展的思想萌芽提供了土壤。

随后，不少建筑师致力于在建筑单体、群体以及住区等不同层面展开一系列的生态设计理论与实践尝试，力求通过合理组织功能、形式，采用适当的材料、技术以及建造方式，尽可能减少建筑的能量损失以及资源消耗，减少建筑对生态的负面影响。

1969 年，园林设计师伊恩·麦克哈格（I. Mcharg）发表《设计结合自然》❷（Design with Nature，1969），阐明在工业技术高速发展过程中，违背自然规律以及掠夺性的开发方式对人类带来的灾难；提倡尊重土地自然演进过程的设计，并提出了生态规划设计的方法；同一年，美国建筑师鲍罗·索勒里（Paolo Soleri）发表了《建筑生态学：人类想象中的城市》一书，将生

❶　（美）丹尼斯·米都斯等著.增长的极限 [M].长春：吉林人民出版社，1997.
❷　（美）麦克哈格著.设计结合自然 [M].芮经纬译.天津：天津大学出版社，2006.

态学与建筑学的概念结合在一起，创建了"城市建筑生态学"的概念和理论，力图以新的符合生态原则的城市模式取代现有模式，设计一种高度综合集中的城市，以提高资源、能源的使用效率，消除因城市的无限扩张而产生的各种城市问题的负面影响；20世纪70年代，美国建筑师西姆·范·德·莱恩（Sim Van der Ryn）在其《整体设计》一书中创造了"整合市镇住宅"的概念与建筑模式，他认为在资源有限的条件下，建筑设计应该注重整体的设计过程，和谐地利用其他形式的能量，而且将这种利用体现在建筑环境的设计上；美国大地建筑师戴维·皮尔森（D. Peason）从整体的角度看待人与建筑的关系，将建筑视为生物体，强调设计应适应人的物质、生活与精神需要，建筑的构造、色彩、气味及功能需求同居住者与环境相和谐；1973年，英国著名经济学家舒马赫（E. F. Schumacher）完成其名著《小是美好的》，首次提出了中间技术的概念，他认为真正需要的科学技术是"价格低廉，基本人人可以享有；适合于小规模应用；适应人类的创造需要"，中间技术为第三世界国家的发展建设提供了有效途径；20世纪80年代中期，詹姆斯·拉乌洛克（J. Lovelock）完成著作《盖娅：地球生命的新观点》，这本书推进了盖娅运动。戴维·皮尔森在《自然住宅手册》中概述了盖娅住区宪章，提出了人与自然和谐共处，建筑群体与住区规划设计创造舒适健康的场所应遵从的设计原则（表1-1）。

盖娅住区宪章[①]　　　　　　　　　　　　　　　　表1-1

为星球和谐而设计	为精神平和而设计	为身体健康而设计
场地、定位与建设都应最充分地保护可再生资源。利用太阳能、风能和水能满足所有或大部分能源需求，减少对不可再生资源的依赖	制作与环境和谐的家园——建筑风格、规模及装修材料都与社区一致	允许建筑呼吸，创造一个健康的室内气候，利用自然方法——例如建材和适于气候的设计来调节温度、湿度和空气流动
使用无毒、无污染、可持续和可再生的"绿色"建材与产品，减少环境与社会损耗，能生物降解与循环利用	每一阶段都有公众参与——汇集众人的观点与技巧，寻找整体设计方案	建筑远离有害的电磁场辐射，防止家用电器及线路产生静电和电磁场干扰
使用效率控制系统调控能量、供热、制冷、供水、空气流通与采光，高效利用资源	和谐比例、形式和造型	供给无污染的水、空气，远离污染物，维持舒适的湿度与负离子平衡
种植地方性的树木与花草，将建筑设计作为当地生态系统的一部分。设计中水循环，使用低溢节水型马桶。收集、储存和利用雨水	利用自然材料的色彩和质感肌理以及天然的染色剂、漆料和着色剂，便于创造一种人性、有心理疗效的色彩环境	居室中创造安静、宜人、健康的声环境氛围，隔绝内外噪声
设计防止污染空气、水和土壤的系统	将建筑与大自然的旋律充分联系起来	保证阳光射入建筑室内，减少依赖人工照明系统

① 转引自：宋晔皓. 结合自然整体设计——注重生态的建筑设计研究 [M]. 北京：中国建筑工业出版社，2000：73.

一些建筑师从气候与设计、地域之间的关系出发，通过建筑设计与构造设计，调控气候对建筑的影响，创造出符合地域自然气候环境的、舒适健康且节能的建筑。在生物气候方面的理论研究当以美国建筑师维克多·奥戈雅

（Victor Olgyay）与美国环境与建筑专家 B·吉沃尼（B.Givoni）为代表。奥戈雅 1963 年完成了著作《设计结合气候——建筑地方主义的生物气候研究》，提出了"生物气候设计方法"，基于特定地区的气候与人体的生物舒适感觉，通过在建筑选址、定位、建筑形态、通风、维持室内温度的稳定性方面采取对策，解决气候与人体舒适度的矛盾。1976 年，B·吉沃尼在其著作《人·气候·建筑》❶中改进了奥戈雅的生物气候设计方法，以炎热地区为研究对象，采用热应力指标来评价人们对舒适的要求，通过生物气候分析图来选择设计对策。两种方法都为建筑师创作实践中以被动式的设计对策调节建筑物理环境提供了设计依据。

国外对于地区乡土建筑的关注始于 20 世纪 60 年代，主要以德国建筑师鲁道夫斯基（Bernard Rudorsky）、美国建筑师拉普卜特（Amos Rapoport）及美国建筑师亚历山大（Christopher Alxander）为代表。鲁道夫斯基于 1964 年出版了经典著作《没有建筑师的建筑》，他阐明现代建筑与城市的弊病，提出要关注那些具有气候、技术与文化特质的乡土建筑，并对世界不同地区气候特点与乡土民居特征的关系进行了探讨。日本学者原广司可以看做是这一学术思想的延续，他从 20 世纪 70 年代开始对世界范围的聚落进行调查，并在其著作《世界聚落的教示 100》❷中对各地区乡土聚落的形态、民居的空间构成、构造、材料等与地域气候、地形之间的关系给出了充分的例证。亚历山大的经典论著《建筑的永恒之道》❸，更是提出了新建筑的规划与营建模式，解决目前建筑与规划中存在的问题，提出只有探求建筑的永恒之道才能使建筑具有长久的生命力。美国学者拉普卜特根据其调查的非洲、亚洲和澳洲土著居民的住居形态，写出了著作《住屋形式与文化》❹，深入探讨了住屋形式与种类的多样性，及地区社会文化、气候、材料及构筑技术等各种因子对住屋形成的作用规律。这些关注地区乡土建筑的理论研究扩展了传统建筑学研究领域的深度与广度。

早期建筑师在生态设计、生物气候设计及乡土建筑的理论研究为人居环境研究从"生态、绿色"走向"可持续发展"提供了大量有价值的经验，为人居环境的研究奠定了理论基础。

1.2.1.2 人居环境可持续发展战略与原则

人居环境学的提出最初来自于希腊建筑师道萨迪亚斯（C.A.Doxiadis）在 20 世纪 50 年代创立的人类聚居学理论。人类聚居学，是一门以乡村、集镇、城市等在内的所有人类聚居为研究对象，着重于人与环境之间的相互关系，强调从住区的多方面掌握人类聚居发生发展的规律，建设理想住区环境的学科。但是随着全球化进程与经济一体化，城市问题、生态环境与地区特色问题的日益突出，迫切需要丰富与扩充"人聚环境学"，吸纳其理论原理、多学科架构的思想及研究框架，架构完整的人居环境科学理论。众多的学者与专家也将此作为研究与讨论的焦点，并逐渐明确与建立了人居环境可持续发展研究的目标与指导原则。人居环境研究的历程可见表 1-2。

---

❶ （美）B. 吉沃尼 . 人·气候·建筑 . 陈士骢译 . 北京：中国建筑工业出版社，1982.
❷ （日）原广司 . 世界聚落的教示 100 [M]. 于天祎等译 . 北京：中国建筑工业出版社，2003.
❸ （美）C·亚历山大著 . 建筑的永恒之道 [M]. 赵冰译 . 北京：知识产权出版社，2002.
❹ （美）拉普卜特著 . 住屋形式与文化 [M]. 张玫玫译 . 台北：境与象出版社，1976.

国外关于人居环境研究的历程[①] 表 1-2

时 间	地点	事件	宣言与报告	内 容
1976 年	温哥华	第一届联合国人类住区大会	《温哥华人类住区宣言》	明确可持续发展是有关人居环境建设的一件大事
1978 年	纽约	第 32 届联合国大会	—	通过决议正式成立联合国人类住区委员会，负责推动人类住区发展工作
1987 年	—	联合国环境与发展委员会	《我们共同的未来》	将环境与发展两个问题结合起来，明确提出了可持续发展的战略；"可持续发展是指既满足当代人的需要，又不损害后代人需要能力的发展"
1992 年	里约热内卢	世界环境发展大会	《里约热内卢宣言》与《21世纪议程》	发表"全球携手，求得可持续发展"的宣言，正式提出了可持续发展的战略，并以此从理论探讨步入实践操作阶段
1981 年	华沙	国际建协第 14 次大会	《芝加哥宣言》	以建筑·人·环境为主题
1993 年	芝加哥	国际建协第 18 次大会	—	以"处于十字路口的建筑——建设可持续发展的未来"为主题，指出建筑及建成环境在人类对自然环境的影响方式上扮演重要角色，符合可持续发展原理的设计需要对资源能源的使用效率、对健康的影响、对材料的选择方面进行综合思考
1993 年	美国	美国国家公园出版社	《可持续发展设计指导原则》	在设计地段、适用技术、材料使用、被动式设计策略、建筑空间灵活性及营建对环境的影响六方面列出了可持续的建筑设计细则
1996 年	伊斯坦布尔	第二届人类住区大会	《伊斯坦布尔宣言》和《人居议程》	采取积极有效的措施，确保人人享有适当住房的权利能得到实现；实行生产方式、消费方式和人类住区的可持续发展，减少污染，以保护全球环境和改善人类的生活，《人居议程》成为各国建设住区的指导性文件
1997 年	京都	《联合国气候框架公约》第三次缔约方大会	《联合国气候变化框架公约的京都议定书》	目标是"将大气中的温室气体含量稳定在一个适当的水平，进而防止剧烈的气候改变对人类造成伤害"
1999 年	北京	国际建协第 20 次大会	《北京宪章》	走可持续发展的道路，促进建筑科学的进步与建筑艺术的创造；回归基本原理，发展基本理论；通过各地区不同的道路实现一个美好公平的人居环境
2005 年	纽约	联合国"伊斯坦布尔+5"会议	—	全面评审《人居议程》的执行情况，提出改善人类住区环境的进一步行动和倡议
2009 年	哥本哈根	《联合国气候变化框架公约》缔约方第 15 次会议	《联合国气候变化框架公约》	商讨《京都议定书》一期承诺到期后的后续方案，就未来应对气候变化的全球行动签署新的协议，即 2012~2020 年的全球减排协议

① 本表根据吴良镛.人居环境科学导论 [M].北京:中国建筑工业出版社,2001 与世纪之交的凝思:建筑学的未来 [M].北京:清华大学出版社,1999 等相关资料整理。

1.2.1.3 国外地区人居环境实践研究

地区人居环境的可持续发展建设不可能遵循同一模式，尤其是经济、技术实力相对薄弱的发展中国家，更不能重复发达国家高能耗、高代价、高技术的发展模式及因此所导致的环境危机，必须依据国情与经济实力，发掘自身的资源优势，寻找适合本土的发展策略，才是解决各地区人居环境建设问题的良方。因而，各国建筑师从本国的实际出发，探索建筑与地理环境、气候、经济状况、技术水平以及历史文化传统的紧密联系，从适应本土气候出发，选择低能耗对策，结合地方材料的营建技术，对人居环境建设与本地区的自然环境、经济、社会文化等因素的协调问题作出了最佳选择与解答。其代表人物有以下几位。

1. 哈桑·法特希——对传统建筑设计方法的提取与修正

埃及建筑师哈桑·法特希（Hassan Fathy）致力于研究如何改善干热气候地区的低收入者的居住环境，他借助于现代物理学、人体科学以及相关学科的成果，对传统技术能否解决干热与暖湿气候的建筑防护与制冷两个关键角度进行重新评估，他从"建筑形式、建筑方位、空间设计、建筑材料、建筑外表面材料肌理、材料颜色和开敞空间设计"[1]七个方面，对传统建筑调节建筑微气候的设计手法进行提取与评价，并对以下策略进行修正与改良（图1-8、图1-9）：

（1）利用屋顶敞廊设置气候缓冲空间，以内庭园控制空气流动以达到制冷的目的；

（2）重新启用拱顶与穹顶降低对太阳辐射的吸收，运用传统材料——土坯砖的热工性能维持室内的热稳定；

（3）通过建筑细部的传统木板帘与捕风窗控制空气流动，调节通风；

（4）建筑主空间周围布置层高较低的相邻空间作为中央空间的气候缓冲空间，以维持内部空间的热稳定性，顶部的捕风窗强化了室内空气的流动；

（5）利用内庭院的冷池效应保证庭院较低的空气温度。

法特希尊重传统技术，运用低技术与地域材料的结合，并通过对传统建筑设计策略的修正与改良，为贫困居住者提供了低造价与低能耗的住宅。

2. 查尔斯·柯里亚——基于气候的设计策略

作为同中国国情相似的第三世界国家印度，在城镇发展与城市化进程中，同样遭遇人口众多、经济技术水平落后的难题。而在西方接受过良好教育的印度建筑师查尔斯·柯里亚（Charles Correa），从植根于当地地理与物质条件的文化与生活习俗获得启发，基于印度的社会与经济现实情况，将对气候的高度适应与低技术的、低能耗的设计策略融入其卓越的作品中。

1）气候是塑造建筑的本源

柯里亚拒绝建筑师将对气候调节的职责推给机械工程师，认为这是对建筑师想象力的毁灭。在他看来，气候对建筑有塑造的种种力量，"……在深层的结构层次上，气候条件决定了文化及其表达形式，以及习俗礼仪。从它自身来说，气候是神话之源。"[2]从本土的地域气候和经济发展出发，从地域特征显著的传统建筑技术中提取精髓，充分利用传统材料和传统构造的长

图1-8 哈桑·法特希的捕风窗

图1-9 哈桑·法特希利用内庭园穹顶调节建筑微气候
（资料来源：Fathy H. Natural Energy and Vernacular Architrcture）

---

[1] 宋晔皓. 结合自然整体设计——注重生态的建筑设计研究 [M]. 北京：中国建筑工业出版社，2000：26.

[2] 转引自：汪芳. 查尔斯·柯里亚 [M]. 北京：中国建筑工业出版社，2003：序.

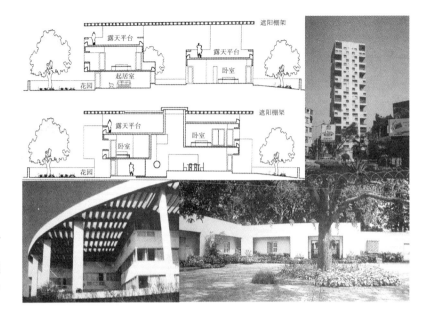

图 1-10　柯里亚基于气候的设计
　　　　语汇
（资料来源：汪芳.查尔斯·柯里
亚 [M].北京：中国建筑工业出版社，
2003）

处，针对印度的四个不同气候分区，建立了一整套适应当地气候条件的建筑空间和形态语汇，如：管式住宅、露天空间、遮阳棚架、方形平面变异、花园平台、中央邻里空间等，可以看出其在建筑朝向、剖面形式、体量造型、细部处理上对太阳能、气流组织、生活习俗上的精妙构思（图 1-10）。

　　2）对传统范式的重新诠释以把握建筑的深层结构

　　柯里亚的作品中不乏形式现代化的大型公共建筑与高层建筑，但是遮阳棚架、花园平台、中央邻里空间等建筑语汇的运用，使建筑在遮挡太阳辐射与调节自然通风上具有良好的微气候环境功效。他认为"传统建筑，尤其是乡土建筑，使我们从中受益匪浅，他们逐渐成为一种具有基本共性的建筑原型。"❶而近十几年来影响现代建筑师创作的症结就是——"把建筑这个复杂问题简化到只考虑在外观和材质上玩些花样，这是流于表层肤浅的思考"，他坚持从传统建筑技术适应气候的手法中提取精髓，创造性地重新诠释，认为这才是来源于印度地理气候条件、文化与宗教习俗中蕴涵的潜伏于表层结构下的"深层结构"，是治疗"建筑师创作症结"的一剂良方。

　　3）低技术的策略与居民建造

　　在设计中充分考虑经济技术条件，利用地方材料与低成本、低造价的传统技术，充足的劳动力资源，并对建筑朝向、布局、空间组织、剖面设计与细部处理采用精妙构思，来改善太阳辐射、气流组织等环境因素，表现一种对环境友善的、被动式与低能耗的技术选择。

　　此外，他推崇改良传统的建造技艺，鼓励传统工匠与民众参与建造，建筑师给予科学指导的理念也非常值得借鉴。

　　3. 拉斯金——从建筑形式与材料角度应对极端气候的设计策略

　　在住宅设计中，最大限度地接纳阳光与减少冬季热量的散失至关重要，这是由高寒地区的气候特征决定的。英国建筑师拉尔夫·拉斯金（L. Erskine）针对高寒气候对建筑环境影响的关键点，确定了根据建筑形体、构

------

❶　转引自：汪芳.查尔斯·柯里亚 [M].北京：中国建筑工业出版社，2003；序.

造节点、材料设计来进行建筑设计的低能耗对策。

（1）控制建筑单体的形体，以相对小的体形系数来减少能量的散失；

（2）通过建筑内部空间布局及房间的不同朝向方位，以最大限度地利用太阳能加热室温，并利用风向的季节性变化组织必要的通风；

（3）通过开窗面积与阳台等构件脱离建筑主体的构造节点设计，以减少冷桥的作用；

（4）由于季节性的气候变化，人们的室外活动也随之而变换不同的区域，应在居住区的外环境设计中精心设计不同的区域，以适应人们的活动方式。

4. 杨经文——源于传统语汇的生物气候摩天楼

马来西亚建筑师杨经文（Ken Yeang）认为摩天楼较城市中分散式的布局较具有生态的合理性，应将生态设计原则运用于摩天楼。他强调生态设计是以人为核心，"在建筑设计中优先考虑使用者的需求，其次才是建筑的硬件与设施。"❶他对场地的环境作出评估，强调通过建筑形态设计对当地的生态环境与气候作出解答；最大限度地提高能源和材料的利用率，尽可能减少建筑在建造和使用过程中对环境施加的影响；在建筑设计方面，他注重最大限度地利用被动式设计：建筑体形、建筑朝向、立面设计、日光控制装置、建筑外观色彩、竖向景观、自然通风等，让使用者实现对简单控制措施的理解使用。

对建筑"表优于里"的设计思路，使摩天楼的外墙成为可变的过滤器，实现对环境因素的控制。马来西亚雪兰莪州的梅纳拉大厦作为其代表作品，向我们展示了作为复杂的气候"过滤器"的摩天楼建筑语汇（图1-11）：

（1）将电梯、卫生间等服务性空间布置在建筑外层，减少太阳对中部空间的热辐射。

（2）高层建筑表面绿化或中部引入绿化开敞空间，减轻高层建筑的热岛效应。

（3）设置不同凹入深度的过渡空间来塑造阴影空间，并使遮阳与绿化相结合。

（4）"双层皮"的外墙，形成复合空间或空气间层，起到理想的保温隔热作用。

（5）在屋顶设置遮阳格片，其角度根据不同时段和季节而变化；结合屋顶花园（游泳池）改善热工性能。

（6）外墙遮阳设计，并成为建筑造型的语言。

（7）利用上下贯通的中庭和"二层皮"的烟囱效应创造自然通风系统。

（8）外墙水雾喷淋蒸发制冷。

杨经文设计中的许多做法都源于当地的建筑传统，如骑楼、平台、通风屋面等，但是其中几乎看不到传统材料或形式的影子，完全是建立在新材料、新技术基础上的全新建筑形态，这些形态恰恰是对这些优秀传统营建思想的提升。

图1-11　源于传统语汇的生物气候摩天楼

（资料来源：（英）艾弗 . 生态摩天大楼 [M]. 北京 : 中国建筑工业出版社，2005）

---

❶　杨经文，单军 . 绿色摩天楼的规划与设计 [J]. 世界建筑，1999（2）：21-29.

1.2.2　国内地区人居环境理论与实践研究的成果与评述

在过去的大约一个世纪里，中国的建筑界存在着一种情节，人们总是纠缠于"建筑传统"与"传统建筑"、"民族风格"与"民族形式"、"形似"与"神似"等长久争论未果的辩题，但是对这些模棱两可的问题解答却更多地局限于"概念的阐述"与"形态的表象"上，仍然无法超越传统的形式与风格。吴良镛先生在《北京宪章》中对于"现代建筑地区化，乡土建筑现代化"的呼吁，提出"探索新的建筑文化，发展地区建筑学，以基本理念加地区文化，从时代模式中探索中国的建筑发展道路"。

国内对于地区建筑的研究主要起步于乡土建筑的研究，乡土建筑由于具有鲜明的地域特征，与地区环境存在比较直接与清晰对应的关系，常常被作为建筑地区性体现的例证。随着乡土建筑与其经济、社会模式之间依存关系的变化，使代表地区特征的民居与乡土建筑退化为具有表面形式的躯壳，传统的居住形态如何获得重生，建筑师又如何从乡土民居建筑中得到启示，寻求到建筑创作本土化与现代化的平衡点。为此，众多学者与建筑师对地区建筑与乡土建筑在理论与实践研究的切入点、研究视角、求解目标等方面都各有侧重。主要可归为以下几类。

1.2.2.1　建筑本体层面的切入

从建筑学科本体视角研究乡土建筑，以发掘建筑的地域属性为目标，对建筑各构成部分的表征加以描述，包括对建筑功能、空间形态、建造材料、营建技术与构造装饰等加以归纳总结。该领域的研究始于20世纪30年代，以营造学社为组织的学者对古建筑的测绘调查，是将乡土民居作为传统建筑的一种类型进行资料收集与整理。直至现今一系列民居书籍的出版，才较为完整而系统地汇集了我国不同行政区划内的乡土民居类型，其主要成果包括：《云南民居》及《云南民居续篇》(王翠兰、陈谋德，1993[1])，《福建民居》(高明，1987[2])，《窑洞民居》(侯继尧，1989[3])，《中国窑洞》(侯继尧、王军，1999[4])，《湘西民居》(何重义，1995[5])，《新疆民居》(严大椿，1995[6])，《北京四合院》(陆祥等，1999[7])，《中国民居建筑》(陆元鼎等，2003[8])，《浙江民居》(中国建筑设计研究院建筑历史研究所，2007[9])，《广西民居》(牛建农，2008[10]) 等。

近十年来，民居建筑研究内容也从建筑形态、结构构造描述记录扩大到聚落、地域文化、社会生活的讨论，建筑学本体范围被拓展到社会、文化、民族、民俗、美学等多层面的综合研究。《韩城村寨与党家村民居》(周若祁，1999[11])、《云南民族住屋文化》(蒋高宸，1997[12])、《客家民系与客家聚居

[1]　王翠兰，陈谋德. 云南民居续篇 [M]. 北京：中国建筑工业出版社，1993.
[2]　高明. 福建民居 [M]. 北京：中国建筑工业出版社，1987.
[3]　侯继尧. 窑洞民居 [M]. 北京：中国建筑工业出版社，1989.
[4]　侯继尧，王军. 中国窑洞 [M]. 郑州：河南科学技术出版社，1999.
[5]　何重义. 湘西民居 [M]. 北京：中国建筑工业出版社，1995.
[6]　严大椿. 新疆民居 [M]. 北京：中国建筑工业出版社，1995.
[7]　陆祥等. 北京四合院 [M]. 北京：中国建筑工业出版社，1999.
[8]　陆元鼎. 中国民居建筑 [M]. 广州：华南理工大学出版社，2003.
[9]　中国建筑设计研究院建筑历史研究所. 浙江民居 [M]. 北京：中国建筑工业出版社，2007.
[10]　牛建农. 广西民居 [M]. 北京：中国建筑工业出版社，2008 .
[11]　周若祁. 韩城村寨与党家村民居 [M]. 北京：中国建筑工业出版社，1999.
[12]　蒋高宸. 云南民族住屋文化 [M]. 昆明：云南大学出版社，1997.

建筑》（潘安，1998 ❶ ）、《北京古山村》（业祖润，1999 ❷ ）、《楠溪江中游古村落》（陈志华，1999 ❸ ）、《福建土楼——中国传统民居的瑰宝》（黄汉民，2003 ❹ ）、《中国民居研究》（孙大章，2004 ❺ ）多属此范畴。研究对象也不再只是局限于一栋建筑、一村一镇、一个聚落，甚至将民居研究与民系研究结合，从宏观上解析了民居的历史演变、迁徙规律，在建筑本体视域内有所突破。

总体来看，从建筑本体层面切入的研究，其对象还多是乡土建筑的单体及小范围的聚落，研究方法是以行政区划与地理位置为界限，主要以大量的测绘调查与形态描摹来表述地域建筑的特征，重在对地区传统建筑类型的历史考证及聚落形态的记录，其成果大多反映为大量的测绘图纸、现状照片、描述文字等，为地区乡土建筑的保护研究积累了丰富的资料与库存。就目前来看，此类研究回答了"地区传统建筑是什么"的问题，而对地区建筑传统的来源、生成与演变机制、地域建筑文脉的传承等问题未能给予切入实质的回答。

1.2.2.2　多学科视角的拓展研究

地区建筑的发展演变是在地区自然与社会环境多因素叠加作用下历史的、动态演进的复杂系统。面对错综复杂的地区建筑现象，局限于建筑本体视角的分析与求解，往往会被其束缚，而难以突破自身、站在更高的角度去看待事物的发展，也难以透过事物本身探寻其本质。应从单一学科封闭孤立的领域中走出，借助相邻学科之间的相互渗透与展拓，从相邻学科获得启发，解答地区建筑演变生长的机制。

学科的交融不仅拓展了乡土建筑的研究视野，也提供了有效的途径与方法，正如控制论的创造者维纳所言："在已经建立起来的科学领域之间的空白区上，最容易取得丰硕的成果"。❻从多学科角度观察地区建筑，通过乡土建筑所植根的自然、社会、文化、地理背景研究，深层次挖掘地域建筑与其特征的来源及生成演变机制，寻求环境中的各种相关因素对建筑本体属性的塑造，尝试回答"地区建筑为什么生成"的问题。

这方面的研究兴起于 20 世纪 90 年代，其成果包括大量的学术论文与书籍，如：类型与乡土建筑环境——谈皖南村落的环境理解（韩冬青，1993 ❼ ），中国传统民居的人文背景区划探讨（王文卿，1994 ❽ ），关于民居研究方法论的思考（余英，2002 ❾ ），文化人类学视野中的粤中民居研究（王健等，2001 ❿ ），社会学视域中的乡土建筑研究（李梦雷等，2003 ⓫ ），传播学视域里的乡土建筑研究（洪汉宁等，2003 ⓬ ），从生态学观点探讨传统聚居特征

❶　潘安. 客家民系与客家聚居建筑 [M]. 北京：中国建筑工业出版社，1998.
❷　业祖润. 北京古山村 [M]. 北京：中国建筑工业出版社，1999.
❸　陈志华. 楠溪江中游古村落 [M]. 北京：三联书店，1999.
❹　黄汉民. 福建土楼——中国传统民居的瑰宝 [M]. 北京：三联书店，2003.
❺　孙大章. 中国民居研究 [M]. 北京：中国建筑工业出版社，2004.
❻　转引自吴良镛. 人居环境科学导论 [M]. 北京：中国建筑工业出版社，2001：81.
❼　韩冬青. 类型与乡土建筑环境——谈皖南村落的环境理解 [J]. 建筑学报，1993（8）：52-55.
❽　王文卿. 中国传统民居的人文背景区划探讨. 建筑学报，1994（7）：44-46.
❾　余英. 关于民居研究方法论的思考. 新建筑，2002（7）：7-8.
❿　王健 等. 文化人类学视野中的粤中民居研究 [J]. 华南理工大学学报（社科版），2001（6）：74-77.
⓫　李梦雷，李晓峰. 社会学视域中的乡土建筑研究 [J]. 华中建筑，2003（4）：34-36.
⓬　洪汉宁. 传播学视域里的乡土建筑研究. 华中建筑 [J]，2003（5）：38-39.

及承传与发展（李晓峰，1996❶）等。研究从历史地理学、社会学、传播学、生态学、符号学、类型学多种路径入手，取外部学科的方法与视角研究对象的来源、演进规律等，以获得研究方法的创新与突破。"学术创新之道不在于'跨'，而在于'破'"❷，应将多学科的研究方法与成果融贯综合，以期获得地区人居环境研究的实质突破。不少著名学者在此也作出了卓越的贡献，整体系统地架构了地区人居环境的研究框架、研究方法，指导原则及实践案例等，为人居环境研究提供了操作依据与指导范例，如：《人居环境科学导论》（吴良镛，2001❸），《绿色建筑体系与黄土高原基本聚居模式》（周若祁，2007❹），《三峡工程与人居环境建设》（赵万民，1999❺），《整体地区建筑》（张彤，2003❻），《乡土建筑——跨学科研究的理论与方法》（李晓峰，2005❼）等均属此列。

1.2.2.3　地区人居环境研究的学科共同体

地区建筑研究从本体角度获知地域建筑的属性与特征，多学科的视角帮助我们关注属性与性质的来源，着眼于因果关系与生成机制，那么在"是什么……为什么……怎么办"的科学研究架构中，如何突破形态表象，把握地区建筑营建的基本原则与生成演变规律，保持地区建筑的根本属性与特征，实现地区营建的承继与再生，"如何做"成为地区建筑研究的最终指向。

1. 关于地域建筑创作的探索及思考

国内对于地域建筑创作的实践可被概括为两个方向：

第一，形式范畴的探索，多从建筑美学和空间构成、文化意境和构造做法来进行总结和分析，或将传统民居的设计语言简化、打散重构，在传统的气氛中体现出现代建筑的特征，如武夷山庄、习习山庄等；或以抽象简约的方式对传统民居的整体或局部进行提炼和简化，甚至抽象为符号，如北京丰泽园饭庄等（图1-12）。

第二，新乡土建筑的创作：基于对地方自然地理、社会人文环境的深

图1-12（左）　武夷山庄
（资料来源：网络收集）
图1-13（右）　方塔园

❶ 李晓峰. 从生态学观点探讨传统聚居特征及承传与发展 [J]. 华中建筑，1996（4）：36-41.
❷ 叶舒宪. 原型与跨文化阐释 [M]. 广州：暨南大学出版社，2002：17.
❸ 吴良镛. 人居环境科学导论 [M]. 北京：中国建筑工业出版社，2001.
❹ 周若祁. 绿色建筑体系与黄土高原基本聚居模式 [M]. 北京：中国建筑工业出版社，2007.
❺ 赵万民. 三峡工程与人居环境建设 [M]. 北京：中国建筑工业出版社，1999.
❻ 张彤. 整体地区建筑 [M]. 南京：东南大学出版社，2003.
❼ 李晓峰. 乡土建筑——跨学科研究的理论与方法 [M]. 北京：中国建筑工业出版社，2005.

刻理解，从建筑的空间形态、地方材料的运用、对传统结构的创新及构造处理上进行建筑本土化在当下语境中的转换。如：冯纪忠先生的方塔园、刘家锟的鹿野苑石刻博物馆、李小东的云南丽江玉湖完小学等均属此列（图1-13～图1-15）。

图 1-14（左） 丽江玉湖完全小学
（资料来源：世界建筑，2004（11））

图 1-15（右） 鹿野苑石刻博物馆
（资料来源：世界建筑，2001（10））

无论是形式与乡土符号转化运用，还是新乡土建筑创作，对于广大地区建筑的承继与再生实践，在操作运用上均较难推广，还不能形成体系化的地区建筑创作的原则与策略。

2."乡村工作室"协力造屋的启示 ❶

当"生态"、"可持续发展"、"绿色"等建筑概念被许多建筑作品引用作为一种"时尚"标记时，自称处在"建筑的边缘"的台湾建筑师谢英俊却以一种务实的作风，以不断的实践作品探索着适用于中国农村现状的可持续发展的思维与建造模式。他将实践的重点放在那些经济弱势群体的农宅建造上，并将传统的换工组织化，形成农村合作社模式，以居住者互助的方式协力造屋，提供更多营造过程与居民间的互动，将社区经济、社会文化等议题纳入到设计与建造过程中。

谢英俊的建筑实践是以"可持续建筑概念"为依据的，作为设计与工作的基本观念，提倡"科学简单化、农民科学化"的理念，为使非专业施工的普通人能参与到营建的整个过程中，他建立了以轻型钢木结构为主体的"开放建筑"、"简化构法"的建造系统，提出了开放建筑的五点做法：

（1）机能与寿命不同的构造元素作分割；

（2）以平行组装取代顺序组装；

（3）保持构件独立，避免相互穿越；

（4）寿命较短的构件应提供可及性；

（5）机械性接头取代化学性接头。

而且，他利用身边所能利用的一切资源作为建筑材料（如树枝、芦苇等）及地方材料的建造研究，结合当地的技术做法，通过一系列简化构法的手段，如：降低对工具的依赖；暴露节点并使其连接更易于操作与更换；降低工艺精度要求，减少出于精确的审美要求而带来的多余工艺；利用天然能源，如太阳能、风能；尽量设计简单装置等，使营建过程更简单而易于推广。

---

❶ 根据谢英俊第三建筑工作室网站（http://www.atelier-3.com）及谢英俊 2005 年 1 月天津大学演讲"永续建筑·协力造屋——社会文化、经济、环境"的相关资料整理。

图1-16（上左） 合作社协力造屋
（资料来源：http://nd.oeeee.com/cama/2008）

图1-17（上右） 台湾88水灾原住民部落
（资料来源：http://nd.oeeee.com/cama/2008）

图1-18（下） 尿粪分离厕所
（资料来源：阮庆岳.谢英俊以社会性的介入质疑现代建筑的方向[J].时代建筑，2007（4））

谢英俊目前先后完成台湾9·21地震灾后原住民部落300余户重建，四川5·12地震汶川、茂县、青川等地500余户农房重建，台湾88水灾原住民部落1000余户重建，西藏牧民定居房等多项带有探索性的实践工作（图1-16～图1-18），用简单、环保、科学的方法解决了大量灾后农民的居住问题。尤其是在对经济欠发达地区人居环境的建设过程中，其建立的自主营建体系理念及科学化方法非常值得借鉴，而且其对营建体系的运作过程具有创新点，使居住者能够切实参与到营建的整个过程，并将社区生态、经济、社会文化等协调问题都纳入到设计与建造的体系中。

3.地区建筑学科共同体的理论及实践研究成果

按照库恩的"范式"❶理论，一个学科范式的形成，离不开作为科学活动实体的"科学共同体"的核心作用。"科学共同体"是指一些有着共同的学术目标，志同道合者结成的科学集团，是遵循特定的科学规范，具有科学的信念，探索共同目标的学术团队。地区人居环境的研究是一个需要广泛而复杂过程的研究，任何单一学科都无法解决，只有高瞻远瞩集多专业之大成，使群体思维致力于人居环境的可持续发展研究方可完成。而且我国幅员辽阔，地域条件与经济发展差异极大，人居环境建设不能遵循单一模式。只有以各地区界定研究区域，选取典型地区作为研究对象，开展人居环境的个案研究，针对各地区突出的矛盾与问题，确定有限的研究目标，结合多学科的研究成果，才能探讨立足于本地区可持续发展的"范式"研究，并进一步制订实施的对策。

---

❶ "范式"一词，来源于希腊文，可引申为模式、模型、范例等，即某些重大科学成就形成发展中的某些模式，继而形成一定的观点与方法的框架。库恩以范式来描述科学活动，包括科学理论、定律及方法的总和等。

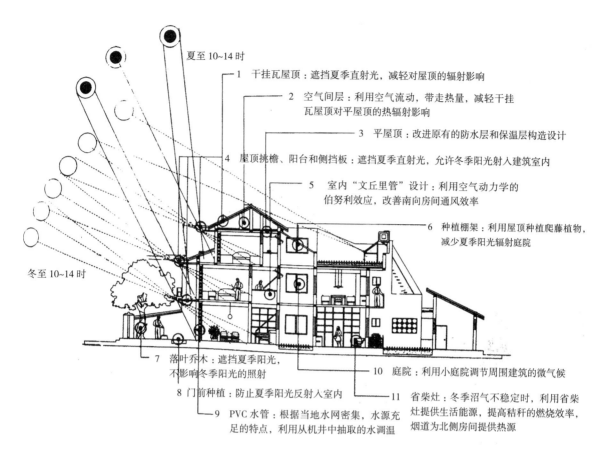

夏至 10~14 时

1 干挂瓦屋顶：遮挡夏季直射光，减轻对屋顶的辐射影响

2 空气间层：利用空气流动，带走热量，减轻干挂瓦屋顶对平屋顶的热辐射影响

3 平屋顶：改进原有的防水层和保温层构造设计

4 屋顶挑檐、阳台和侧挡板：遮挡夏季直射光，允许冬季阳光射入建筑室内

5 室内"文丘里管"设计：利用空气动力学的伯努利效应，改善南向房间通风效率

6 种植棚架：利用屋顶种植爬藤植物，减少夏季阳光辐射庭院

冬至 10~14 时

7 落叶乔木：遮挡夏季阳光，不影响冬季阳光的照射

8 门前种植：防止夏季阳光反射入室内

9 PVC 水管：根据当地水网密集，水源充足的特点，利用从机井中抽取的水调温

10 庭院：利用小庭院调节周围建筑的微气候

11 省柴灶：冬季沼气不稳定时，利用省柴灶提供生活能源，提高秸秆的燃烧效率，烟道为北侧房间提供热源

在此背景下，也形成针对不同地区的"地区建筑学科共同体"，在全国范围内形成了地域性人居环境研究的群体与基地，并取得了丰硕的理论与实践成果。

1）清华大学的人居环境研究

清华大学人居环境研究中心于 1995 年 11 月正式成立，以建筑学科为主，兼有理科、经济、管理、人文、社会等多种学科，开拓了多学科集成的人居环境研究的新领域和新方法。该中心以吴良镛院士为核心，多年来开展了大量工作并取得了卓越成效，从宏观战略的角度奠定了中国人居环境科学的整体学科架构、研究方法以及相关基础理论。❶同时，针对长江三角洲、京津唐等经济发达地区高速城市化进程中的人居环境问题进行了高屋建瓴的探讨（吴良镛，1999 ❷）。此外，他与云南省政府合作，开展对滇西北严峻生境条件下的人居环境可持续发展的宏观战略研究；近 20 年来，他从长三角传统的"竹筒式"住宅研究入手，对"张家港市双山岛生态农宅建设"（宋晔皓，2000 ❸）等项目进行了相关实证研究，从聚落、建筑实体到细部层面，综合性地改善苏南地区住居环境（图 1-19）。

以单德启教授为代表的研究团队自 1987 年开始在广西融水县各村寨以整体思维的模式对传统苗宅进行改建，其实践研究切实改善了住居条件，更

图 1-19 双山岛生态民宅（资料来源：宋晔皓.结合自然整体设计——注重生态的建筑设计研究 [M]. 北京：中国建筑工业出版社，2000）

❶ 吴良镛 . 人居环境科学导论 [M]. 北京：中国建筑工业出版社，2001：55.
❷ 吴良镛 . 发达地区城市化进程中建筑环境的保护与发展 [M]. 北京：中国建筑工业出版社，1999：3.
❸ 宋晔皓 . 结合自然整体设计——注重生态的建筑设计研究 [M]. 北京：中国建筑工业出版社，2000：196.

图 1-20（左） 广西融水村寨改建后的村貌
（资料来源：王晖等.民居聚落再生之路 [J].建筑学报，2005（7））

图 1-21（右） 改建房扩建厨房与厕所
（资料来源：王晖等.民居聚落再生之路 [J].建筑学报，2005（7））

重要的是其实践过程尝试用政府支持、专家与群众共同参与、企业运营的整体思维模式（单德启、张祺，1992❶），为地区人居环境的实证研究方法提供了借鉴与启发（图 1-20、图 1-21）。

单军教授的团队着力于"人居环境地区性理论"❷，从人文、时间与空间多维度，探讨了地区性在不同时空阶段与地域范畴下的特征与规律，将地区性研究从建筑扩展到了城市的层面，提出了地区影响因子的应答式设计理念。同时，承担了国家自然科学基金项目"民族聚居地建筑地区性与民族性的关联性研究"（单军，2009），并开始了针对滇西北民族聚居区的建筑空间形态、适宜技术和材料，及宗教、民俗、建筑装饰和色彩等一系列的乡土调研与应答设计研究。

2）西安建筑科技大学的绿色建筑与黄土高原人居环境研究

西安建筑科技大学绿色建筑研究中心于 1997 年开始承担，并于 2001 年4 月完成了国家自然科学基金"九五"重点资助项目"绿色建筑体系与黄土高原基本聚居模式研究"（西安建筑科技大学绿色建筑研究中心，1999❸；周若祁等，2007❹），课题主要负责人与参加者为周若祁、王竹、刘加平教授等。该项目研究选择村镇为突破口，探索绿色建筑体系的构成以及在适宜绿色技术支持下的绿色基本聚居单位的结构模式和评价体系。该课题组在延安枣园开展了示范性建设，为黄土高原地区承载数千万人口的人居环境研究提供了科学合理的绿色住区模式，被由吴良镛、齐康、彭一刚等院士组成的专家评审团评价为国际先进水平，这也是中国目前在以村镇为单位的绿色人居环境研究中，第一次较为全面地实现了从理论到实践全过程的群体研究活动。

中国工程院院士、西安建筑科技大学的刘加平教授所领导的课题组依托我国西部地区的人居环境，针对传统民居中所蕴涵的生态经验进行了定性与定量的科学化与技术化研究，并承担了一系列的国家自然科学基金研究项目："庭院式民居自然采暖与自然空调效应的定量化研究"（刘加平，2000），"建筑节能设计的基础科学问题研究"（刘加平，2004），"西部生态民居"（刘加平，2006），"西藏高原节能居住建筑体系研究"（刘加平，2007），"建筑气候设计方法及其应用基础"（杨柳，2005），"西北乡村新民居生态建筑模式研究"（张

❶ 张祺.传统民居改建的思考与实践 [D].北京；清华大学硕士论文，1992：3.
❷ 单军.建筑与城市的地区性——一种人居环境理念的地区建筑学研究 [M].北京：中国建筑工业出版社，2010：3.
❸ 西安建筑科技大学绿色建筑研究中心.绿色建筑 [M].北京：中国计划出版社，1999：3.
❹ 周若祁等.绿色建筑体系与黄土高原基本聚居模式 [M].北京：中国建筑工业出版社，2007：3.

群，2011）。其研究思路的展开源于："从建筑形态和居住模式上试图继承地域传统建筑适应气候、节约能源和资源的经验；研究完善传统地域建筑的结构与构造体系，运用现代建筑技术进行科学分析，将其变成简单实用的设计技术。在新的居住建筑模式中引入可再生能源利用技术。"❶

　　其研究方法上综合采用了客观指标体系的现场测试、主观评价指标的适度规模调查与试验示范工程的建设，运用了住户参与式设计和客观的动态模拟分析评价方法，并对陕西秦岭山地民居、云南永仁彝族民居（赵群，2004 ❷；谭良斌，2007 ❸）进行了再生设计实践（图 1-22 ~ 图 1-25）。

　　王军教授团队承担的国家自然科学基金项目"生态安全视野下的西北绿洲聚落营造体系研究"（王军，2007）、"地域资源约束下的西北干旱区村镇聚落营建模式研究"（岳邦瑞，2008）项目，主要针对绿洲人居环境的突出矛盾——绿洲生态安全面临威胁，"从西北绿洲地区传统聚落变迁与当代发展、西北绿洲地区生土聚落的种类及分布特征、西北绿洲地区生土聚落中的绿色生态技术分析与优化、西北绿洲地区新型小康生土聚落营造技术集成与

图 1-22（左上）　云南永仁彝族生土民居更新规划与设计

（资料来源：刘加平教授提供）

图 1-23（右上）　改造民居的通风竖井

图 1-24（左下）　改造民居的门窗设计

图 1-25（右下）　改造民居的乡土材料

❶ 刘加平. 传统民居生态建筑经验的科学化与再生 [J]. 中国科学基金，2003（4）：234-236.
❷ 赵群. 传统民居生态建筑经验及其模式语言研究 [D]. 西安：西安建筑科技大学博士学位论文，2004.
❸ 谭良斌. 西部乡村生土民居再生设计研究 [D]. 西安：西安建筑科技大学博士学位论文，2007.

示范四方面"●对绿洲人居环境的改善进行了探索。

3）重庆建筑大学的生态城市与山地人居环境研究

以黄光宇、赵万民教授为代表的重庆建筑大学研究团队在山地人居环境的研究方面做了大量工作，尤其是黄光宇教授提出了三维集约生态界定理论●，该理论是在大量山地城镇理论与实践研究的基础上作出的精辟归纳，并以一种直观的形象，阐释了如何建构出与地形地貌相吻合的三维界定绿色网络，从而限定出许多适宜规模的绿色生态单元，以促进城市经济、社会、环境协调发展的良好态势。赵万民教授团队承担了一系列国家自然科学基金项目"西南山地城镇规划适应性理论与方法研究"、"西南流域开发与人居环境建设研究"、"生态山地城市设计理论与方法研究"（卢峰，2011）及"重庆农村住房建造体系演变与现实技术策略研究"（覃琳，2011）等，结合社会学、生态学、经济学等多学科成果，针对"三峡库区的人居环境研究"（赵万民，1999●），特别是对于库区城市（镇）化、城市规划、城市设计、文化遗产保护等方面的特殊性，以及如何建构库区整体的发展模式，引导与协调大规模城市（镇）迁建、移民工程、生态建设、农村建造体系的技术改造等问题，进行了广泛深入的探讨。由此带动了学术团队对人居环境学术框架下的"山地人居环境学"●的理论体系架构与一系列的实证研究：三峡库区移民居住区研究（张兴国，2004●）、山地建筑的形态及适应气候的技术策略（左力，2003●；王朝霞，2004●）、山地流域人居环境建设的景观生态研究——以乌江流域为例（赵万民等，2005●）等。

4）华南理工大学的人居环境防灾与湿热地区人居环境研究

以华南理工大学龙庆忠、吴庆洲为代表的研究团队，主要以城市人居环境防灾减灾为研究主线得出了许多具有启示性的成果。他们针对我国古代城市防洪的历史经验进行归纳和总结，将古代城市防洪的方略归纳为"防、导、蓄、高、坚、迁"●等六条；另外，将古城防洪措施归纳为"国土整治和流域治理、城市规划、建筑设计、城墙的工程技术、城市防洪设施的管理、非工程性的措施、抢险救灾及善后措施"●等七个方面。吴庆洲教授还从分析中国城市自然与社会的各种灾害入手，提出了21世纪中国城市安全战略的设想，"必须加强灾害科学的研究与投入；加强城市防灾减灾基础设施建设；城市防灾组织管理体系"●，并在城市和新城区选址、保护和利用城市水体、增大城区蓄水容量、规划设计建筑适洪系统等四个方面提出相应对策。●

❶ 岳邦瑞，王军.绿洲建筑学若干关键问题研究——西北绿洲地区生土聚落变迁研究与生态技术优化对策[J].华中建筑，2007（1）：112-114.
❷ 霍小平等编.山地城镇规划理论与实践[M].西安：西北工业大学出版社，1999：8-13.
❸ 赵万民.三峡工程与人居环境研究[M].北京：中国建筑工业出版社，1999：6.
❹ 赵万民.关于山地人居环境研究的理论思考[J].规划师，2003（6）：60-62.
❺ 张兴国.三峡库区移民居住区人居环境建设初探[J].新建筑，2004（6）：40-42.
❻ 左力.适应气候的建筑设计策略及方法研究[D].重庆：重庆大学硕士学位论文，2003.
❼ 王朝霞.地域技术与建筑形态——四川盆地传统民居营建技术与空间构成[D].重庆：重庆大学硕士学位论文，2004.
❽ 赵万民等.山地流域人居环境建设的景观生态研究——以乌江流域为例[J].城市规划，2005（1）：64-67.
❾ 吴庆洲.中国古城防洪的历史经验与借鉴[J].城市规划，2002（5）：76-84.
❿ 吴庆洲.论21世纪的城市防洪减灾[J].城市规划汇刊，2002（1）：22-23.
⓫ 吴庆洲.21世纪中国城市灾害及城市安全战略[J].规划师，2002（1）：12-14.
⓬ 吴庆洲.我国21世纪城市水灾风险与减灾对策[J].灾害学，1998（6）：89-94.

孟庆林教授承担了国家自然科学基金"亚热带地区建筑被动蒸发制冷技术研究"（孟庆林，2003）、"湿热地区城市微气候调节与设计"（孟庆林，2006）及重点项目"湿热地区城市微气候环境现代实验方法与应用基础研究"（孟庆林，2008），其研究探讨在热带地区的气候条件下，从生物气候学的角度，利用计算机仿真技术辅助建筑设计的方法，研究"自然通风、机械调风和空调联动控制"❶的热环境控制模式以降低建筑能耗，并完成了多项实践项目成果。❷同时，何镜堂、肖毅强、刘宇波教授分别承担了国家自然科学基金项目"亚热带大型公共建筑的被动技术与整合设计研究"（何镜堂，2009）、"湿热地区建筑中气候调节空间的尺度模型研究"（肖毅强，2010）、"基于岭南地区气候条件的建筑多层复合表皮可持续设计研究"（刘宇波，2010），从热带气候地区城市公共建筑的被动式设计策略与表皮设计等方面进行了设计、技术与评价不同层面的探究。

5）同济大学的发达地区小城镇与高密度人居环境研究

以同济大学陈秉钊教授为代表的学术团队从上海市郊区城镇的调查研究着手，从经济、社会、环境方面进行基础研究，从模式、评价体系、政策、法律、经济、行政等诸多方面的保障体系上提供可持续发展人居环境建构的机制。❸此外，李振宇教授承担了国家自然科学基金项目"长江三角洲地区节约型居住的软技术体系研究"（李振宇，2007），研究"提出了节约型居住的软技术概念，通过对社会、城市、街区、建筑四个层次软技术问题的分析，从设计和管理两个层面进行系统研究，构建节约型居住软技术体系的基本框架与控制性要点"❹；吴长福与宋德萱等教授分别承担了国家自然科学基金项目"高层建筑形态的生态效益研究"（吴长福，2010）、"上海生态型高层住宅太阳能利用建筑设计一体化应用研究"（宋德萱，2004）与"高密度人居环境下的城市建筑综合体协同效应研究"（王桢栋，2010❺），侧重于以上海大都市为背景的高密度人居环境下城市建筑的生态对策与评价研究，这些都为长江三角洲地区城市与乡村营建提供了有益的设计导引。

6）浙江大学与东南大学的长江三角洲地区人居环境研究

以浙江大学王竹教授为代表的学术团队，承担了国家自然科学基金项目"长江三角洲城镇基本住居单位可持续发展适宜性模式研究"（王竹，2001）、"长江三角洲地区湿地类型基本人居生态单元适宜性模式及其评价体系研究"（贺勇，2006）与"基于村民主体视角下的江浙地区乡村建造模式研究"（贺勇，2011），针对长江三角洲地区特有的自然、经济以及社会条件下可持续发展的人居环境开展了大量富有原创性意义的研究工作，特别是创造性地将生物基因原理引入该地区绿色住居的研究中，将营建体系中人们对住居各个构成因素的应对视为住居的"地域基因"❻，试图从深层次把握绿色住居的生成与发展机理，为可持续发展的人居环境建设提供科学的理论支撑和方法。另

❶ 孟庆林，江亿．人居环境的科学评价 [J]．南方建筑，2001（3）：60–62．
❷ 孟庆林．热带地区气候适应性建筑的节能设计——以三亚凤凰机场国际候机楼设计为例 [J]．热带建筑，2007（12）．
❸ 陈秉钊．上海市郊区小城镇人居环境可持续发展研究 [J]．城市规划汇刊，2002（4）：1–4．
❹ 李振宇等．长江三角洲地区节约型居住软技术体系研究导论 [J]．时代建筑，2008（2）：35–36．
❺ 王桢栋，陈易．高密度人居环境下的城市建筑综合体中的生态策略 [J]．住宅科技，2011（1）：27–31．
❻ 刘莹，王竹．绿色住居地域基因理论研究概述 [J]．新建筑，2003（2）：21–23．

外，该课题组还"运用神经元 BP 网络概念和方法，融入模糊思想，确立定性与定量的评价指标"[1]，建构综合评价绿色住居系统的操作软件与方法[2]，并进行了相关实证研究。

东南大学的陈晓扬与杨靖分别承担了国家自然科学基金项目"被动节能自然通风的建筑设计策略研究"（陈晓扬，2008）与"绿色技术及其量化指标在长三角住区中的适宜性研究"（杨靖，2009），均尝试从被动节能自然通风的适用范围与建筑策略总结[3]，及长三角住区的适宜性技术评价方面入手进行研究。

7）哈尔滨工业大学的严寒地区人居环境研究

哈尔滨工业大学的金虹教授承担了国家自然科学基金项目"低碳目标下的寒冷地区建筑围护体系节能设计研究"（梅洪元，2011）与"严寒地区乡村人居环境与建筑的生态策略研究"，从继承北方民居的节能优势出发[4]，综合考虑东北严寒地区农村经济、技术、生态、环境等各种限定因素，从创建生态人居环境的角度出发，确立环境、气候、经济三个层面的适应性技术策略。[5]

8）华中科技大学的夏热冬冷地区人居环境研究

以华中科技大学的李保峰教授为代表的团队承担了国家自然科学基金项目"夏热冬冷地区建筑设计的生态策略研究"（李保峰，2004[6]）与"设计与技术整合的夏热冬冷地区农村住宅低碳策略研究"（刘小虎，2011），着力于夏热冬冷地区建筑设计生态对策的定性与定量研究，尤其是建筑表皮的生态对策研究。

9）昆明理工大学的云南民族地区人居环境研究

以昆明理工大学王冬教授为代表的学术团队承担了国家自然科学基金项目"少数民族贫困地区乡村社会建筑学基本理论研究"（王冬，2007）、"作为方法论的乡土建筑自建体系综合研究"（王冬，2011）及"时空连续性视野下的云南乡土建筑智慧体系研究"（翟辉，2011），不仅辩证地认识乡土技术及其向科学体系的转化[7]，还从社会学角度探讨了村落建造共同体在村落人居环境建设中的定位与运作机制[8]，并从社会学与人类学角度提出了乡土建筑自我建造的方法体系。[9]

此外，还有一些学者也在地区人居环境的理论与实践研究中作出了不少有益的探索，在此不一一列出。

1.2.3 问题思考与研究定位

纵观以上地区人居环境理论与实践研究成果，我们可发现目前中国地区人居环境研究呈现几种趋势：

---

❶ 裘晓莲，王竹．地域绿色住居可持续发展评价体系——神经元网络的理论构建 [J]．华中建筑，2003（3）：7-12.
❷ 王杉．长江三角洲地域绿色住居评价体系软件设计 [D]．杭州：浙江大学硕士论文，2006.
❸ 陈晓扬，仲德崑．被动节能自然通风策略 [J]．建筑学报，2011（9）：34-37.
❹ 冷红．寒区城镇人居环境建设关键技术策略 [J]．低温建筑技术，2007（5）：23-24.
❺ 梅洪元等．东北寒地建筑设计的适应性技术策略 [J]．建筑学报，2011（5）：10-12.
❻ 李保峰．适应夏热冬冷地区气候的建筑表皮之可变化设计策略研究 [D]．北京：清华大学博士学位论文，2006.
❼ 王冬．乡土建筑的技术范式及其转换 [J]．建筑学报，2003（12）：26-27.
❽ 王冬．乡村聚落的共同建造与建筑师的融入 [J]．时代建筑，2007（4）：16-21.
❾ 王冬．乡土建筑的自我建造及其相关思考 [J]．新建筑，2008（4）：52-54.

首先，是基于宏观及区域层面的概念阐述与研究体系的架构。这是由中国人居环境的现状所决定的，在人居环境研究的起步阶段，也迫切需要建立对研究目标的共识、对概念明晰的认识，及架构一套完整的研究体系框架及方法。

其次，在人居环境研究宏观体系的指导原则下，也涌现了不少卓有成效的着眼于地区中观层面的住区个案研究。由于立足于各地区现实状况及针对地区经济、资源、生态等矛盾问题的综合协调与改善，从而使人居环境的研究得以获得实质性的进展。

第三，着眼于建筑微观层面的研究。我国不少学者一直以来致力于民居建筑的改造与更新的研究，试图从文化层面及传统文化在建筑符号与细部、空间组织上的关联找到文化传承的手段。由于太阳能利用、围护结构材料与构造技术等建筑技术研究本身的成熟度与普适性，使不少学者力求从技术运用的层面研究传统住居环境的改良。

我国幅员辽阔，地域条件与经济发展差异极大，而经济高速发展的同时带来了建设性的破坏，盲目模仿城市发展模式所导致的环境问题等，使现阶段我国人居环境建设所遇到的困境与危机更为复杂，更为艰巨。因而，我国的人居环境研究所面临的矛盾之突出、环境之多变、问题之复杂，都远远超过国外的同行。这也引发了我们对人居环境研究定位的更深入的思考：

宏观层面的理论体系架构虽然为我们提供了清晰的理论指向，但是宏观研究的前瞻性与模糊性，也决定了人居环境的整体性、普适性研究在操作上存在相当大的困难。各地区的人居环境建设不可能遵循单一的发展模式，庞大的体系还需要为我们深入研究与实践提供更为明确的目标靶点。

而着眼于不同地区的中观层面的个案研究，从事理论与模式研究的多，而能够将研究成果推广的较少；从地区建筑文化、传统技术的改进等角度研究较多，而能够突破建筑学的专业领域，结合多学科成果的集成，作为循环体系建立地区营建活动的理论及方法体系，将建设活动统一纳入到地区的生态、经济、社会体系中协调开展的较少。

地区人居环境研究是一个涉及因素众多，相互关联复杂的巨系统研究，而局限于单一建筑的微观层面，无论是文化符号的拼贴，抑或是技术运用的堆砌，对于人居环境生态、经济与社会整体的协调发展，都显得力不从心。

为了避免单纯理论研究的空泛性，体现有限规模、有限目标的原则，人居环境研究必须着眼于地区的范式研究，才可以获得实质性的突破。应发掘地区营建传统中的生态经验与营建智慧，选取地区人居环境的典型单元，借助于多学科的研究成果，重点研究特定地区营建活动中具有可操作性的设计对策、评价方法与适宜性技术手段，创造有利于地区人居环境可持续发展的新型住区建设营建体系。

1.3 地区营建体系的概念

1.3.1 地区营建体系的概念界定

地区传统营建体系尽管是以营造具有一定舒适度的人工居住环境为目的，但是其营建方式是基于对地区环境的认识、对资源有节制的消费模式，取环境之利，避环境之害，巧妙地运用营建活动中获得的生态经验，开展营建活动，经过长期的实践与修正，从而形成一套经济可行、低能耗的营建机制与技术手段。作为地区社会生活的一部分，营建操作过程始终无法离开使用者与工匠的共同参与、建造与修正。这种包含原生生态智慧的营建体系可以历经时代的变迁，在不断的演变与进化中作为一种传统而被传承下来。但是其传承的稳定性是维持在一定封闭的、自然生长的社会环境中，既难以实现人们更高品质的居住需求，且粗放的资源利用方式也会使日益恶化的生态环境雪上加霜。这种完全基于自发性、经验积累与自然进化机制下的营建体系是难以实现持续发展的。

现代建筑的营建体系是一个以人为中心的自然、经济与社会复合起来的人工环境系统，在这一复杂的系统中，营造舒适的人工环境是第一营建目标。为了追求建筑自身的最优化，它的营建方式和技术原则是线性的和非循环的，其运行模式是：资源—建筑—废物。这种营建和使用过程是以大量消耗自然资源和大量排放废弃污染物为特征的，是一种典型的"享用浪费型"体系。营建活动本身必然伴随着对资源的消耗、增加环境的负荷，但是这种影响必须被维持在一定的量与度的范围内，现代建筑的营建体系尽管在一定的尺度内尚可以维持，但是当其发展到跨越临界点时，环境将无以为继，沉重的负荷将使得其无法持续发展。这种营建体系的操作过程需要一个庞大的交互合作的专业团队网络参与完成，从策划、设计、生产、建造到运营，整个环节分工明确，形成高度集约与模式化的营建过程，从而也导致现代建筑营建体系的地域特质的缺失。

与地区传统的营建体系、现代建筑的营建体系不同的是，可持续发展的地区营建体系是以生态系统的良性循环为原则的，以营建对生态环境产生最小的影响、追求适度的生活舒适要求为目标。它将建筑作为生态系统的一个组成部分而整体地考虑对生态的作用，其营建方式和技术原则是循环的，运行模式是：资源—建筑—废物—资源。运用生态系统的生物共生与多级循环利用的原则，对资源能源集约与高效利用，形成一种全新的循环再生型的营建体系（表1-3）。

可持续发展的地区营建体系与其他营建体系的比较　　表1-3

营建体系	地区传统营建体系	现代营建体系	可持续发展的地区营建体系
与环境的关系	与生态和谐共存	牺牲生态环境	生态、经济、社会协调发展
营建目标	以营建一定舒适度的人工居住环境为目标	以营建过度舒适的人工环境为第一需求	关注营建活动对生态的影响
运行模式	适度消费型	享用浪费型	循环再生型
营建方式	线性的、非循环型 资源—建筑—废物	线性的、非循环型 资源—建筑—废物	循环型 资源—建筑—废物—资源
资源利用	地方资源粗放利用	地方资源的大量消耗	地方资源的集约与高效利用
地域文化	全面传承地域文化	地域文化的缺失	继承与发展地域文化
技术运用	低能耗的地域技术与营建经验	高能耗与高技术	发掘地域技术中的生态营建经验，以现代科学规律与技术为指导形成地区营建的科学化与体系化

营建体系	地区传统营建体系	现代营建体系	可持续发展的地区营建体系
操作机制	使用者与工匠设计与建造	从制造、策划、设计到施工交互合作的专业网络	由专业团队与使用者共同合作形成从策划、设计、生产、建造到运营的地区营建共同体
参与对象	使用者与工匠自主营建	庞大的专业合作团队营建	专业团队、地区施工队、使用者
评价依据	安全性、经济性、持久性	舒适性、美观性、安全性	尽量降低营建对环境的负荷,建立科学评价的目标细则与评价方法

植根于地区文化生活的地区营建体系,其操作过程自然离不开使用者的参与,在科学规律的指导与多专业合作团队的引导下,形成由专业团队、地区施工队与使用者共同合作形成的"地区营建共同体",发掘地区传统营建体系中的生态经验,并以现代科学规律与技术为引导,实现从建筑的策划、设计、生产、营建、运营、废弃到再利用的建筑生命周期循环过程的科学化与体系化。

由此,我们将可持续发展的地区营建体系界定为:地区营建体系是基于生态系统良性循环的原则,建立在生态、经济与社会协调发展的基础上,运用生态系统的生物共生和物质多级循环再生原理,发掘传统营建中的生态经验,运用多学科的研究集成成果加以调控与评价,实现从建筑的策划、设计、生产、营建、运营、废弃到再利用的建筑整个生命周期循环过程的科学化与系统化,能够满足地区居住者健康舒适的居住需求,且高效和谐、节能节地、文脉延续等新型的建造体系。

1.3.2 概念解析

从以上对地区人居环境营建体系的概念,可进一步深入解析营建体系的内涵:

(1)系统的开放性与动态演进性:由于地区人居环境营建体系是一个自然、经济与社会复合的高度复杂的系统,内部构成元素复杂、参数众多,加之外部环境的动态变化,使营建体系的发展呈现模糊性与不确定性。应该将地区营建体系视为动态开放的系统,运用多学科的集成成果,在施加一定的人为参与调控下,向自然、生态、社会协调发展的目标迈进,逐步趋近于可持续发展的目标。因而,研究需注重系统思维与多学科的融贯综合研究,将地区营建体系的研究置于整体的自然、经济、社会、文化等综合因素作用的复杂系统中,把握地区营建体系生成生长的要素关系及成因;通过对多学科研究成果的借鉴与比较,利用相关学科理论多维度剖析研究对象,将诸多复杂问题分解为若干研究的入手点,针对地区现状的主要矛盾重点解决,再综合集成,获得研究多元求解的途径。

(2)地区原创性与适宜性:地区营建体系是植根于地区土壤的有机体,拒绝简单的模仿与复制;地区营建体系的动态性决定其需要不断注入新的基因与组分,以适应环境的变化,它是对地域传统的重建与新创;同时,在一定的人为调控下,建立地区营建体系自适应、自组织、自调节的良性机制。

（3）科学性：地区人居环境营建体系的建构绝不仅仅依赖于主观的判断与定性研究，而是注重定性判断与定量评价的结合研究，研究不仅重视对各种演进构成要素作用及其表征的系统分析与定性归纳，更重视通过量化方法，特别是针对不同层面发展目标细则的把握和对量化指标体系的研究，以此作为评价与对策取舍的最终依据。

地区人居环境营建体系是地区自然、经济技术、社会文化等诸多因素交织作用下动态演进的复杂系统。单一建筑学视角很难获得问题的突破，只有集成相关学科的理论与智慧，从多维视野架构地区营建体系的研究框架，才能整体地把握地域营建体系的生成生长机制，在宏观全景的视野中找到研究的突破口。

1.4 研究方法与技术路线

本书遵循对课题的思考、理论与研究方法的架构到实证研究的技术路线（图 1-26）。

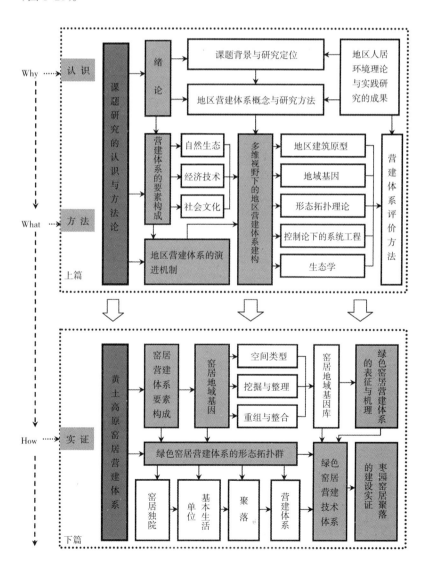

图 1-26 研究内容与技术路线

本书从大量国内外理论与实践研究成果获得借鉴与启发的基础上，运用多学科理论从多维度解析地区营建体系概念、演进成因与演进机制，架构地区人居环境营建体系研究的基础理论与方法，并将黄土高原窑居营建体系的理论与实践研究作为实证，验证理论架构的可行性。本书的研究方法可主要归纳为以下几点：

（1）注重系统整体思维研究：将地区营建体系的研究置于整体的自然、经济、社会、文化等综合因素作用的复杂系统中，把握地区营建体系生成生长的要素关系及成因。

（2）注重多学科的融贯综合研究：通过对多学科研究成果的借鉴与比较，利用相关学科理论多维度剖析研究对象，且对课题相关部分问题的要旨"综合集成"，以求研究获得全面的突破。

（3）注重以问题为导向的多元求解：对于涉及因素错综复杂的地区人居环境研究，注重将诸多复杂问题分解、提炼，化混沌为若干研究的入手点，针对地区现状的主要矛盾问题重点解决，再综合集成，获得研究多元求解的途径。

（4）注重概念与形态研究的结合：通过对营建体系理论的深入解析与架构，将研究的着生点落在营建体系的形态模式研究上。

（5）注重定性判断与定量评价的结合：研究不仅重视对各种演进构成要素作用及其表征的系统分析与定性归纳，更重视通过量化方法，特别是针对不同层面发展目标细则的把握和对量化指标体系的研究。

（6）注重理论与实证研究的结合：研究重视理论的解析与架构，更重视以大量实证案例，验证理论的可行性。

1.5 本章小节

本章首先阐述了课题研究的背景，针对目前中国人居环境建设的困境及对地区营建体系历程的思考，提出了我国地区人居环境建设存在的矛盾与问题；并对国内外人居环境研究的理论与实践进行了梳理与评述，在此基础上提出了地区人居环境的研究定位与地区营建体系的研究意义。由此，对研究课题——地区人居环境营建体系的概念进行界定与进一步深入解析，并阐述了研究内容、技术路线与研究方法。

2 地区营建体系生成生长的要素构成

地区建筑的生成生长历程是一个多因素作用的、历史的、动态演进的系统。任何地区营建体系的生成并非先验确定，是在地区自然、经济、技术、社会文化等诸多因素构成的动态网络综合作用下的结果，经历了营建过程的加与减的不断修正与反复认同，而形成了传统地区建筑最佳的材料选择、技术手段与营建方式，使其既适应于当地自然环境与资源状况，又体现了地区的经济与社会文化的真实性。因而，要挖掘地区营建体系的生成生长机制，把握、调控其演进方向，首先必须逐一分析与还原自然、经济、技术、社会文化等限定要素对地区营建体系生成生长的作用，再以整体系统的思维分析诸因素对其演进的综合作用。

2.1 自然生态要素

自然生态环境作为人类借以生存和活动的背景与舞台，与人们形影相随，共生共存。自古以来，人类以自然维持生计，择地建家也讲究适应地方自然地理条件的限制，顺应地形地貌，选择易于调节气候的场所，就地取材构筑住所以抵御不利自然环境的威胁，这已经成为世界各地民居营建所遵从的基本原则。

影响地区建筑的诸多因素之中，生计方式、经济、技术与价值观都会随着时代的发展而有所改变，唯有自然生态因素具备相对稳定性，是地区建筑生成与生长的主导因素。它包括地域气候、地形地貌、绿化植被、水文地质、自然资源以及能源等。以下将针对这几点进行阐述。

2.1.1 气候

2.1.1.1 气候及其组成要素

"气候是天气现象的长期平均状态，或者说，气候是某一地区的大气物理性能在相当长时期内的统计平均。它是由作用于这个地区的太阳辐射、大气环流和地理环境长期相互作用的结果。"❶对于所处不同纬度位置的地区，其所接受的太阳辐射量不同，受海陆影响的程度和大气环流系统的配置也不同，因而，各地区的气候具有各自不同的特点。

2.1.1.2 建筑对气候的调适效应

"气候——影响着人类舒适——是气温、湿度、辐射（包括光线）、气流、雨水雾气的综合结果。为了舒适的目的，这些因素的组合达成一定的平衡状

---

❶ 转引自：杨柳. 建筑气候分析与策略研究 [D]. 西安：西安建筑科技大学博士论文，2003：10.

况"。❶与其他生物通过机体自身的形态构造与生理功能来应对外界气候变化相同，人类在进化过程中，形成了以生理功能的调整应对气候变化，诸如根据太阳辐射改变皮肤色素等。但在气候变化万千的自然界，人体自身机能的适应性调节极为有限，要想在多变的气候中满足人体热平衡，就需要在机体适应性调节范围以外，通过衣物的增减与建造"遮风雨、避严寒"的庇护住所获得对恶劣气候变化的补偿效应。宜人的居住环境所涉及的气候因子包括：温度、湿度、日照、通风、气压、降水等，而建筑的选址、形态与构造细部对气候的调适也就是对这些气候因子控制的最佳组合。以下几点为建筑对各气候因子的控制手段。

1. 对日照的选择方式不同

太阳辐射是住居气候条件的首要因素，也是建筑外部热条件的保障和自然采光的前提。气候的不同决定了建筑对太阳辐射的选择方式截然不同。不同气候分区的建筑选址、布局、门窗的方位与大小的差异都是出于对太阳辐射的吸纳与遮蔽选择的差异。

2. 对温度的控制手段不同

由于温度是人生存的基础因素，建筑对不同温度的控制手段在形态上的反应最为显著，以形态及围护方式作为对外界气候变化的缓冲层，达到保温与隔热的目的。

3. 对气流运动的干涉方式不同

人体对气温与湿度的感受直接来自于气流运动及速度，以建筑手段对周围气流运动的干涉方式，体现在建筑布局、组合及开口形式对通风的引导与阻隔上。

气候多样性产生的建筑形态变化万千，正是由于不同地区建筑对气候因子的权重差异，及对气候因子调适手段的不同组合的整体作用，形成了对气候因素的利用与调适效应。

2.1.1.3 地区建筑营建对气候的智慧应对

建筑建造之初，是以遮蔽自然气候并营造相对舒适的环境为根本动因之一的。不同的气候条件势必产生不同的庇护方式，以获取生存舒适所需的阳光热量，及阻隔严寒酷暑。无论是建筑物雏形的巢居、穴居，还是发展成熟的具有地区特质的建筑，无不体现出气候恒久地影响着建筑形态的生成和生长。而"在气候最严酷，物质环境最艰苦的地方，我们可看到最有效、最成熟的建屋法"。❷

如美国南部的土坯房屋和地中海的石板房地处干燥的高温气候区，因而建筑形态内向而封闭，以避免过多的热量传送进室内。湿热地区建筑的气候调节方式恰恰相反，需要大面积的遮阳和最小限度地接收热量，通风是散热的重要方式。为了适应这种气候特征，南太平洋的竹木草屋，采用深远的出檐以遮挡强烈的日照，开敞的空间，竹木搭建的墙体可减至最少，以提供最佳的通风效果。相反，在极端严寒的气候下，爱斯基摩人的半地下圆顶屋是对气候调适的理想形式。球形单位体积的表面积最小且符合动力学要求，风的阻力最小且失热最少。同时，室内空间垂直分层，冬季使用地下暖房，夏

❶ （美）拉普卜特著.住屋形式与文化[M].张玫玫译.台北：境与象出版社，1997：107.
❷ （美）拉普卜特著.住屋形式与文化[M].张玫玫译.台北：境与象出版社，1997：103.

季上部的通风孔可保证室内优良的空气品质。尽管在我们当前看来可以轻松地以科学思维来解析的营建原理，却完全出自于地区乡民自发的奇思妙想。

地区建筑堪称地区乡民亲手创造的"没有建筑师的建筑"。在地区经济技术水平相对落后的情况下，人们的生产生活都直接依赖自然环境得以维持。由于人们驾驭自然的能力较弱，对自然气候的极端变化无能为力，而只能被动地选择顺应气候条件的限定，一方面充分利用当地有利的自然气候资源营造舒适的建筑微气候，另一方面通过建筑的聚落选址与形态，防避或削弱不利自然气候因素的影响，并通过建筑自身形态、构造与细部的气候调节效应去反馈气候的限定，并由此形成了一种低能耗、适应性的营建原则。从不同气候分区的带有鲜明地域特质的地区建筑生成过程可以找到清晰的线索（表2-1）。

气候分区与地区应对气候的营建原则 表2-1

气候分区	寒冷气候区	干热气候区	温和气候区	湿热气候区
气候特征	严寒、暴风雪、寒冷与月平均气温低于15℃	温度高、年较差与日较差大、日照强烈、空气干燥、降水少、空气湿度小，且多风沙	冬季寒冷，夏季炎热，最冷月温度低于–15℃，最热月温度高达25℃，气温年变幅达–30~37℃	气温高，年较差小，年平均气温达18℃以上，年降水量大，空气湿度大于80%；阳光暴晒、眩光
气候控制因素	最大限度地保温隔热减少热量损失抵抗寒风与雪荷载	遮挡太阳辐射利用围护结构隔热蓄热，减少室内温度波幅；蒸发制冷与夜间长波辐射降温	冬季保温夏季散热	遮阳最大限度地通风降温
营建选址	避开主导风向	防风与避开主导风向	避开风口、山谷及低洼处	顺坡或位于低凹地带而建；顺应主导风向
聚落形态	最小的外表面积形态利用植物遮挡冷风侵袭	密集组群式布局建筑相互毗邻狭窄街巷曲折公共空间街道设置遮荫的灰空间	背风向阳的南坡或纵横平直的街巷式布局	密集或梳式的群体布局建筑相互毗邻狭窄街巷正对直，与夏季主导风向一致多设置骑楼与檐廊
建筑布局	封闭内向布局紧凑	内向型的布局以遮荫为目的的高窄庭院与灰空间不同季节使用的暖空间、凉空间内院布置水池与植物	庭院开敞建筑形体规整，较少凹凸变化，降低层高厚重的墙体，三封一敞式布局	平面开敞通透、布局灵活，大进深多底层架空以利防水防潮高而窄的天井
建筑构造细部	厚重墙体材料内表面覆以动物皮毛等，增加保温少量的通风口设置	土石构成的厚重性蓄热墙体尽量少开窗或开花格窗设置捕风窗与风塔，及地道风系统以降温	屋面坡度平缓南向开大窗增加日照设置挑檐遮阳	轻质而低热容量的竹木材料屋面出檐深远，坡度较陡多设置阳台、凉台、遮阳板、通风屋顶
典型案例	爱斯基摩人冰屋	阿以旺民居	北京四合院	干阑式建筑
图　示				

注：英国的斯欧克来（B.V.Szokolay）在《建筑环境科学手册》中从影响人体舒适度的角度兼顾空气温度、湿度、太阳辐射等气候因素，将气候分为四个分区：寒冷气候区、温和气候区、干热气候区和湿热气候区，本表在参照其"气候分区与建筑关系"表格及相关文献的基础上制作而成。
表中图片引自：孙大章.中国民居研究[M].北京：中国建筑工业出版社，2004.

1. 聚落形态、选址与建筑微气候的调节

建筑形态布局、合理的选址、街巷宽度可调节建筑局部的微气候，改善局部环境的热舒适性。中国传统风水理论所推崇的理想选址原则"枕山、面屏、环水"虽然多少带有玄虚的色彩，但是其中为营造良好生态循环的微气候，对太阳辐射、温湿度及风等气候因素的调控原理是具有环境科学的合理解释的：背山以屏挡冬季北向寒风，向阳以获取良好的日照，环水可利用日夜的水陆风效应，缓坡建造利于排水以避涝灾。可见，乡土聚落的选址总是遵循寻取具有良好日照与风向的气候场所，并规避不利风向因素的原则而建造。

聚落形态的组织方式也因不同季节的需要而呈现不同的形态模式（图2-1、图2-2）。即使是相近气候因素，对建筑微气候的控制也遵循精密的机制。炎热气候密集式的布局，建筑相互毗邻以形成相互遮挡的阴影空间；街巷通直对正，顺应主导风向，有利于湿热气候组织顺畅的通风以降温，如盛行于珠江三角洲一带的梳式聚落，高窄的街巷呈纵列状排布、整齐划一的布局（图2-3）。同样具有密集式聚落形态的干热地区，出于防风与阻隔热空气侵袭的需要，聚落设置曲折的街巷与尽端道路，以增加风阻、降低风速（图2-4）。而且，聚落形态也有防灾与适灾的效应，沿海地区的竹筒厝民居是抵抗台风灾害的最佳印证，进深4m却深达20m通长的民居封闭山墙连排相接，加大了侧向的抗风刚度。建筑洞口的开敞与通透，通过小院、天井与巷道组成完善的自然通风体系来满足炎热气候的通风、散热、采光需要。

图2-1（左上） 温和气候的聚落形态（资料来源：李玉祥. 老房子：北京四合院[M]. 南京：江苏美术出版社，2002）

图2-2（右上） 寒冷气候的聚落形态

图2-3（左下） 湿热气候的聚落形态（资料来源：www.ydtz.comnewsshownews.）

图2-4（右下） 干热气候的聚落形态（资料来源：www.ydtz.comnewsshownews.）

图 2-5（左） 防寒优先的民居
（资料来源：陆祥 . 北京四合院 [M].
北京：中国建筑工业出版社，1999）
图 2-6（右） 防寒优先的民居
（张平兮摄）

2. 建筑形态布局与构造形态调节适宜的室内环境

地区建筑形态布局、朝向、屋顶形式、墙体与门窗洞口形式都取决于不同气候地区的冬季保温与夏季散热两个相互对立的控制因素的权重。因而，从地理位置与气候因素来看，民居总体呈现北方防寒优先与南方防热优先两种气候应对策略。❶

北方地区的室外温度较低，室内外的温差普遍大，建筑的保温即减少失热量是解决问题的关键，被动式太阳能的利用和防冷风作为补充，以减少室外低温对室内热环境的影响（图 2-5、图 2-6）。

（1）北方民居形态厚重规整、封闭的、简洁的外表面，较少凹凸变化，压低层高，减少围护结构的散热面积。

（2）"三封一敞"式布局，即东西北三面实墙；庭院方正而宽敞，面南向开满堂窗，阳光满室，利用太阳能。

（3）密闭的围护结构，加厚的外墙、阁楼与双层屋顶隔热，加之火炕的利用，防止冷风渗透与热量的散失。

我国南方地区温度高、湿度大、辐射较强、气温的日间和季节间的变化均小，夏季遮阳和良好的通风是解决炎热问题的主要途径（图 2-7、图 2-8）。

（1）建筑形态开敞、分散、通透，加高层高，以增加最大的散热面积。

（2）高而窄的天井，利用烟囱效应通风降温；深远的挑檐、重檐创造更

图 2-7（左） 防热优先的民居
（资料来源：牛建农 . 广西民居 [M].
北京：中国建筑工业出版社，2009）
图 2-8（右） 防热优先的民居

❶ 赵群 . 传统民居生态建筑经验及其模式语言研究 [D]. 西安：西安建筑科技大学博士学位论文，2004.

多的阴影空间。

（3）由轻透竹木材料构成的围护结构，高敞屋顶、架空地面与地板层的做法保证了最大限度的通风降温。

作为人类活动的古老课题，充分利用自然环境，适应气候特征，如果是经济技术低下的条件下，人们被动而无奈的选择，那么人类凭借发达的科学技术与先进的设备，风霜雨雪等纯自然因素已不再成为左右现代建筑形态的绝对因素。但是这种忽视建筑自身的气候调适能力，违背生态规律的营建原则随之而导致的负效应，使人类付出了高昂的经济与能源代价，也导致了地域文脉与特质的丧失。遵循气候的设计原则，将结合气候的设计贯穿于建筑选址、规划布局、建筑体形与构造设计中，结合现代的环境控制技术作出理性的分析与选择，才是寻求地区文化根源与延续文脉的必然途径。

2.1.2　地形地貌

一个地点的地形、植被、水体等自然形态景观是构成自然场所的一部分。建筑物在地表的出现，本身就是一个对生态环境产生消极效应的过程，改变了地表原有的自然性态，也改变了生物群落的生存环境。因而，体现对生态过程的协调，应尽量使建筑的营建过程对环境的破坏达到最小，建筑形态能够结合场所的阳光、地形、水、土壤、植被等自然因素实为最佳，减少对地形地貌资源的剥夺，维持植物生境与动植物栖息的环境。

土地在农耕经济时代是最宝贵的生产资料和物质财富。由于生产力的制约，极少大规模地开挖平整地基，创造性地利用地形限制、山形水势营建，化被动为主动，灵活组织建筑群体，是人们在长期实践中总结出的顺应自然、协调生产、营宅立邑的营建经验。地区营建对于地形地貌的利用在于以下两点。

2.1.2.1　节地

乡土聚落不仅选取地基稳固、供水充足、环境优美、日照通风良好的物质环境场所建造，更重要的是，为了尽量将平坦肥沃的土地让位于农田，只能尽量利用原始地貌环境中的坡、沟、坎、台等微地貌形态，随高就低修建住房，构成灵活多变的形式，既节约了平整土地的人力资源与土方，又利用地形高差错落形成千姿百态的乡土建筑群体景观。在对山丘坡度利用的手段上，可谓千变万化：筑台、提高勒脚、错层、跌落、悬挑、掉层、附崖等，使不同高度坡台上的建筑高低错落，相互衔接，最大限度地利用了土地资源。

2.1.2.2　保土与防灾

地区建筑营建尽量维持山形地貌、水系，力求对生态环境产生最少的破坏，无论是宗教中的自然崇拜，还是民俗禁忌，都防止对基地与树木的破坏。即使在建造活动前，也必须通过一系列的祭祀活动表达人们意识上小心谨慎与自然合作，取之自然而回报自然的观念，客观上维护了生态环境。

而且，由于典型的季风气候导致降水的季节变化大，造成汛期和枯水期较大的水位差，应利用选址与聚落组织有序排水系统以避洪灾。干阑建筑就是回应南方湿热、多灾害且地形特殊的自然地理特征的最佳例证。由于长江沿岸及附近易洪水泛滥，且土地沼化，满布杂草；而处于丛林的华南地区，炎热多雨，多虫蛇猛兽侵袭，且土地潮湿，地形起伏变化，平坦地区少，给营建带来了困难。然而，干阑建筑在这种不利自然生态的制约下，采用架空活动层的方法，提供最简便易行且符合需要的住所。首先，它保证了必要的安全性，使人们免受虫害侵扰。其次，架空的方法扩大了建筑的表面积，以利于通风散热，对湿热气候具有一定的调适性。更重要的是，架空建造对地形具有相当的适应性，避免对地面大动干戈地改造，一定程度上保护了植被。如在山地陡坡，因坡就势而建，通过调整支柱的长短可保证居住面的平衡；对于平地或是河岸边也都适宜修建。最后，架空不仅使空气流通，也可为泄洪提供便利。当洪水奔流时，居者在楼上照常生活，洪水退后留下的肥分又为来年的丰收创造了条件，也补充了地下水，可谓化弊为利。

2.1.3 自然资源

地区建筑利用当地环境资源作为营建材料是对自然限定的积极回应。可资利用的资源、材料和相应的营建技术，对于地区建筑的生成具有至关重要的作用。

首先，地方材料是自然的馈赠，也是自然的选择。尤其对于经济落后、运输不便的地区，地方材料就地取用方便，且数量充足，经济实用，除砖瓦等经过简单的加工制作外，其余大部分材料均属未经加工的天然材料，有时只须在建筑现场临时简单加工，最大限度地发挥材料的物理性能，以合理的受力状态连接成相应的构件，并逐步形成一套与地方材料特性相适应的地区营建技术。因而，从地区建筑的外观形态往往可粗略了解该地区的材料与资源状况。在盛产石材的地区，首选材料必然是石材，如贵州的石板房、福建惠安的石头房等。在森林资源丰厚的地区，建筑也多由竹、木等构成，如井干民居用原木层层相叠而构成墙围，故而得名。即使是缺少植被的荒漠地带，土地本身就是丰厚的建造资源：黏性土质可打土坯或烧制砖瓦，粉沙性土质则可夯土筑墙，黄土高原的窑居、闽西的客家土楼均以生土作为主要材料，阿以旺民居是以土与木材形成木构土墙结构。

其次，地方材料还具有天然的辅助调节气候的生态效能。如黄土窑洞利用黄土较高的热容量，保温蓄热，调节剧烈的气候变化；客家土楼利用夯土墙面的保温隔热吸潮；西南的干阑建筑利用竹木材料间的缝隙，便于空气流通降低室温；"粉墙黛瓦、小桥流水"的江南民居，利用木装修调节冬冷夏热地区的保温隔热、通风与遮阳的矛盾，还用石灰粉刷墙壁，以防雨、消毒净化环境，可谓一举多得。而且，自然材料的强烈表现力，虚实关系、色彩、质感，将建筑纳入地区整体自然环境的融合协调之中，也构成了地区建筑浓厚的乡土景观。

此外，地区营建对材料的功能与用途也挖掘到极致，从支撑结构到墙体围护，从基本结构构件到装饰构件，甚至是材料的搭配、组合与加工，在结构功用与美学效果上均获得完美的组合。如云南丽江的石基土坯墙、江浙民居的木构与编竹夹泥白灰墙、闽南的胭脂红砖与石材墙。另一方面，地方材料取之于环境，对生态环境的物质循环毫不影响，是天然的环保材料。即使材料废弃了，在建筑翻新或重建时也可循环再利用，如破损的砖敲碎可作为三合土用于地基材质中或外墙填心材料；泉州、浙江沿海一带

民居建筑多用蚌壳、牡蛎壳烧制牡蛎灰作砌砖用的灰浆，可防止海风的酸性侵蚀；还有用地震留下的碎石残砖与蛎壳混砌，独创了一种"出砖入石"墙体（图2-9）。

图2-9　地区建筑营建对材料的搭配与组合

（资料来源：孙大章.中国民居研究 [M].北京：中国建筑工业出版社，2004）

2.2　经济与技术要素

经济与技术因素是推动建筑发展与变革的动力因素。经济与技术之间相互依存，相互制约。技术的进步有赖于坚实的经济基础提供更为广阔的选择性与可能性，而经济的发展又靠技术革命得以推动。同时，制约与影响建筑的任何要素无不是通过技术手段的实现而作用于建筑。

2.2.1　经济因素

2.2.1.1　经济生活与生计方式

"经济（economy）一词源于希腊文（oikono-mos），从词源学的角度来看，是指家庭管理术，意为通过家获得更多的财富，指明了一个需要谨慎且节约管理的特定领域，也即是一个家庭如何在给定的资源条件下实现效益最大化。"❶经济概念反映人们如何在有限资源限制下，依据节约或最大化原则进行选择。从本质上说，经济就是一种生计策略或生计方案。从环境中获取生存资料和人口的维持活动是有关人类生存的最基础行动。而人们获得食物的集团、活动、技术等谋生手段总称为生计方式。

---

❶　罗康隆.文化理性与生存样态的文化选择 [J].吉首大学学报（社科版），2006（3）：71.

2.2.1.2 生计方式与生态环境的互动机制

人类为谋求自身的生存与发展,凭借其智慧构建起千姿百态的生计方式,以应对千差万别的人类生存环境。按文化生态学的一般观点,特定地区的人们在长期的生存实践过程中,通过对生存环境及资源可利用性的认知、适应而逐渐选择形成具有该地区自然环境特色的特定的生存模式,亦可称之为特定的文化模式,这一模式化的文化建立了调节地区生态环境与文化、生计方式协调关系的互动机制。

1. 生态环境对生计方式的模塑原则

各民族生计方式在对其生态条件的改造利用过程中形成了自己特有的获取和利用资源的方法,这一过程就是民族生计方式与自然条件的相互调适过程。"生存环境的自然条件既是具体生计方式构建的依托,又是制约该生计方式的因素,同时还是该种生计方式的加工对象。"[1]

生计方式在建构过程中体现了对生态环境的淘选过程。任何民族所面对的自然条件既是粗朴多样又是难以直接利用的,也不可能把所处的自然条件的一切因素全部派上用场。任何一种生计方式都执行节约、能量低耗原则,尽可能少地消耗能量去尽可能多地获取生存物质。在这一原则的作用下,每一个民族都要对自己所处自然条件的众多因素进行选择,仅集中力量去加工对付所处环境中的一部分自然物,以维护本民族的生存与发展,并以此为出发点不断地模塑该民族的生计方式。比如处于平原河网环境中的民族,既有水陆运输之便又有鱼米之利,同时也要承受洪涝的威胁。因此,不同的民族在利用相同的自然条件时,有的可以建构起以稻作农业为主体的生计方式,有的则建构起以捕捞放养水生动植物为主体的生计方式;有的民族还可以建构起以"鱼"、"米"、"林"为主体的复合生计方式。在这些民族的生计方式的建构中,对自然条件都持一种顺应、对自然界较少索取的消费意识。

2. 生计方式是生态环境与社会文化综合作用的结果

各民族在对其自然条件的改造利用过程中形成了自己特有的获取和利用资源的方法,这一过程就是民族生计方式与自然条件的相互调适过程。这一过程的实现最终要靠该民族所处的自然环境与生计方式之间达成协调的局面,呈现出相互适应的态势。生态环境决定生计方式,生计方式决定生活方式,生态环境和生计方式所决定的生活方式一经形成,并固定为传统和习俗,便会反作用于生计方式并影响到生态环境。

一个民族的生计方式并不是对自然环境和社会环境的被动应对,而是该民族针对其特定的生存环境,根据自身文化的特点,经由文化的创造和作用的结果,并经过具体民族社会的汰选、应对和调适。只能在自然环境中寻找自己的着生点,汰选出自己加工利用的对象,规避对自己不利的因素,以获经济活动的成功。

2.2.1.3 经济文化类型与定居方式

经济文化类型指"居住相似的生态环境下,并操持相同生计方式的各民族在历史上形成的具有共同经济与文化的共同体。"[2]经济文化类型表明了自然生态条件对社会经济发展水平的制约。建筑活动一直是伴随人类生活与经

---

❶ 罗康隆. 论民族生计方式与生存环境的关系 [J]. 中央民族大学学报(社科版), 2005(5): 71.
❷ 林耀华. 民族学通论 [M]. 北京: 中央民族大学出版社, 1997: 86.

济生产的一个不可缺少的部分，不同的经济形态与生产方式也决定人们必须选择适应各自经济活动的定居方式与居住形态。建筑的最初形态山洞、帐篷和茅舍，就分别适应于采集渔猎、畜牧与农耕三种不同的经济文化类型。

随着漫长的历史演变，这些最初的居住方式在自然的选择与满足人们的生计方式中不断发展，而形成不同地域的群体所特有的居住形态。

1. 采集渔猎经济文化类型

以渔猎兼采集为生的较为原始的生计方式，由于直接依靠生态环境的物质收集，狩猎者居无定所、食肉寝皮的迁徙生活，其居住形态需就地取材，简单易制（图2-10）。

2. 畜牧经济文化类型

畜牧生计是人类对高寒或干旱地区生态环境的一种适应性的经济活动。人们巧妙地利用有周期性的转场而将群牧放在生态系统的能源输出口——青草地，从而达到以较大的空间换取植被系统自我修复所需的时间的目的。这种"逐水草而居"的游牧生活造就了按照自然规律迁徙，选取易于拆卸与携带的移居式居住形态。蒙古包与毡房都是建造方式非常简便灵活，方便转移。一般屋架采用草原特有的红柳做成圆栅和顶，然后四周用芨芨草编成墙篱，再包上毛毡，能够在高寒的气候条件下，很好地抵御寒风的侵袭（图2-11）。

3. 农耕经济文化类型

农耕经济文化类型是我国很多民族经济类型的主要模式。从事农耕经济的各民族通过对土地的耕作来获取丰富的生活资料，受这种生计方式的影响居住方式较为固定（图2-12）。

图2-10　采集渔猎型的住居方式

图2-11（左）　畜牧型的住居方式
（资料来源：www.nipic.com）
图2-12（右）　农耕型的住居方式
（资料来源：www.nipic.com）

在长期的生产实践中，我国复杂的生态环境模塑了多姿多彩的生计方式：云南少数民族传统的刀耕火种农业实际上是在原始的生产力条件下，通过实行有序的垦休循环制，采用粗放的刀割免耕与严格的轮歇制度，在维系生态整体稳定性的前提下适度开发，保护性地利用自然的典型。滇南地区的河流纵横、沟渠密布的地形条件模塑了傣族丘陵稻作农业的经济文化，模拟自然森林生态结构，人工组合经营，多元群落种植，形成了应对复杂自然地理环境的传统农林生态系统；还有哈尼族利用山区气候垂直分布和植被立体分布的特点，创造了堪称人工生态系统大创举的梯田农业：山顶是茂密的原始森林，半山气候温和、冬暖夏凉，适宜建寨，其下则是层层梯田。引高山森林溪水，流经块块梯田，长流不息，形成人工灌溉系统。

每种经济方式都渗透着对自然索取最少，珍惜耕地资源的生态消费观念。而居住形态更是与其经济方式保持高度一致：在湿热气候与复杂的地理环境下，对地形广泛的普适性与对洪水灾害的高度适应性的干阑式建筑；取用地方材料，屹立在高寒山区的碉房等。人们所费不多，而收获丰厚；山中地少，却能丰衣足食，求得怡然自得。

2.2.2 技术因素

建筑是一个技术集结体，是人类文明及进化在可见形态中的技术塑造。在建筑发展的历史中，技术起着支持或约束的作用，它为形态的产生、演替提供了多种可能和限制。在特定的时期，先进的技术还可以成为一种推动力和催化剂，带动、促进建筑的进步。因而，各个地区的建筑被视作记录社会技术文明发展程度的载体。

建筑技术通常有两种划分：

（1）以经济含量的多少以及技术难度的高低为标准，可分为高技术（high tech）、中间技术（intermediate tech）和低技术（low tech）。高技术大多采用新型材料和新技术，效果好，效率高，虽然一次性投入大，但往往运转期内平均成本较低；低技术是指低成本和低难度的技术，多开发或采用乡土传统地域技术，技术简单，对环境的负面影响小。

（2）根据技术运作过程中投入能量的品位不同以及技术设备的复杂程度差异，分为被动式技术（passive tech）、主动式技术（active tech）两种。主动式技术多利用机械等设备系统和输入能源来改变环境，而被动式技术尽可能不依靠（复杂的）设备、能源等外力支撑，利用自然力，如阳光、风力、气温、地热、潮汐、生物质能等，基于对气候规律、材料与构造性能的把握，通过建筑的布局与构造形态巧妙智慧地应对和控制。

上述两种划分方式存在着交叉对应关系，如同样是主动式技术，也有高技术、低技术之分，被动式技术亦然。

2.2.2.1 地域技术

"建筑技术，是对一定的建筑材料按其性能与建筑功能需要进行加工改造、组合构筑的方法和技艺。建筑技术的核心，在于充分体现对材料物理性能的忠实以及对建筑自身要求安稳和坚固的满足，材料和结构是这一核心相互关联的两个侧面。"[1]地区建筑之所以在广大的普通民众中广泛普及，是基

---

[1] 杨大禹. 中国传统民居的技术骨架 [J]. 华中建筑，1997（1）：21-23.

下石上土，防洪　　　　　　外石内木构，防雨　　　　　　木构砖石相间，防火

下石上砖，防洪　　　　　　木构砖石相分，防震　　　　　　外砖内木构，防雨

于其以最少的经济投入获取对使用者居住问题的解决：运用较少的地方材料，以尽可能少的加工，最大限度地发挥材料的物理性能与热工优势，按一定的科学与美学规律加以结构组合，即形成了地区特有的营建技术。

图 2-13　着眼于防灾的地域技术

1. 忠实体现自然与环境资源状况

地域技术是人们在长期的生产实践中，对当地生态环境与资源状况的深刻认识与智慧选择的基础上，在功能、形式、结构与构造之间达到较为完美的结合，在对生态环境的损与益之间获得了相对平衡。

2. 着眼于防灾的技术运用

自然灾害自古以来都是威胁人们生存的一大难题，而对于驾驭自然能力弱小的普通乡民，通过居住选址、建筑形态尤其是技术手段尽可能将灾害损失控制在某一范围内，避免与减免灾害的不利影响，同时将灾害易损毁部分作为建筑结构中便于更换的部分予以考虑。这确实与当前减灾适灾的思想不谋而合，如木材与砖石墙体分离、榫卯结构及木石构造连接对弹性变形具有一定承受力，吸收转化地震力，减免灾害发生；即使灾害发生，"墙倒屋不塌"，也将对居住者的损害减至最低。在建筑的材料组合与技术处理上也充分发挥其防灾性能，如土楼墙体下部砌卵石，上部夯土，可防季节性洪灾。材料的组合有外砖内石木构，可防风雨；木构与砖石相间，可防火；下石上砖相分，可防洪；木构与砖石相分，可防震（图 2-13）。

图 2-14　简便经济的地域技术
（资料来源：朱良文. 丽江古城与纳西族民居[M].昆明:云南科技出版社，2005）

3. 与地区人们的实际需要和社会经济状况保持高度一致

地域技术不仅受制于材料的性能，更受到地区的生产力水平与经济状况的制约，地域技术产生于具体的需求，就必然与地区的社会经济状况相协调，始终不能脱离地区人们的实际需要。云南众多少数民族对其建构技术的描述为："捆绑节点，周边支撑，一把砍刀，全体村民参与。"❶这是对地区生产力水平不高的初级技术水平的概括。而对于生产力水平较高的平原地带，地域技术的运用就明显复杂得多了，如对于土的运用技术，垛泥、打坯、夯土，并形成多种工序与一定的用料配方等。地域技术之所以能够普及，在于其以地区大部分普通百姓的消费水准与实际需要作为标准，以低廉的造价、简便易行的方法，为居民建造提供便利的条件（图 2-14）。

地域技术是历经岁月的锤炼而成的地方智慧结晶，并成为地区社会文化不可分割的构成部分。以发展的眼光来看，技术具有一定的时效性，地域技术的某些方面显得滞后，无法直接运用于现代的建造体系中。但地域技术忠实体现环境资源状况，协调经济技术水平，以最少的经济投入获取对使用者居住问题的解决，其中所贯穿的生态思想与人文内涵，及"因地制宜、因事而制"的原则，仍然是现今与未来营建活动中最具活力的部分。王冬教授提出应力图使乡土建筑技术技艺体系，特别是其技术思想从过去朴素、自发的原生状态向着具有现代意识的"自觉"方面转化，并总结了地域技术的范式❷：

朴素地忠实于材料、遵循于建造条件的技术理念；朴素地满足需求、有的放矢的技术理念；朴素地将建造行为限制为"最小、最少"的技术理念；朴素地追求纵向技艺深度的技术理念；朴素地积累、修正、进化的技术理念；朴素地模仿、类推从而形成集体意识的技术理念。

用现代科学的理念与方法来总结乡土建筑技术技艺体系及其思想中优秀的品质及精髓，挖掘其中蕴涵的规律和原理，然后用这些经过科学思想提升了的规律和原理来指导当前的地区营建。

2.2.2.2　适宜性技术

20 世纪 60 年代起，英国以 E·F·舒马赫（E. F. Schumacher）为代表的经济学派，研究发展中国家的技术抉择问题，提出了有关"中间技术"的概念。舒马赫认为：在发展中国家，技术的发展战略应服从于社会、经济发展的总体目标的需要。

作为多种技术的混合体，适宜技术是针对特定社会环境而言的技术难度和经济成本适当的技术。它不会是单纯的高技术或低技术，而是经过成本效益综合比较后对二者整合的产物，是对多层次技术的综合运用。其并非孤立地强调被动式技术或主动式技术的某一方面，而是应该结合具体地域资源及经济环境，取其长而避其短，强调技术的适宜性和经济性。"适宜技术不是一种修补性的折中态度，它是辩证和智慧的抉择。适宜技术将当代的先进技

---

❶ 杨大禹. 云南少数民族住屋——形式与文化研究 [M]. 天津：天津大学出版社，1997：96.
❷ 王冬. 乡土建筑的技术范式与转换 [J]. 建筑学报，2003（12）：26-27.

术有选择地与地域条件的特殊性相结合；同时，提倡改进和完善现有技术。充分发掘传统技术的潜力，实现建筑技术的本质。"❶

技术是人类的福祉，而当过度地依赖于技术，根据技术的需要对待生态，以巨大的能源消耗为代价求得奢华的生活时，技术就成了生态环境的破坏力量。"技术的双刃剑效应"是人类对技术进行理性批判所意识到的关键问题。生态环境的种种危机并非归咎于科学技术的进步，关键在于我们对于技术选择的着生点。

（1）技术本身并不能超越社会发展的实际需求与生产力水平的限定；技术的最终目的是为人使用，就必须以特定人群的消费水准作为标尺。

（2）技术的使用应该是对地区自然生态环境资源状况的积极回应，勿以牺牲生态平衡与耗用地区资源为发展代价。

（3）既不盲目依赖高技术，也非对传统技术的简单重复，而是挖掘传统地域技术中蕴涵的生态规律与原理，结合现代技术进行比较与综合，重新焕发传统地域技术的活力，重新寻求一条符合生态原则的、低能耗与资源的技术策略。

2.3 社会文化因素

人的行为来自于各种条件限制下产生的某种需求，而这种需求在逐步提高，从起码的安全庇护到物质功能与精神需求的全面满足。如果适应于自然环境的限定是地区建筑形成的前提，那么与社会文化相适应就是地区营建体系得以维持与发展所补充的营养。影响地区建筑生成生长的社会文化要素包括：民俗习惯、家庭结构、宗法制度、宗教、价值观、审美情趣等诸方面。不同的自然地理条件使人们产生了不同的理解与认识，当这种认识固化于人们的思维深层结构时，它反而会反作用于人们的社会行为，由此而形成各个地区社会文化的特征。社会文化因素最终成为地区营建体系形成的主导因素。因而，美国著名建筑理论家拉普卜特认为"住屋是变动的价值、意象观念和生活方式的直接体现。"❷

2.3.1 民俗文化

民俗，是一种悠久的历史文化传承，它蕴藏于民间生活中，是相沿而成的东西。作为人们共同认可的一种习惯性行为，民俗渗透到社会生活的方方面面，约束着人们的思想与行为。民俗强大的集体约束力来自于，"个体生活历史首先是适应由他的社区代代相传下来的生活模式和标准。从他出生之时起，他生于其中的风俗就在塑造着他的经验与行为。"❸ "百里不同风，千里不同俗"，表明民俗地方性的意义，每个地方的民俗习惯所承载的不同的生活模式并非来自于凭空的臆想，而是人们凭借直觉得到的对环境的认知，通过经验的储存而获得的一种基本判断力，以"神话、传说、寓言、故事、谜语和歌谣，以及其他口头流传的形式"❹，传承至今。民

❶ 张彤.整体地区主义建筑理论研究 [D].南京：东南大学博士论文，1999：173.
❷ （美）拉普卜特著.住屋形式与文化 [M].张玫玫译.台北：境与象出版社，1997：55.
❸ 罗康隆.文化理性与生存样态的文化选择 [J].吉首大学学报（社科版），2006（3）：71.
❹ 阿兰邓迪斯编.世界民俗学 [M].上海：上海文艺出版社，1990：16.

俗所表现的文化合理性与教化性,使之成为一部具有浓郁人类学特色的"地方性知识"百科全书,成为深刻影响人们包括衣、食、住、行等行为的社会规范。

居住习俗是民俗不可分割的部分,来自于对地方环境、气候的理解,必然贴切地反映着人们的生活需求。民俗对地区营建活动的约束主要体现在以下几点。

1.民俗对营建行为的规范性

民俗影响着人们的价值取向和是非观念,从而从精神层面上无处不在地规范着人们的生产生活与营建行为。许多地方民俗观念中崇尚与自然的和谐相处,而这些观念多以民俗禁忌、宗教信仰的形式体现在村寨的选址、选材及营建动土、建造的整个环节中。云南少数民族自古就有崇拜树神的习俗,森林资源利用以严格的"村规民约"形式规范:节制砍伐、充分利用树木,依据材料分类使用,将木材分为薪柴和建房用材;或在适于建寨的地方建风水林,以保村寨、保平安、纳清凉;即使是要伐树造房,也必须举行相应的宗教祭祀仪式。尽管这些是带有唯心色彩的民俗,但是其传达了意识上小心谨慎地与自然合作,力求对生态环境产生最少的破坏,取之自然而回报自然的观念,在科学极不发达、生产力水平落后的地区有效地指导或约束着人们的社会行为,进而达到了人与自然和谐共存的目标。

2.居住空间是民俗习俗的物化反映

居住习俗是民俗不可分割的部分,来自于对地方环境、气候的理解,必然贴切地反映地区真实的生活方式与人们的不同需求。如新疆干热地区与川藏的高寒山地都属于极端的气候地区,为了适应剧烈的气温年较差与日较差,形成了转移式的生活方式,居住空间也分离为冬室与夏室。冬室面南、低矮及开窗小,以利于保温;夏室面北或位于冬室顶部,空间开敞以利于通风降温,季节性变换空间的生活习俗恰恰来自于对气候的应对(图2-15)。

正是由于居住形式具有对环境适应的能力,符合人们的生活特点,因而才能被人们作为世代相袭的固有模式而留存下来。这些民俗形式在人们的社会生活之中得到不断的丰富,由此成为一定的行为规范与习惯,从居住布局、住房分配、屋顶形式、室内陈设甚至祭祀、厨房等居住细节都能处处体会到民俗文化的作用。如:合院式民居东西厢房为了区别尊卑而在

图2-15(左) 阿以旺夏室
(资料来源:www.nipic.com)
图2-16(右) 五凤楼的空间等级
(资料来源:黄汉民.福建土楼——中国传统民居的瑰宝[M].北京:生活·读书·新知三联书店,2003)

高度、房间尺寸上的差异（图2-16）；丽江民居围绕以宽大的厦廊为主的起居空间（图2-17）；云南少数民族以火塘为中心组织室内空间（图2-18）；客家土楼出于保护底层仓储而竖向分割居住空间（图2-19）；朝鲜族民居的席地而居生活等。即使在不少习俗已经脱离实际功用的今天，代表古老民俗与社会文化的象征意义仍被保留。

3. 地域营建本身通过民俗文化得以传承

从地区建筑相同的建造模式、材料、建造方法及建筑群体所呈现的同质性，可见地区营建本身就形成了一种建造习俗。经过对地方材料与工具特性的长时间磨炼，身兼居住者与工匠双重身份的乡民对建筑的比例、样式、构造、建造规则了然于胸，在营建过程中形成了一整套"言传身教"的营建规范❶，并将营建过程编成歌谣、口诀形成规范准则加以运用和传承。陕北就有"窑宽一丈"、"土窑爱塌口，石窑爱塌掌（窑背部）"；哈尼族的建寨房歌，都对房屋的开间、进深、高度、构造细部的尺寸与度量有规定，以指导营建，营建习俗确保了地区建筑形式的稳定性。

2.3.2 家庭结构与社会制度

"在所有文化中，物质对象和人工物都被用来组织社会联系，而编码于人工物中的信息，被用作社会标志，并用作人际交流的必然组织。"❷ 建筑作为人们社会交流的系统，其空间模式必然与人的社会行为达成共识，建成环境的意义以非语言表达的方式被居者所感知，才能得到传统文化的认可。因而，住居的空间形态往往与人们的社会行为、家庭结构关系反映出一一对应的关系，如形态布局与空间尺寸反映着家庭结构与人们的生活行为，不同使用功能在各部分的区分以及适应不同家庭成员的生活方式。从北京四合院的平面空间的位序关系，主次建筑的方位、朝向，甚至是开间大小与行为路线，门堂分立的空间关系及居住位置的分配等，无不体现出传统建筑空间所遵从的上下尊卑的伦理秩序，以及家庭成员之间的长幼等级结构（图2-20）。此外，聚落形态表现出空间布局与聚落社会组织相当程度的密切关系。这些充分表明聚落是一个适应特定生态条件制约、反映社会组织与合作的基本生活单位，像一个有机整体稳定地聚合在一起。

❶ 陆莹.乡村民居营造中的标准化与非标准化[D].昆明：昆明理工大学硕士论文，2006：68.
❷ （美）A·拉普卜特.建成环境的意义——非言语表达方法[M].北京：中国建筑工业出版社，1992：38.

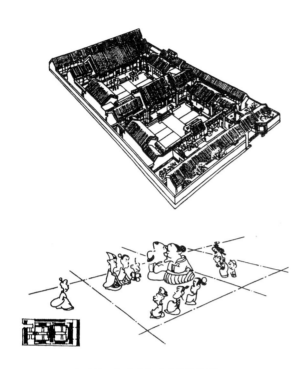

图 2-20　四合院的空间位序与家庭结构关系
（资料来源：潘安著.客家民系与客家聚居建筑 [M].北京：中国建筑工业出版社，1998）

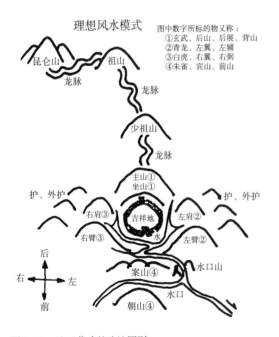

理想风水模式

图中数字所标的物又名称：
①玄武、后山、后展、背山
②青龙、左翼、左辅
③白虎、右翼、右弼
④朱雀、宾山、前山

昆仑山　　祖山
龙脉　　　龙脉
少祖山
龙脉
主山①
坐山①
护、外护　　　　　护、外护
右肩③　　　　　　左肩②
吉祥地
右臂③　　水　　　左臂②
案山④
水口山
水口
朝山④

后
右　　左
前

图 2-21　地区营建的选址原则
（资料来源：孙大章.中国民居研究 [M].北京：中国建筑工业出版社，2004）

2.3.3　价值观与审美观

特定地区人们在共同的生活与体验中，对地区的自然环境、生活方式与习俗诸因素达成了共识，并由此形成了一定群体共有的价值特征，它表达了人们的生存方式与生态环境之间的关系，也支配着人们的行为取向。不同地区人们共同的生存需求与自然的交换方式构成了各种文化价值观念互通的自然基础，而这种文化互通的基线是以适应自然生态的限定为前提的，追求人与生态的和谐互助。

中国传统的"天人合一"的哲学观念即是这种价值观的概括总结，讲求天人同构，"把自然看成大天地，而人是小天地，大自然的天象与人体的变化活动有相互感应的共通规律，人的生命不断与自然进行物质、能量交换而维持其运动。"❶气是天地间万事万物交互感应的基本构成，可调节人与环境之间的作用。因而，风水理论以气作为理论武器，民居的聚落选址均按照风水的基本原则，以负阴抱阳、背山面水为最佳选择，以利于形成良好的生态循环的微气候（图 2-21、图 2-22）。并且，建筑的庭院、大小、屋宇比例也是调节气候的因素，它可承接雨露日月精华，有通风纳气的功能。

适应自然、发挥自然的价值观进一步地升华与显露，以生态和谐之美作为评价建筑美的标准。人的审美标准总是首先具有一定的实用价值，人们对美的判断总是在不断劳作中而产生，最初从功利的角度来观察事物与现象，只是后来才站到审美的观点来待它。对于普通大众而言，只有必要的构件才是美的。以荒漠地区的伊斯兰建筑为例，伊斯兰建筑立面造型，多用拱券、凹廊与凹凸的小窗，是由于尽量对室外少开窗，可以减少太阳辐射进入，维持室内稳定的温度。但是恰恰是那些丰富多变的立面处理在阳光的照射下产生了变幻的光影效果；荒漠建筑多采用白色、绿色等冷色调，首先是因为人们需要冷色产生视觉与心理的凉爽感，但是清亮的色彩在荒漠单一的色彩背景下产生了鲜明的效果。由此来看，地区营建体系更注重自身材料与结构形式的构造美，建筑形态与基地整体环境的融合协调之美。因而，不同的自然环境条件也塑造了多姿多彩的地区建筑美的造型：南北高原：依山傍水，错落有致；中原平地：狭巷冲天，庭园深深；江南水乡：小桥流水，粉墙黛瓦等，这些建筑都体现着生态

---

❶　蔡镇钰.中国民居的生态精神 [J].建筑学报，1997（7）：55-58.

和谐的整体美（图2-23）。如果说建筑的物质形态顺应于生态是被动而无意识的。那么，从进步的意义上来讲，生态和谐的价值观与审美观也体现了人们精神上能主动与生态适应、融洽。

图 2-22（上） 枕山面屏环水
（张平分摄）
图 2-23（下） 地区建筑的生态和谐
之美
（梁力摄）

2.4 整体把握地区营建体系的生成生长构成要素

从以上分析可看出三部分构成要素之间的关系，自然生态要素是一切地区营建的出发点，经济与技术因素可以说对地区营建体系的生成起到修正的作用，而社会文化要素作为地区文化的深层结构，虽然源自于人们对地区自然环境的限定，与对生产生活的体验，但是其一旦成为地区社会文化的特征，就具有相当的稳定性，即使是在生态环境与经济结构发生变化的条件下仍能顽强地维持其原有的结构。

地区营建体系的生成生长历程是一个多因素作用的、历史的、动态演进的复杂系统，限定地区建筑生成生长的诸要素对地区营建体系的形成所起的作用并非线性叠加，而是以某种方式交织联系且相互作用。无论是自然生态、经济技术或是社会文化要素，并不能单纯决定地区营建体系演进的方向，地区营建体系是这些因素以不同方式与不同程度在不同层次上的反映。营建体系演进的方向最终还是由各要素整体综合作用而决定。但是在某种条件下，某些因素具有主导作用，如在具有极端气候与物质资源的地区，自然生态因素对地区营建体系演进的影响就显得尤为突出；相反，在自然条件相对优越，经济较为发达的地区，限定营建体系演进的作用因素就更为复杂。每个环境因素作为整体无时无刻不对地区营建起着约束作用，影响与限定地区建筑生成生长的方向，而且随着位置与时间的变化，这些因素在重要性上会彼此发生变化与重组。

尽管不同地区的自然环境条件、经济生产与社会文化特征都千差万别，但是我们仍可感觉到不同地区的营建中存在着能够超越地域与文化界限的共同规律，它们是促进地区建筑有序地生成生长的原动力。各地区在自然、经济技术、社会文化因素的限定下，形成了符合生态原则、低能耗、简便易行的地区营建体系：顺应自然环境条件的限定，忠实体现环境资源与经济技术的制约，真实地反映人们社会生活的真实性，而这些适应性的营建策略，还离不开经过地区经济、社会文化的实践参与，而固化在人们头脑中的顺应自然、对生态索取节约节制的价值观与意识形态。

地区营建体系正是依靠这些营建体系生成生长的原动力，维持其生成生长的轨迹与方向的。无论以何种途径，创造与发展不同地区的营建体系，其发展方向还是始终遵循着一个共同的"基本原理"，即对于自然的限定与社会文化环境的参与，人们通过自我的调适与选择过程，来最终求得与生态的和谐共存。

2.5 本章小节

地区营建体系的生成生长无时无刻不受到地区整体环境因素的约束作用，本章逐一分析与还原了地区自然生态要素、经济技术要素与社会文化等诸因素对地区营建体系生成的影响与作用，并运用整体系统的思维把握各种环境因素的相互关系与综合作用规律，由此挖掘出地区营建体系演进的基本原理：即对于自然的限定与社会文化环境的参与，人们通过自我的调适与选择过程，来最终求得与生态的和谐共存，为把握与调控地区营建体系的演进方向找到了研究的出发点。

3 地区建筑营建体系的演进机制

　　建筑一直伴随着人类的进化而进化，是各地区进化与人类文明的外在表征。生命体从最早的原生质到一个个有机生命体细胞，其形态由简单多变的单细胞生物演化到体积庞大的多系统恒温生命，可以看到生命体的进化与建筑的进化呈现相似的图景。建筑的功能从简到繁，体量从小到大，设备从粗陋到精密的进化过程，应对环境因素而产生的形态特征，使我们不能忽视将建筑视为有机生命体的特性。

　　各地区建筑作为此时此地生成生长的建筑，其演变更无法离开地区生态环境的限定与地区经济形态的制约。当前我们已经深刻地意识到地区人居环境研究的意义所在，尤其是对那些在极端物候条件下生成生长的原生地区营建体系的关注，其朴素地运用生态规律应对地区物质环境的限定，地区营建体系与气候、资源的直接呼应与高度的一致性，在地区建筑进化的初始阶段显得尤为突出。但这并非就意味着地区建筑总是在贫穷落后地区"开花结果"，地区建筑的创作既绝非一种原生符号的表面贴附，也绝非毫无环境依据的原生空间形态的再现，而就被冠以"生态建筑"与"现代地区建筑"的称谓。我国地域广博，自然地理条件迥异，相当部分地区的气候与物质资源特征并不突出，影响地区建筑进化所涉及的因素也相对复杂，但是地区营建体系对自然环境、社会文化环境的应对关系更是我们挖掘地区建筑营建体系的深层结构所需关注的宝贵资源。因而，我们有必要剖析地区建筑发展的进化过程，整体地把握不同地区、不同文明形态的建筑营建体系的表征，挖掘其演进机制与建筑的永恒之道，探寻地区营建体系健康成长的基因与模式，走出地区建筑保护与发展的误区。

3.1　地区营建体系的进化

3.1.1　生物进化

　　进化（evolution）就其词义来讲，是指一切生命形态发生、发展的演变过程，最初被用于胚胎学，指胚层、器官逐渐形成与展露。当我们特指生物进化时，进化就不单单指自然意义的进化，还包括社会意义上的进化。"进化包含两个层面的意义：一方面，它并非单纯是展现的过程，还包含了一个从无到有创造新质的演变过程；另一方面，它并非单纯是演变的过程，还是带有方向性的进步过程。"❶因而，可以说进化是一个变异与进步相结合的演变历程。

3.1.2 地区建筑进化

"现代科学将生命体看成开放系统，开放系统通过与环境中的物质、能量、信息的交换，从而获得自己的调节方式，并能向着更高级的方向演化。"❷从生物进化的视角诠释地区建筑，我们可以发现地区建筑的原始雏形源自于适应环境，遮挡不利气候的需要；地区建筑进化过程的唯一动力就是环境的选择。对于任何地域的建筑，都离不开诸如气候、资源、地理、生物等自然因素和经济、技术、文化、风俗等人文因素的影响，这些因素所承载的信息因时因地而异，诞生于各地区的建筑形态也变化万千。地区建筑的演变过程是建筑与环境相互作用的动态连续的过程，环境的限定是地区建筑进化的充分条件，对生态环境的适应是地区建筑演进的必要条件。

地区建筑的进化体现在以下方面（图 3-1）：

（1）与生物进化从水生到陆生、从简单到复杂、从低等到高等的进步性的发展趋势相同，地区建筑的进化呈现建筑形态结构逐步复杂化，功能组织的专门化与趋于完善化。

（2）随着建筑功能效用的日臻完善，对环境的适应与应激性能力的提高，地区建筑可以摆脱一定的环境因素的限定，自主地应对环境的变化。

（3）地区建筑进化是面向未来，没有终点的创造过程，是由一个平衡态向另一个平衡态迈进的开放体系。地区建筑通过调整自身的结构功能适应环境，催生出多样化的建筑形态，当建筑自身的结构调整不能适应环境时，体系失稳，创造新的地区建筑类型。

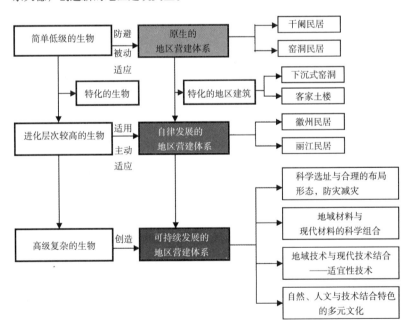

图 3-1 地区营建体系的演进过程

❶ 陈蓉霞 . 进化的阶梯 [M]. 北京：中国社会科学出版社，1996：190.
❷ 陈蓉霞 . 进化的阶梯 [M]. 北京：中国社会科学出版社，1996：53.

以下我们将从不同文明形态的地区营建体系的形态表征：聚落形态、住居形态与技术形态方面，把握地区建筑从防避、适用到创造的演变进化规律。

3.2 防避——原生的地区营建体系

3.2.1 原生的地区营建体系

以生物学的观点，简单而低级的生物往往直接受制于环境的束缚，处于一种被动地适应环境的状态，如：水生的、冷血的动物。而随着动植物机能的逐步复杂化，对环境的依赖性也就逐渐减弱，这是由于生物体内部日益完善而精致的机能系统，使得生物相对摆脱环境的束缚，如：陆地上的恒温动物。

地区建筑进化的初始阶段，极端的自然气候与贫乏的物质资源，使人们的生产生活都直接依赖自然环境得以维持。由于人们驾驭自然的能力较弱，只能被动地选择去顺应自然气候，防避恶劣气候的不利影响，这成为一切行为与营建活动的出发点。随着人们对自然环境认识能力的加深，建筑对环境的适应逐渐增强，被动地应对恶劣的自然气候与贫乏的物质资源条件，从防避到被动地利用自然环境的限定，体现了地区建筑的进化过程。

3.2.1.1 聚落形态

1. 聚落选址——寻取良好的微气候场所

农耕文明以自然经济为基础的生计方式，使先民较早就建立了与自然和谐相处的生态意识，天时与地利是人们农业生产与定居所遵循的首要规律。受技术手段的局限，人们无法做到人为地大动干戈去营造宜居的场所，择地建家首先是选择具有土地肥沃、水源丰厚、森林茂盛、良好的地势地貌条件的场所，满足可耕、可居、可食的物质生活条件。即使面临极端的气候条件与贫乏的物质资源，也顺应自然的约束，本能地选择较为有利的地势、风向与气候的场所，构思适合聚落生存发展的体系，并建立起对灾害与外来侵袭的初级防御功能。这些完全出于被动的安全与防避意识的定居观念，实质上其中蕴涵着生态学的价值。俞孔坚教授将原始先民的定居方式概括为以下三种生态效应❶：

（1）边缘效应：原始人的环境多处于具有区系过渡的边缘地带，这种地带具有丰富的物流与更高的生产力，有利于获得丰富的采集与狩猎资源，又具有瞭望与庇护的便利性，能及时获得各种信息，便于攻击与防范。

（2）闭合与尺度效应：择居常集中于有限的范围内，尺度适宜的山间盆地、谷地及大平原之角隅，这些闭合而有限的空间尺度，有利于减少各种潜在的危险而获得安全感。

（3）豁口及走廊效应：任何满意的闭合空间都不是绝对封闭的，总有一定的豁口与外界联系，构成闭合空间通向外部环境的走廊，这种走廊一方面成为动物迁徙的通道、狩猎的必经通道；另一方面狭小的豁口和走廊能有效地阻止入侵者。

2. 聚落分布：顺应地形的松散布局

在欠发达与极端物质条件的地区，往往地形复杂偏僻，交通不便，经济发展受到很大制约。为了满足农作生产的需要，将平地尽量留作耕作之用，聚落多居于高山之上或深谷之中。坡高沟深复杂地貌的限制，及稀少的人口

---

❶ 转引自：刘沛林.古村落：和谐的人聚空间 [M].上海：上海三联书店，1997：95.

图 3-2（左） 顺应地形的松散布局
（资料来源：www.Baidu.com）
图 3-3（下） 自然聚合的生长模式
（资料来源：孙大章.中国民居研
究 [M].北京：中国建筑工业出版社，
2004）
图 3-4（右） 聚落形态的均质性
（资料来源：www.Baidu.com）

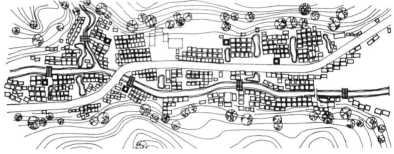

分布，使住居营建多顺应地形情况，依据等高线排布，客观上维护了原有的生态地貌，成为聚落居民共同遵循的营建法则（图 3-2）。

此外，以农牧业为主的生产方式与自给自足的生活特性使居民注重庭院养殖的开展，宅院兼作劳作、牲畜、种植等多种用途。而且以家为本的生存观念，让家成为承担各种生活的建筑载体，每家有可供自家消费的土地，甚至自家周边都以田地环绕，从而使聚落呈现分布松散、住居之间疏离而欠缺规律的特征。

3. 聚落规模：自然聚合的生长模式

"早期的聚落发展受到交通工具、人力及耕作半径的限制，聚落范围内所有的耕地和水源只能满足一定数量村民的生存，因而决定了聚落止于较小规模。聚落一旦超过规模限定的门槛就要另辟新址。"[1]由于聚落作为农耕社会人们生产互助的团体，"其规模大小更多地取决于维持聚落生存发展的生产资料的供给可否满足人口与一定的发展空间。当聚落发展超过生产资料的承载量时，聚落将面临分裂及分化出支系，以谋求新的土地生存空间，从而维持聚落适度的人口与生存空间规模"[2]。在生产资料不甚丰厚且物质资源相对匮乏的地区，聚落规模受复杂地形及有限的耕地资源的限制，顺应地形，聚落形态趋于一种较为自由的树枝状的生长逻辑，枝状生长的范围则更多地取决于水源、土地等生产生活资料的有利方位（图 3-3）。

4. 聚落形态：均质性

由住居、耕地、河川与道路等构成的聚落整体，其形态很大程度上受住居间的配置关系、耕地与宅居的关系、道路、水网与住居的联系等多因素综合作用的影响。原生的地区建筑聚落松散的布局，自由生长的模式，使聚落分布灵活多变，缺乏一定的组织规律性，住居间的联系不够紧密，聚落的建筑类型较为单一，多缺少一定的有组织的公共空间场所（图 3-4）。

---

❶ 李立.乡村聚落：形态、类型与演变——以江南地区为例 [M].南京：东南大学出版社，2007：55.
❷ 李立.乡村聚落：形态、类型与演变——以江南地区为例 [M].南京：东南大学出版社，2007：120.

3.2.1.2　住居形态

1.功能空间的单一化与综合化

建筑进化之初，建筑作为遮风避雨、抵御严寒酷暑的庇护之所，人们对生理与安全的需求占据主位，对生活的舒适度需求较低，建筑功能空间单一化且综合化，起居、睡眠及用餐等多种功能混杂于一室，如：干阑建筑室内围绕火塘安排起居、就餐、祭祀等多种用途空间（图3-5）。

2.以气候调适性获得低舒适度的居住生活

在气候恶劣、自然环境最艰苦的地区，建筑不仅仅只是遮蔽风霜雨雪的掩体，而作为衣着之外的另一种气候补偿手段，利用建筑自身的气候调节效应，如围护材料（干热地区的厚重生土覆盖建筑的恒温隔热特点）、建筑布局与朝向获得良好的日照、通风与采光等，补偿外界剧烈的气候变化。

由于人们对舒适度的期望值较低，尤其是一些原生的地区建筑，"其舒适性并不是表现在单一指标的绝对值上，且往往这种舒适在健康的要求下也降低了标准。"[1]对建筑空间的使用本能地遵循空间内部的舒适梯度而配置空间功能，或"尽量使用自然舒适度较高的空间与空间中舒适度较高的部分"，[2]如火炕与就寝空间并用，离入口冷区较远的空间安排就寝功能等。同时，借助建筑本体以外的能源辅助取暖，如北方的火炕与南方的火盆等，原则上避免了室内均匀舒适度所造成的能量浪费，客观上保证了建筑运营的经济性与低能耗。

3.原型的置换变形

凝聚人们长期生产生活经验的地区建筑原型，包含着对地域气候与物质条件的最佳解决方式，也包含对公有的生活方式的认可与限定，成为人们营建活动中的模仿蓝本，从中获取自我调节的方法。使用者在营建方式、建筑形态、材料甚至细部装饰上都自觉地尊重这些营建的地方性知识，并根据自家的环境条件、经济实力进行适当的调整与变化，以产生适应具体环境的形式。

由于聚落体系相对封闭，经济与社会模式相对稳定，营建过程中以对原型的模仿成分为主，变异部分相对较少，使得原生的地区聚落能够在相当长的时期内保持自身发展的整体性与建筑的同质性（图3-6）。

3.2.1.3　营建技术

1.直接依托于材料与经济技术水平的地区营建技术

对于经济落后、运输不便的地区，选择数量充足、经济实用的地方资源作为建构的主要来源，限于生产力水平的低下，大部分营建材料均取用未经加工的天然材料，有时只须在建筑现场临时简单加工，最大限度地发挥材料的物理性能，以合理的受力状态连接成相应的构件，并逐步形成一套直接依托于地方材料的、经济低廉且简便易行的低技术策略（图3-7）。

2.以经验为主导的传承模式

地区营建技术是以使用者与建造者的经验为本而传播的，居住者与工匠互助合作贯穿于整个营建过程中，毫无分离。由居住者与工匠在长期实践中摸索而总结出的营建经验和技巧，借助于实际操作示范和歌谣口诀等形式通过某一地区的方言进行口承传授，如：哈尼族的建房歌。地区营建体系的低

图3-5（上）　住居空间功能单一化
（资料来源：nipic.com）
图3-6（中）　住居原型的模仿
（资料来源：www.nipic.com）
图3-7（下）　直接依托于材料与经济的地域技术
（宾慧中摄）

❶ 王怡.寒冷地区居住建筑夏季室内热环境研究[D].西安：西安建筑科技大学博士学位论文，2003：20.
❷ 赵群.传统民居生态建筑经验及其模式语言研究[D].西安：西安建筑科技大学博士学位论文，2004：28.

技术方式不乏对材料取用的合理认识、对技术运用的奇思妙想、对社会经济状况与人们实际需求的理性思维，但是其中也包含一定的感性行为与随意性，还缺乏明晰规范的技术指导。

3.2.2 干阑建筑营建体系

干阑建筑是回应南方湿热、多灾害且地形特殊的自然地理特征的代表。华南丛林地区炎热多雨，多虫害侵袭，且地形起伏变化大，平坦地面少都给营建带来困难。然而，干阑建筑在这种不利自然生态的制约下，采用架空方法，提供最简便易行且符合需要的住所（图3-8）。第一，它保证了必要的安全性，使人们免受虫害侵扰。第二，架空建造对地形具有相当的适应性，通过调整支柱的长短可保证居住面的平衡，平地、山地陡坡或是河岸边都适宜修建，避免了对地面大动干戈的改造与对植被的破坏。第三，竹木材料便于气流畅通降低室温，架空扩大了建筑的表面积，以利于通风散热，对湿热气候具有一定的调适性。第四，具有一定的防灾能力。尤其是洪水来临时，人们无须背井离乡防避，任凭楼下洪水奔流，楼上日常生活照旧，而且洪水退后留下的肥分又为来年的丰收创造条件，同时补充了地下水，可谓是化弊为利。❶对于这些生产力水平不高的地区，"捆绑节点、周边支撑、一把砍刀、全体村民参与"❷，就是众多少数民族对干阑营建体系建构技术的精辟概括。

原生的地区建筑在其特定的地域条件和历史阶段生成生长为非常适宜的居住形态。而随着时代的变迁、社会的发展和生活方式的改变，传统建筑环境中的不利因素长期得不到改善，与社会发展不协调，大部分居住者在对建房的向往与追求中，长期以来形成了一些抽象的、简单的、固定的概念，将原生的地区建筑视为贫穷、落后的象征，纷纷抛弃原生的居住形式。尽管不少学者带着良好的初衷对此开展了不少的改良实践，但收效不大。

而有些地区的现象却值得我们反思：独立式窑居始终伴随着社会的发展，特别是使用者在经济和技术条件得到很大改善，重新选择居住方式已不受任何限制的情况下，仍然选择其作为居住的载体，甚至在弃窑建房后的新一轮建设中，又出现了"弃房建窑"的现象。

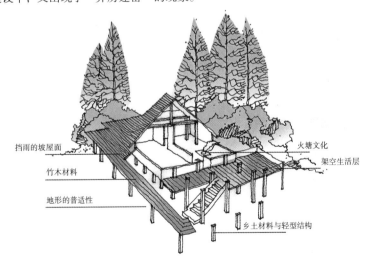

挡雨的坡屋面
竹木材料
地形的普适性
火塘文化
架空生活层
乡土材料与轻型结构

图3-8 干阑营建体系

❶ 朱馥艺. 干阑——传统生态建筑的时代思考 [J]. 华中建筑，1999（3）：22-24.
❷ 杨大禹. 云南少数民族住屋——形式与文化研究 [M]. 天津：天津大学出版社，1997：58.

图 3-9　特化的地区建筑（张平昑摄）

3.2.3　地区建筑的特化

进步性发展是进化的主流和本质。但除进步性发展外，生物界中还存在特化和退化现象。特化不同于全面的生物学的完善化，它是生物对某种环境条件的特异适应。这种进化方向有利于一个方面的发展却减少了其他方面的适应性，当环境条件变化时，高度特化的生物类型往往由于不能适应而灭绝，如爱尔兰鹿，由于过分发达的角对生存弊多利少，以至终于灭绝。对寄生或固着生活方式的适应，也可使机体的某些器官和生理功能趋向退化。我们从中可清晰地看到，一些地区建筑在其特定的地域条件和历史阶段生成为最适宜的居住形态。如：由于平坦的丘陵、黄土塬无沟崖可挖窑洞，而在平地挖下沉式地坑院，以形成垂直壁立再修建下沉式窑洞。还有闽西的客家土楼，也是出于闽西复杂的地形特征，与防御匪患侵袭等社会原因而形成的超越家庭生活秘密性，以家族为单位集居的巨型建筑。从进化的角度来看，它们都是一个特定环境和特定时期下的最适者，即"特化的地区建筑"。但是其对特殊的自然环境、社会环境的适应被强化的结果是：对环境适应的范围缩小了。可能在特定阶段非常适应于某个自然与人文环境，但是太适应、太特化的结果，也可能使其步入死胡同，一旦周围的环境状态发生改变，过分特化的现象反而会因为无法改变而灭绝。如豫西的下沉式窑洞正以每小时填埋一孔的速度迅速消亡；而作为文物价值存在的，如福建客家土楼，多作为旅游景点开发，好似充当建筑文化遗产的展厅里一名忠实的讲解员（图 3-9）。

3.3　适用——自律发展的地区营建体系

3.3.1　自律发展的地区营建体系

"自然的进化过程通常是从被动适应开始，以后就建立起一个主动适应的机制。"❶如：低等动物有机体对光线敏感也许是被动地适应光线作用的结果，而高等动物眼睛其复杂的构造就是一个主动适应的过程。而且进化越往上，就越表现为一种主动地对环境适应的努力。

随着人们的生产力水平的日渐提高，人们学会利用有利的自然环境因素，防避不利气候因素，营造良好的微气候场所，"建筑与气候的关系由'防'

---

❶　陈蓉霞 . 进化的阶梯 [M]. 北京：中国社会科学出版社，1996：145.

向'用'转化，建筑由求得生存、维持生命延续的原始掩体走向求得舒适和心理满足的气候过滤器"。❶地区建筑更深层面的进化也体现在，住居营建从本能地防避气候因素到主动地利用气候因素；聚落营建对自然环境的协调适应，从最初无意识被动的行为逐步转化为一种自觉积极的营造。

3.3.1.1 聚落形态

在农耕经济基础上建立的乡土社会中，人们始终无法割舍对土地的崇敬与依恋的乡土情结。乡是农民世代定居的场所，而土则是农民生活的根基。择地建家与维持生存的基本经济方式——种地，使土地等环境资源成为与人们定居与生计都密不可分的因素。在气候适宜、交通便利、物产丰富的地区，肥沃的土地与水资源给经济方式提供了更广阔的发展空间。农业生产逐渐从粮食作物转向经济作物的种植，从单一的农业生产转向家庭手工业与农业的结合，经济生产的商品化带动了乡村商品交换的市场——市镇的兴起。农业结构的变迁、商品经济的勃兴与生产力的发展，使自然因素不再成为左右人们生产生活的唯一因素。地区营建体系的形成与发展是地区物候条件、经济方式与社会制度等因素整体作用的产物，其聚落形态、住居模式与技术形态必然体现对这些因素的最佳应对。

1. 聚落选址——营造良好的微气候场所

地区建筑的聚落选址不是改变基地的环境，而是充分利用自然环境因素，选择具有有利的微气候条件与物质资源的场所建造。传统的环境观——风水说成为指导人们聚落选址，主动地选择与营造适宜的定居环境的指导依据。按照风水说的"觅龙"、"察砂"、"观水"、"点穴"、"择向"❷五种原则择地定居，以获得良好的地势、地貌、地利的基地条件，确定利于自然采光、通风、日照的"方位"和"朝向"；择取充沛的水源之地以利耕作灌溉和生活用水，形成良好的生态环境与局部微气候。"枕山、面屏、环水"是聚落首选的理想环境，但是即使是聚落基址不甚理想的情况下，人们也会有意识地参照理想居住环境的模式，通过自觉的聚落规划，营造有利的微气候环境，避免或减轻灾害等不利自然气候的影响。主要体现在以下几点。

1) 整治水系与合理利用水资源

居住者将对生态的节制意识智慧地发挥在水资源的合理利用上，充分利用地表水资源建立灌、排水渠以利耕作和引入生活用水；营建聚落内部人为规划的水坝、水塘、水院，将生活用水与防洪体系融为一体。如：皖南的许多村落如宏村、呈坎村都是调整水系、设坝截水、穿村入户、穿户入宅，将生活、消防水源直接送入各户，形成了完善的人工水系。而水网密布的江南村镇聚落更是"因水成街、因水成市"，以水发展交通与运输、沿水系布置街巷与住居的营建方式更是被发挥得淋漓尽致（图3-10）。

对水资源最智慧的取用当属南疆缺水地区的古老灌溉技术——坎儿井。"坎儿井是一种在地表下开挖的引水渠道。坎儿井一般由竖井、地下渠道、地面渠道和涝坝（即小型蓄水池）四部分构成。"❸长度从几千米到几十千米不等，数十条连贯成网，长度可达上百千米。在高山雪水潜流处寻找水源，每隔一段距离打一眼竖井，用于通风和开挖、修理。并依地势高低在井底修

---

❶ 吕爱民.应变建筑——大陆性气候的生态策略[M].上海：同济大学出版社，2003：57.
❷ 孙大章.中国民居研究[M].北京：中国建筑工业出版社，2004：28.
❸ 马宗保等.试论西北少数民族传统生计方式中的生态智慧[J].甘肃社会科学，2007（2）.

沟通各井的地下暗渠，暗渠的作用是截引地下潜流并汇聚，让水在其中由高处向低处自由地游流，最后进入地面明渠。涝坝主要是储存多余的水量，用于农田灌溉。以今天的眼光看其蕴涵着宝贵的生态智慧，确实值得我们深思与借鉴："首先，坎儿井具有减少蒸发、防止风沙的作用。其次，坎儿井具有节约能源、降低污染的功能。坎儿井是人工开掘的纯粹利用自然地势（从高处到低处）进行灌溉的一种用水方式。不用复杂的动力设备就可以引水灌溉和满足生活用水。这种水资源利用方式既节省了动力能源又避免了因此而造成的环境污染。再次，坎儿井营造了良性的生态系统。坎儿井网络本身是一个独特的生态系统，竖井井口周围堆积的土丘，成了穴居动物的栖息地，营造出一个人类与其他生物和谐共存的小气候区。" ❶ 良好的微气候环境使南疆维吾尔族村寨围绕大大小小的涝坝形成密布的聚居网络。

　　再如丽江古城的三眼井是纳西先民体现物尽其用、循环利用水资源的一种独特用水方式。所谓三眼井就是利用地下喷涌出的水源，依照地势高差修建成三级水潭：第一潭为泉水源头，清冽洁净，为饮用之水；水从第一潭溢出后流入第二潭，第二潭水质洁净，为洗菜、洗涮炊具之用；水从第二潭溢出后流入第三潭，第三潭为漂洗衣物专用，最后水从第三潭排入排水沟中。三潭的功能与用途约定俗成，形成当地的民俗民风（图3-11）。

　　2）利用自然因素营造良好的风环境

　　聚落中的自然因素，无论积极或消极，都被人们加以利用或规避，通过聚落群体布局形态与建筑单体的形态，组织聚落的气流运动以形成不同的风环境，如：整齐纵横排布的粤中"梳式"聚落以利顺畅通风；密集曲折的南疆聚落以利阻隔、降低风速。由于所处地理环境的不同而形成局部的地区性环流，如：水陆交界地带昼夜温差变化而形成的水陆风；山坡与谷底昼夜温差产生的热力循环形成山谷风；在不同尺度的街巷间因太阳辐射与温差不同而形成街巷风；人们智慧地利用不同地理方位的气流日变性，巧妙地组织聚落布局而形成聚落良好的风环境。

　　2. 聚落分布：紧凑节约的布局

　　"由于生态系统中自然资源存在分布的差异，聚落空间在生长过程中必然竞争与其发展相适应的优质区位，通过分化达到共生，从而避免了资源浪

❶　马宗保等.试论西北少数民族传统生计方式中的生态智慧[J].甘肃社会科学，2007（2）.

图3-10（左）　乡土聚落对水资源的利用
（张平珍摄）
图3-11（右）　三眼井
（资料来源：石克辉.云南乡土建筑[M].南京：东南大学出版社，2003）

图 3-12　紧凑节约的聚落分布
（张平 ⁺ 摄）

费而形成相对有序、稳定的空间结构。"❶土地规模、产量与耕作半径、维持聚落生存发展的农耕及其他经济方式限定了聚落的人口规模与一定的发展空间，为了营建的位置择优与高效的资源利用率，聚落规划以适度的人口规模、有序的街巷布局、紧凑高效的空间形态以尽量少占良田，节约耕地面积（图 3-12）。聚落的有序布局也取决于所从事的经济方式的需要，如：平原地带以农耕为主的街巷式紧凑布局；以交通集贸运输为主的场镇多沿河呈线形有序布局；以运输、农耕与手工业多种经济协同发展的江南水乡多呈水网、水巷、陆巷结合的布局，住居空间整体排布、立体利用、下店上宅，将有限的自然空间最大效率地使用。

3. 聚落规模：有机秩序的生长模式

乡土意识的延续派生出农民对血缘与地缘关系的重视。"正是这种依附于耕地、缺乏流动的农耕经济，这种长期择地定居的生活模式，才会繁衍并维持一个扩大了的家庭——以血缘关系为纽带的家族社会，才会组成以地缘关系为纽带的同一地区的邻里社会。"❷超越家庭以外的血缘与地缘关系承担着聚落经济与社会功能，是对外抵御祸患、对内组织社会生活的保障。

"聚落选址一经决定，其次就是如何使聚落内部'秩序化'的问题，以及决断内部的等级制度如何设定的问题，对内部的支配体系依存于对外部的防御体系。两种体系相辅相成维护着共同体的生存。"❸一个组织完善的聚落，其社会结构与社会制度不可避免地体现在聚落的形态模式上，有序的社会关系与家庭结构势必带来井然有序的聚落结构。聚落营建必然适应于社会制度，使其始终按照保证家族共同利益的方向发展。聚族而居使得家族成员遵循同一祖制，有着相似的生活与思维方式和价值取向。反映在住居营建上，对已有的营建方式具有统一的认同感：以祠堂作为家族重要的公共活动中心，民宅营建均围绕聚落的精神中心。如：江南的诸葛村，聚落布局呈现组团式布局，以宗祠与祖屋为中心周围簇拥本宗族的住居，各团状布局又围绕宗祠布置，体现了血缘聚落的宗法制度等级关系。湖南的张谷英村以一条轴线贯通聚落，多进院落相连的厅井式长屋，每个长屋即为宗族的一个支系。每条轴线皆有祠堂，各条长屋轴线相互垂直，以体现宗系与支系的从属关系（图 3-13）。

有序的聚落结构与一定的道路脉络，无论是组团式还是线形布局，都呈现出聚落整体的态势关系，统一全局，各部分各司其势，对各部分的生长整

---

❶　李立 . 乡村聚落：形态、类型与演变——以江南地区为例 [M]. 南京：东南大学出版社，2007：56.
❷　李立 . 乡村聚落：形态、类型与演变——以江南地区为例 [M]. 南京：东南大学出版社，2007：121.
❸　张宏 . 等级居住与宗法礼制——兼析中国古代传统建筑的基本特征 [J]. 东南大学学报，1998（6）.

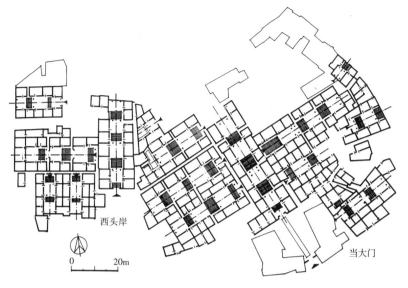

图 3-13　有机秩序的聚落生长模式
（资料来源：孙大章.中国民居研
究 [M].北京：中国建筑工业出版社，
2004）

西头岸

0　　20m

当大门

体进行统摄，成为一个有机生长的生命体。

4.聚落形态：异质性

自律发展的地区建筑聚落内部形态表现出异质性。首先，建筑类型多样
化。宗祠、庙宇、牌坊、桥梁、店铺等公共建筑与住居，以点、线、面的形
式构成层次分明、有机秩序、高低错落、边界清晰的聚落空间网络。其次，
住居规模、形式因住户的不同而呈现多样化，如：富贾士绅的庭院深深深几
许，小家小户的居住、店面与作坊三合一，但聚落的整体环境不失其协调性
（图 3-14）。

图 3-14　聚落形态的异质性

街巷与水体

寺庙

祠堂

桥

3.3.1.2 住居形态

1. 功能空间的专门化与序列化

生活的富足使人们的生活需求不仅满足于基本的生理与安全需求，对居住、教育、祭祀等社会需求的多样化必然反映在住居的空间关系上，住居空间显现功能单元的分离与专门化趋势，如：江南民居的多进大型院落，门厅、大厅、女厅、私塾、书房、卧室、厨房等，不同的空间承担不同的功用，较少多种功能的混杂。此外，住居空间的位置区分、空间形制差异又是家族等级制度、尊卑主次关系的体现，如：间与厢的尊卑、门与堂的主次、院与屋的虚实，这些层次分明、虚实相生、收放有致的位序关系被以合院为空间单元不断地重复与强化，而构成了住居的整体空间序列（图3-15）。

2. 兼顾气候与制度获得较高舒适度的居住生活

数代同堂作为家庭和睦、人丁兴旺的表征，成为家庭发展的理想追求。满足多代共居的需求，宅院纵深发展，以院落为连接点，以厅堂为轴线，点线链接构成灵活多样的空间组合。一方面，院落因气候的差异呈现不同的比例关系、厅堂或开敞或封闭，顺畅地组织自然通风，对外封闭，对内却能营造适宜的温湿度及风环境。另一方面，在宗法礼制、伦理道德与等级秩序下，男女有别、尊卑有序的思想也是住居空间布局、厅堂位序、居住方位、家具陈设等方方面面遵循的基本原则。

3. 原型的同化与变异

地区建筑原型一旦固化到人们的头脑中，人们在营建时便自觉地将之视为蓝本，这成为乡土环境营建中的一种自律行为。因而，原型确立与维持了地区建筑形式发展与演变的方向与秩序。地区建筑原型包含着人们对现有生

图 3-15 功能空间的专门化与序列化
（资料来源：江国凯绘）

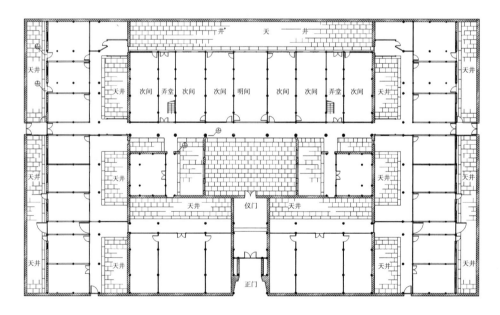

活与环境问题的最佳应对方式，也承载着历史与文化的语义。通过对地区建筑原型的不断模仿与异化，产生适应具体环境条件的最适宜的建筑形式，完成了从纯粹的满足功效向一种有形的地域文脉传承的转化。

经济结构的变化，农业、手工业与商业的发展，使人们有能力将财富用于公共建筑的修建与住居环境的改善。在遵循原型的基础上，各家宅院的营建都会有独具匠心之处，依据各家功能要求、经济能力、个人喜好调整布局与院落结构，甚至有些住居还广泛地吸纳异域建筑形式与符号，与传统营建模式相结合。"乡土建筑形态遵从原型的变异现象，是聚落发展过程中创造性地适应建成环境的有力佐证。"❶原型同化与异化相互并存，使得聚落环境在整体环境协调性与统一性的基础上不失其多样化的丰富内涵（图3-16）。

图3-16　住居原型的变异

3.3.1.3　营建技术

1. 对材料的精巧加工与组合

生产力的发展与富足的物质资源帮助人们有选择地认识地方材料，地域营建技术超越了地方材料简单的直接利用，而是以一定的科学加工与组合方式，发挥材料的功效与力学特性，并利用材料的质感、色彩与体量的对比关系，对天然材料进行精细加工，精巧地砌筑、完美地搭配，将建筑的结构体系与材料的美学形式有机地融合。如：砖墙与空斗砖墙砌筑，红砖与蛎壳混砌，江浙的编竹夹泥白灰墙等。

2. 适灾减灾的结构体系

具有近两千年历史的中国木结构体系，不仅施工方便，更重要的是木结构将承重构件的杆件关系与建筑的安全特性有机地融合，尤其重视结构节点、端头及附属构件等的连接关系，形成能够"以柔克刚"的结构体系，以最小的代价，将强大的自然力、破坏力消解至最小程度。首先，地区建筑规整的平面形态，长宽比小于2：1，及各房间面宽的差异（当心间较各次间稍大），有利于抵抗地震扭矩。其次，木结构"墙倒屋不塌"，墙体居于柱外缘，即使墙体外倒也不会伤人。还有，木结构的柔性连接，不仅可以承受巨大的荷载，而且可以允许一定的变形以吸收一定的地震能量，减少结构的破损，具有一定的结构自我恢复能力。如：斗栱对力的传递起到减震器的作用；柱子的生起与侧脚降低了建筑重心；柱子与柱础的结合可有效隔震……大到建筑布局，小到构件的断面尺寸，处处彰显工匠们的智慧与匠心。

3. 技术由单纯的材料力学性能转向结合结构与构造的艺术装饰美

门窗、屋顶、墙壁、分割、檐口、柱础、脊饰等建筑细部装饰与建筑结构的精巧结合，表现了地区建筑高超的营建技术与工艺，从更深层面上反映了地区的社会文化内涵与审美观（图3-17）。

4. 以工匠为主的自主营建

地区建筑是使用者与工匠共同创作的杰作。住居是在居民亲自投资、亲自参与，或在邻里朋友及工匠的帮助下完成的。工匠虽是直接建设者，但主要以使用者的建造意向为指导原则。工匠们熟练掌握当地历代相传的营造技艺，在建造方式、技术运用与材料选择上都以成熟的地域技术为参照模板，与使用者共同解决环境与技术问题，而建成后的定期维护与修缮则全由乡民自身负责。

❶ 邓晓红. 从生态适应性看徽州传统聚落 [J]. 建筑学报，1999（11）.

图 3-17　细部装饰与建筑结构结合
　　　　的营建技术

3.3.2　徽州地区营建体系

3.3.2.1　徽州乡土聚落

徽州乡土建筑的精华所在即是适应当地的气候、地形地貌以及环境、资源、经济技术和社会文化等综合因素，注重地区人文和精神内涵的场所塑造。从聚落选址来看：第一，古村落多枕山傍水而聚，背倚青山为屏障，挡北面来风，地势高爽，避免山洪暴发冲击之危险。第二，村落规划完善的人工水系，巧妙地利用地形与山势的坡度，造成水系落差，将之贯穿于村落的街巷空间，一方面解决居民的生产生活用水排水，利于防火防灾；另一方面，利用水的天然空调作用，达到调节环境的温湿度、净化空气的功效。

3.3.2.2　徽州地区营建体系的空间特征

从徽州民居的空间特征而言，第一，以天井为核心、以厅堂为轴线的"一明两暗"的围合式布局，适应了温热多雨的气候，以利于冬季纳阳、夏季遮阳与排水。且狭窄的天井形成的热压通风原理利于通风纳气，保证了良好的室内物理环境条件。第二，民居单体周围多布置厨房等杂物间、屋顶的阁楼空间及双层的坡屋面都成为建筑主体使用空间的气候缓冲层，有保温隔热效应。第三，高大的封火山墙与穿插于密集的民居单元间的火巷，可避免火灾发生时村落中火势的蔓延，体现了民居聚落的防火意识。

3.3.2.3　徽州民居营建技术

从使用材料与民居营建技术来看，围护结构采用双层墙面，外墙为空斗砖墙，与由薄木板壁构成的内墙夹着空气间层，这种"三明治"式的墙体利于保温隔热，更可利用屋顶上的高窗带走热空气，以维持室内稳定的热环境。

营建技术由单纯的材料力学性能转向结合结构与构造的艺术装饰美，精致优美的木雕月梁与雀替、砖雕的门罩与石雕的柱础表现了徽州民居高超的营建技术与工艺，从更深层面上反映了徽州的社会文化内涵与审美观。

3.3.3　地区传统营建体系的发展困境

当前，乡土聚落原有的社会组织、经济基础以及人文背景已发生了根本性变化，人们从聚落观念到生活方式被现代文明的大潮冲刷得面目全非，祖祖辈辈生息栖居的古老住居已难以适应新的社会环境和生活需求。地区营建体系的更新与发展已是摆在我们面前不可回避、难以逆转的趋势，主要体现在以下几点：

（1）地区建筑的人为破坏：生活质量的差距、人口结构的变化导致人们将传统的地区建筑视为旧房破房，全部拆除，拆房盖所谓的"洋房"。

（2）旅游业的发展正在使乡村生活脱离生活内容与历史的真实性，沦为"乡土建筑的标本与躯壳"。

（3）缺乏有效的保护与资金的支持：除了被列为文物保护范畴的少量建筑外，大量的乡土建筑由于缺乏有效的保护措施而面临日益严重的破败，加之政府维修资金的缺乏，乡民又无力承担此花费，就导致日益加剧的聚落衰败。

（4）维修与修复的技术难度较高，而具有经验的工匠越来越少，都为聚落的复兴带来诸多难题。

诸多难以解决的问题，使乡土聚落与传统住居已无法适应现代的物质生活环境，面临着走向"建筑标本"的误区，需待更高层次的进化。当我们反思地区建筑进化发展阶段面临的不同问题时，更应该把握地区传统建筑的演进机制与其朴素的生态内核及各种适用的技术，将传统的乡土智慧结合今天的科学技术重新选择，为地区人居环境的可持续发展提供清晰的研究思路。

3.4 创造——可持续发展的地区营建体系

在当今人类社会发展的大背景下，人类越来越科学地认识生命系统的生成和进化过程及其与环境的关系，希望自身与其他生物一样能够更健康地生存发展。"进化的更深层次意义体现为自主性、独立性的获得，这种自主性与独立性的标志在于个体从环境中获得解放的过程。"❶ 如：脊椎动物中的冷血动物，因为缺乏恒定的体温，只能以冬眠的形式度过寒冬，显然这是一种被动的防御，而哺乳动物与鸟类，则有恒定的体温，哪怕是在极端的温差环境下，都可以应付自如。因而，进化可以看做是复杂的、又是普遍有序展开的整体动力学现象，其外在方面，通过变异与自然选择，进化在逐渐挣脱环境束缚中成熟起来；内在方面，进化通过自身各部分的协调导致新层次的涌现，从而表现出越来越强大的自主性。

地区传统的营建体系是处于一种相对封闭的平衡状态而迟缓地发展，系统具有较强的自律性，依靠其自身机制，营建体系能够长期平稳运行、迟缓发展，并与自然保持着和谐的关系。但是这种封闭的系统对于外界环境变化的应激能力非常有限。随着全球化的冲击、生态环境危机的加剧，及各地区经济结构的变迁与人们社会生活的更新，环境变异与系统内部要素的变异超出了维持系统平衡的结构而失稳。地区营建体系的进化不仅是消极被动的改良，更是一个积极的创造过程。地区营建体系作为开放的系统，是以可持续发展为目标，运用多学科理论与研究成果，积极主动地调节外在环境的干扰与内在因素的变化，通过自身的内在机制与功能，及时调控系统的结构与行为，避免系统偏离预定的目标；且摆脱旧有的环境限制作用，将劣势转化为优势，并适当加入新的结构组分，使地区营建体系在时间上具备动态适应性、经济上以最小的投入获得最大的收益、技术上以绿色适

❶ 陈蓉霞. 进化的阶梯 [M]. 北京：中国社会科学出版社，1996：211.

宜性技术为支撑，具备自组织、自调节、自我维持，可以满足地区生活需求、高效和谐、自养自净、无废无污、节能节地等特性，实现生态、经济与社会效益协调发展的人居环境。

3.4.1　聚落形态

可持续发展的地区营建体系是以生态系统的良性循环为基本原则，建立在自然资源与文化资源最和谐的基础上，运用生态系统的生物共生与物质多级传递、循环再生原理，根据地区环境与资源状况，整体关联地考虑生产、设计、建造与运营及废弃整个营建过程对自然与社会环境的影响。尊重环境、顺应环境，在设计过程中针对地区的气候、地形地貌与资源等方面的有利因素、科学的选址与合理的规划，减免不利的气候与灾害影响。并且尽量避免营建过程对生态系统与环境景观造成建设性的破坏，继承和保护地域传统中因自然地理特征而形成的理想空间模式。同时，有意识地运用科学手段，进行必要的生态补偿，减少或消除对生态环境的负面影响。

3.4.2　住居形态

地区营建体系的持续发展有赖于能源与资源的高效利用，应充分发挥地区的资源优势，开发使用可再生的资源、能源，减少不可再生资源的利用。系统的进化发展必须不断拓展可利用的生态位，合理利用资源、环境与空间的生态位补偿，提高生态位的效用，力图建立一种新型生态的住居营建模式。首先，必须尊重使用者的需求，以住居空间的动态弹性设计满足空间的功能变化与人们的需求变化；提高建筑的耐久性及旧建筑的再利用，以延长建筑的生命周期。其次，通常建筑物的耗能主要在建筑材料的生产、建造与运作等环节，其中以运作阶段为最主要的耗能阶段。因而，建筑设计应树立节能的观念，鼓励采用以被动式设计为主的策略，开发利用可再生能源作为替代能源，承继传统营建体系的节能策略，创造舒适与健康的住居微气候环境，以减少建筑运作过程中的设备耗能及可再生能源的消耗为目标。最后，尊重社会文化传统，应继承与保护地区的历史景观、纪念物等，通过合理的规划设计恢复传统的社区生活网络，结合新的组织方式与手段加以再现，创造出与时代协调的、符合地区需要的住居形式，激活地区文化的精神内核。

3.4.3　营建技术

地区营建过程应始终遵循以最少的经济投入而获取最大的成果，尤其体现在技术的应用上。技术高低并非效益评价的标准，技术的选择更强调以地区社会需求为出发点，注重与地区的经济发展、资源状况相协调。因而，保护与发展地域技术，吸纳传统营建技术的精华，注重利用地方材料、结合现代科学技术进行优化组合，开发环保型能源与可再生能源，产生新的营建模式与建造体系是为最佳选择。

伴随着这样一个自我调控、反馈平衡的生长过程，地区营建体系逐渐趋近于可持续发展的目标。

以上结合聚落形态、住居形态与技术体系提出了地区营建体系可持续发展的基本原则。如果要对地区人居环境营建体系进行更深入的研究，且避免空洞的理论阐述，还必须结合具体的地区个案，着眼于地区可持续发展的对策研究。

3.5 本章小节

地区营建体系具有与生命机体相同的发展进化的类生命体特征，而其进化过程又是建筑与环境相互作用的动态连续的过程。为了探寻地区营建体系健康成长的基因与模式，走出地区建筑保护与发展的误区，本章借鉴生命科学中进化的相关理论，通过聚落形态、住居形态与技术体系三个方面分析、归纳与引证，剖析不同文明形态的地区营建体系的形态表征（图3-18），挖掘地区营建体系从本能地防避、自觉地适用与营造，到以可持续发展为明确目标，运用多学科理论与研究成果，主动地创造的演变进化机制。

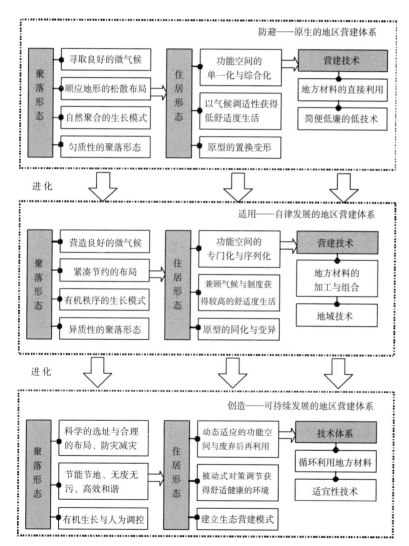

图3-18 地区建筑营建体系演进机制

4 多维视野下的地区营建体系的理论建构

　　以往的建筑学研究大多侧重于空间表象，其分析、论证及结论也多为主观判断，对于探寻其内在本质规律缺乏科学理性的方法。然而，局限于表面的形式研究往往会被其束缚，而难以突破自身，站在更高的角度去看待事物的发展，透过事物本身探寻其本质规律。为了从传统学科封闭孤立的领域中走出，不同学科之间的相互渗透、融合就成为发展的必然趋势。在学科的交叉融合之中，相互影响，从各自不同的领域中"偷思想"，有助于我们突破旧有的学科限制，以更独特的角度来重新审视建筑领域的现象与问题。

　　尽管学科间存在知识背景与研究领域的差异，但是在各学科之间建立多层次的、有机协调的研究网络并非风马牛不相及，因为彼此之间在结构关系、研究思路上具有极大的相似性与同构性，这为学间的借鉴与启发提供了着生点。整合与融贯相关学科的基本原理与科学，构成某一问题研究的基础，是目前学科认识与方法论的一个特点。一门学科，不再是定义和结论的集合，而是其研究的过程本身，其理论与方法随着时代的发展和实践研究的进展而处于永远的变动更新之中。

　　只有纵观建筑学科领域的历史与前沿，横视相关学科领域的智慧与进展，在各个科学原理组成的动态网络上，把握地区营建体系的内在机制；纵向历时性地看待地区营建体系的发展演变过程，横向共时性地看待不同地域营建体系的关联，将地区营建体系置于整体的自然、经济、社会文化等综合因素的动态网络中，才能整体地把握地区营建体系的生成生长规律，在宏观全景的视野中找到问题的突破口。地区营建体系可持续发展研究的内涵与外延，正是在这一纵横交错的多维视野中逐渐呈现出来的。本章借鉴文学原型批评、生物基因、控制论下的系统方法论、生态学等相关学科的理论与方法，从多角度研究、剖析与架构地区营建体系的研究方法、技术路线，深入发掘其本质、调控机制及科学的评价方法。

4.1 地区建筑原型的建构

　　原型批评理论采用了一种全新的视角，去看待文学发展历程中的各种文学现象，揭示文学发展是一个有规律可循的过程，使文学成了有机的整体。原型以宏观整体的视角认识现象及其发展演变规律，力图透过现象本身，考察事物发展演变的内在规律与事物存在的本质特性。本节意图借鉴这种独特的理论分析方法，探讨地区营建体系生成生长的本源。

4.1.1　原型批评理论的阐释

原型（archetype）取自于希腊文"archetypos"，译为原始模型，指事物的理念本源。原型思想的出现较为久远，在西方古典神学、哲学和宗教等领域中都有所提及。真正用科学的方法来探讨原型是在人类学领域，主要以英国的人类学家 E·B·泰勒（Edward Burnett Tylor）与弗雷泽（James George Frazer）为代表，但是对原型进行较深入研究的还是在分析心理学领域，其代表人物主要是瑞士著名心理学家荣格（Carl Gustav Jung）。原型的思想是分析心理学的思想精髓，他以原始表象、原型和集体潜意识这三个阶段的原型研究为基础，把原型作为精神的本体，将原型理论建立在现象学哲学的基础上，并以文化解释学构成其方法论的特色，所以原型理论是各种研究人类心灵成果的集成。

在文学范围内，对神话的兴趣逐渐升华为一种研究旨趣、批评方法及理论体系。所谓的神话批评就是从早期的宗教现象入手探索解释文学现象、起源和发展的倾向。而原型作为一种文学研究途径与文学评论方法，起源于 20 世纪初的英国，二战后兴盛于北美。"1957 年由加拿大学者诺思罗普·弗莱在《批评的解剖》中正式确立了以原型（archetype）概念为核心的'神话——原型批评'"❶理论，简称为"原型批评"。在不同学科的相互渗透与启发下，继而发展成为文学理论家们公认的当代文学研究与文学评论的主要方法之一。

4.1.1.1　原型的内涵

纵观弗莱原型概念的发展历程，可将其内涵归纳为以下几点：

（1）"原型是文学中可以独立交际的单位，就像语言中的基本单位——词一样，作为结构单元被反复运用到各类作品之中。"❷

（2）"原型可以是意象、象征、主题、人物，也可以是结构单元，它们在不同的作品中反复出现，具有约定性的语义联想。"❸原型的范畴是从具体的事物到抽象意义上的象征，通过对熟知事物的联想发现事物之间的关联，如：十字架象征基督受难，白色象征纯洁等，这些原型对于特定地区或人群具有相同或类似意义上的象征，这种约定性是建立于人们感觉与联想的互通性基础之上的。因此，原型成为了一种跨文化的符号，不同文化特征与表现形式的作品甚至可超越语言与文化的障碍，被世界各地的人们所普遍接受。

（3）"原型体现着文学传统的力量，它们把孤立的作品相互联结起来，使文学成为一种社会交际的特殊形态。"❹原型作为文学作品中规律性的要素，是在文学的历史发展过程中形成的。在这个发展历程中的各种形式的作品诞生也始于这种潜在要素的运用。文学发展的演变规律根本上是原型的"置换变形"，置换的内容取决于作者所处时代的价值标准。尽管作品所呈现的表现形式与内容表象不同，但所蕴涵的内涵与本质却仍是共通的。

（4）"原型的本源既是社会心理的，又是历史文化的，它把文学同生活联系起来，成为二者相互作用的媒介。"❺文学植根于原始文化，反映着人

---

❶　叶舒宪. 神话——原型批评 [M]. 西安：陕西师范大学出版社，1997：2.
❷　叶舒宪. 神话——原型批评 [M]. 西安：陕西师范大学出版社，1997：16.
❸　叶舒宪. 神话——原型批评 [M]. 西安：陕西师范大学出版社，1997：16.
❹　叶舒宪. 神话——原型批评 [M]. 西安：陕西师范大学出版社，1997：16.
❺　叶舒宪. 神话——原型批评 [M]. 西安：陕西师范大学出版社，1997：16.

类文化的发展历程与人们在长期历史发展中形成的集体经验。原始先民无法科学地认识和解释自然现象，面对恶劣的生存环境，在不断的生活体验中被动地建立了自己趋利避害的经验与思维方式。这种经验经过社会发展的不断检验而在人们的意识结构中建立某种定式——原型。因此，原型不仅包含某些科学规律的成分，也包含着人类最根本的需求与愿望。优秀的文学作品正是借助于原型的力量才能真切地反映人们的生活与真挚的情感。

4.1.1.2 原型批评理论的启示

通过对原型批评理论的阐述与分析，我们从中可获得一些跨越学科界限的理论启示。

1. 宏观地认识现象

原型批评有别于传统文学评论"细读"或"近读"的方式，以及专注于作品本身篇章词句的剖析，而是站在更高的角度去"远视"——这是一种宏观全景式的文学眼光。它把事物发展的各种现象都置于文化整体中去考虑，超越事物本身外在的形式，而探寻现象之间的内在关联。在宏观的文化背景中，从原型找到被人为割断已久的原始与文明关联的"解码"奥秘。

2. 系统性地把握整体

单个棋子只有置于棋盘整体中才能显示其价值作用。"一部作品、一个主题、一个意象、一种结构，也只有在历史地形成的文学整体中才能得到真正透彻的理解"。❶原型批评系统性的特点体现在对文学传统的高度重视上，将文学的文体研究与文学传统研究联系起来，对局部现象作整体透视。通过对文学发展历程中大量作品反复出现的原型的识别与归纳，可以发现"文学中千变万化的作品，是通过某些原型而串接起来，构成有机的统一体，从中可探求特定的文学表现程式与文学发展中变与不变的规律。"❷

3. 从原型中把握传统实质与艺术的长久生命力

文学作品中的原型不仅能够跨越时间的长河，还能超越地域文化的界限而被运用到各种不同类型的作品之中，正反映了其蕴涵着长久不衰的生命力与内在精神。原型的挖掘可以帮助我们"站在文学与文化传统的制高点上，用强大的理性之光照亮作者无意识或不自觉表达出来的东西"❸——人们最根本的情感与愿望。

原型理论告诉我们，无论文学，还是任何艺术形式，其创作过程都是有规律可循的。文化艺术的创作不能只着眼于局部现象与表面形式，而应深入其实质，把握艺术创作的内在规律与本质的东西。艺术的社会意义在于造就时代所需的形式与精神，但这些时代的形式与精神总是无法脱离开人类最本质的需求与情感。原型的确立可以使我们超越形式化的表象，真实地把握艺术传统的实质，将艺术的本质真实地融入时代的作品之中，使其具有永久的生命力与伟大精神，这是整个文化艺术创作的根本所在。

4.1.2 地区建筑原型的解析

我国的地区建筑种类繁多，形态万千，但仅就各种建筑形态的单体要素之间来看，它们都表现出对整体环境的某种协调礼遇关系，并与人们既有的

---

❶ 叶舒宪. 神话——原型批评 [M]. 西安：陕西师范大学出版社，1997：40.
❷ 叶舒宪. 神话——原型批评 [M]. 西安：陕西师范大学出版社，1997：20.
❸ 叶舒宪. 神话——原型批评 [M]. 西安：陕西师范大学出版社，1997：42.

生活方式达成了默契（图4-1）。这种形态的产生完全是自发而自在的过程。有形的形态往往伴随着一种无形控制因素的作用而呈现出整体环境的有序性。这已经成为乡土世界的一种普遍现象。在许多乡土民居村落中可以发现，许多民居建筑单体在营造方式、建筑形态、材料甚至细部装饰等方面都沿袭着某种相同的模式（图4-2）。但使用者又会考虑自家的环境条件、经济实力与具体的需求方向，进行适当的调整与变化。尽管它们相互差异，具有足够的识别性，但我们仍可直觉地将之归为一类。

图4-1　地区建筑群体空间的整体协调性（梁力摄）

以原型的角度来看，那些被大家普遍默认的模式即是地区建筑的原型，地区建筑的形式各不相同，是由于建筑原型结构被不同的人以不同的方式落实于不同的建筑文脉关系中的自然结果，每一个具体的形式都是原型的变体。而且原型对地区建筑形态的约定作用不仅发生于空间的领域，还随着时间的推移而作用。

以客家聚居建筑为例，客家是由于汉晋代中原地区战祸频繁，大量汉人南迁到闽粤地区而形成的社会团体。由于闽粤地区的地形复杂，交通不便，信息沟通困难，易招致匪患。出于互助防卫的目的及满足族人聚居的需要，而形成了超越家庭生活秘密性，以家族为核心的生活方式。因而，建筑形式多围绕公共厅堂而展开，其最初的形式是从天井小院到增加两侧的横屋及加高厅堂的高度，由前向后，形成"三堂二横"的基本模式。这种"三堂屋"在不同的环境条件下逐渐发展，而演变成不同形式的群居院落。如在坡地、平川面积较大，耕地较多且交通相对便利的地区，建筑的防御功能相对较弱，厅堂与横屋形成方形或长方形的组合体，即五凤楼；而对于地处山区，交通经济状况不利，生活贫瘠的地带，建筑的防御功能相对增强，由三堂屋发展成堂屋与横屋联成一体的方形与圆形土楼。不同的聚居院落之间也相互借鉴融合，而派生出一些新的形式，像半圆楼、八卦楼等（图4-3）。随着客家聚居建筑发展演变至今，建筑本身的防御功能已经失去了意义，但这种建筑类型作为一种文化传统而被保留了下来。

从原型理论的角度来看，地区建筑的形式因地域环境的不同与历史的发展呈现出显著的差异。尽管形式变异，但建造技术与手段、空间组

图4-2　地区建筑营建的相同模式

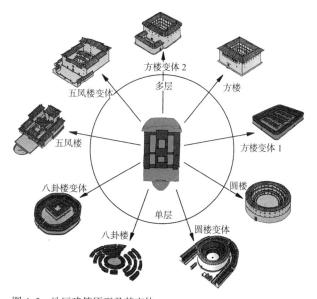

图4-3　地区建筑原型及其变体
（资料来源：根据相关资料整理）

织方式却无多大变化，建筑的使用范围也极为广泛。可见，原型恰如其分地置换变形，仍能以不变应万变，具有普适性。那么，我们如何解释地区建筑原型所具有的如此巨大的约定作用？

因为任何地区建筑的形式都是长期发展进化的结果，而原型的产生是伴随着这种发展历程，在特定地区的自然、社会、经济文化等因素作用下自然选择的结果，它的存在具备其合理的内涵。从物质功能层面上看，原型既包含了对已有和现有生活与环境问题的最佳解决方式，也包含了对共有的生活方式与制度的认可与限定。从文化价值层面上看，原型是历史长期经验的积累，具有历史的内涵，可以向人们传递历史的信息、文化的语义。这种隐含的亲情与血脉始终让人觉得亲切，是被人们所普遍认可的模式。

因而，原型对于地区建筑而言已经不仅仅是一种形式的模仿，而是作为一种固有的模式与原则储藏于人们的意识结构中。这些原则被作为人们营建活动的蓝本，从中可获取自我调节的方法，以产生能够适应现实环境条件的新形式。可以说，原型的存在确立与维持了一定地域内地区建筑形式发展演变的方向与秩序。

文学中的原型理论从原始神话中寻求文学作品中的原型与其蕴涵的人类的本质需求与情感，认为它们是艺术创作中的永恒主题。同样来看地区建筑的原型，是否也包含着建筑的永恒原则与规律呢？用美国建筑理论家亚历山大的话来说："有一条永恒的建筑之道，它存在了千百年之久，至今依旧如故，以往那些人们感觉到舒适自然的伟大传统建筑、村庄、帐篷及宇宙，总是由接近于此道的人们建造而成的……" ❶

我们从世界各地的建筑文化中，可能发现人们对于生存空间本能的选择，和对生存环境所采取的适应性的生活方式是极为相似的。尤其从建筑的最初形成之时来看，人们无论生活还是生产方式都直接与自然相关联。在自然生态条件的制约下，被动地选择顺应自然，利用环境的各种有利因素，采用当地材料与相应的技术建造住所以蔽外界的严寒酷暑。虽然很大程度上受自然变化的左右，但建筑本身对环境具有一定的趋利避害的调节作用，并与生态保持着和谐的关系。如黄土高原的生土窑洞民居、严寒北极的冰屋、热带雨林的高脚竹楼、沙漠草原的帐篷、西非的苇草泥屋等都包含着这一原生的建筑原型。

地区建筑原型包含着朴素的生态规律、适应性的社会文化与人们最根本的生存需求，它不受时代的发展、地区的界限与文化的障碍所制约而成为各种不同地区建筑形式所遵循的最基本的原则与规律。因而，原型可以帮助我们从地区建筑多姿多彩的形态中，发现建筑永恒的原则与发展演变规律，正是这些本质的东西赋予了建筑长久的生命力与永恒的意义。

4.1.3　原型对地区营建体系研究的意义

无论将原型理论适用于文学作品的分析，抑或地区建筑的分析，尽管作为分析对象，两者之间却迥然相异：文学创作是形式反映理念的过程，更注重作品本身带给读者以精神上的享受与思索；而建筑创作是一个从理念到形式，又从形式到理念的多层次的思维与技术的综合过程，建筑本身必须满足

---

❶　（美）C·亚历山大．建筑的永恒之道 [M]．北京：知识产权出版社，2002：7.

人们从物质到精神全方位的需求。但两者都是以宏观整体的视角认识现象，力图透过现象本身，考察事物发展演变的内在规律与事物存在的本质特性。从认识问题的角度看，原型的分析方式确有其启示的意义，但其更大的意义是在方法论上，建筑原型的研究是一种途径，而非目的。当我们面对地区建筑多姿多彩的文化传统时，孤立地就形式论形式的研究，往往会被形式所禁锢，割裂形式之间的内在关联。建筑作为一种文化现象，其产生与发展总是无法脱离开特定的地域自然环境因素与一定的历史文化背景的制约。因而，可以将原型作为研究的着眼点，将地区营建体系生成生长的过程置于地区建筑生成生长的自然、社会、经济文化等构成因素的网络中，系统地认识地区营建体系的来源。

长期以来，尊重与继承地域传统文化的建筑文脉一直是建筑界所关注的焦点。"抄"还是"超"，"古都风貌"、"民族形式"与"时代精神"的争论不休，而围绕建筑的"继承与发展"、"文脉延续"与"传统保护"等辩题也长久争论未果。然而，许多建筑作品都被那些只重表面、不重实质的建筑师诠释成为形式表面的继承：内容与形式矛盾，生硬的符号标签，及与气候、环境的毫无应对，纵使具有形式的相似性，也只能是脱离内在实质的貌合神离。如果地区营建体系的研究更多地局限于"概念的阐述"与"形态的表象"上，注重史料研究，习惯于向后看，期望通过移植传统地区建筑文化中的某些技术与形态，而使建筑体现地域性；如果我们缺少科学的思维体系，始终纠缠于"像什么！似什么！"的争论中，而不去探究"应该是什么！"，在说不清、理更乱的混沌道路上会越走越远。

地区建筑的文脉❶并非静态而抽象的，而应该是动态的、变化的，显现出时代的适应性。我们必须正视发展过程中那些与时代无法同步的建筑传统的损耗，是可以得到重建与补偿的。文脉不仅是纵向上的文化传承，而应该是纵横交错、前后左右相关影响因素的综合把握。以往强调传统、文化多，现在我们更应该对其生态智慧给予认识与把握，从多维视角来重新理解建筑的地域文脉内涵，它是包括：前后、左右、上下多维视野中的人文元与自然元的综合体。

（1）前后，指在纵向的历时性上的前后承继关系，体现传统与历史文化的对话及对传统建筑文化价值的超越；

（2）左右，指横向共时性上，整个时代文化的对话与其他建筑文化的交融，及吸纳其他建筑文化的优势；

（3）上下，指任何地域建筑的生成生长都离不开的自然、气候、资源、地理、生物等自然因素和经济、技术、文化、风俗等人文因素的限定。

因此，从地区营建体系的生成生长历程发掘其永恒的基本原理，才能从更深层次上认识到地区建筑存在的本质意义与人们最基本的需求愿望，这是建筑文脉延续的根本，也是地区建筑所蕴涵的长久生命力与精神，原型确不失为这种研究的最佳途径。《北京宪章》中引用了中国的一句哲语"一法得道，变法万千"，即说明了地区建筑研究的基本哲理，地区建筑的形式变化是无穷尽的，但建筑之道却是共通的，始终如一的。以原型作为地区人居环境可

---

❶ 文脉一词，英文译为 Context，最早源于语言学范畴，原意指语言环境中的上下逻辑关系。任何事物总有其发生与发展的背景与条件。因而，在广义上，文脉可以理解为事物之间存在着时间与空间上的动态联系。狭义上，它是一种文化的脉络。

持续发展研究的一把钥匙，溯本求源，"回归基本原理"，才能抓住地区建筑营建的永恒之道。由此可见，在被人为割裂已久的传统与现代之间我们建立了对话的平台，"懂得了起源便懂得了本质"❶ 这个启蒙时代提出的金言再次显示了它的魅力。

4.2 地区营建体系的 "地域基因" 理论与方法 ❷

21 世纪人类对生命科学突破性的进展，标志着人类正越来越科学地认识生命体的生成与发展过程及其与自然环境的关系。怀着对揭示生命奥秘的强烈渴望和借此能寻找到与其他生物更健康生存与发展途径的希望，人们对基因的物质实体化认识经历了由表及里、由浅入深、由简单到复杂、由局部到整体的发展过程。生物基因研究，实质上是通过对生命的重要物质基础的结构和运动规律的研究，逐渐由观察生命活动的现象，深入到认识生命活动的内在规律。本节借鉴生物基因原理中基因对生物性状的作用规律及研究思路，寻找地区营建体系生成生长的内在调控机制。

4.2.1 "地域基因" 的概念
4.2.1.1 生物基因原理

"种瓜得瓜，种豆得豆" 是对生物遗传现象的最佳写照。遗传是生命活动的基本特征之一，"遗传过程本质上是遗传物质传递的过程，遗传物质以密码的形式携带亲代各种性状的信息，亲代的遗传物质在通过生殖过程传递给下一代的同时便将遗传信息传给了下一代，下一代在发育过程中经过遗传物质的作用，使亲代的控制性遗传信息转化为下一代的性状。"❸

1. 基因

任何生命体的遗传物质都是 DNA。"DNA 中具有特定的核苷酸顺序，含有几百至几千个核苷酸的一个最小遗传功能单位成为基因。❹基因在 DNA 上以特定的顺序排列，是传递指挥 DNA 控制性状遗传指令的作用因子。"❺基因是动态变化的一段 DNA 顺序，既是可分的，也是可以移动的。各个基因又形成了相互制约的统一整体，每个基因都只是这个整体的一部分（图 4-4）。

DNA 不仅具有自我复制和存储信息的两大基本生物学功能，还具有遗传信息的转译和合成蛋白质的作用。遗传信息的传递过程经历了从 DNA—RNA—蛋白质的一系列复杂的过程："亲代将遗传信息通过转录到 RNA 上，RNA 在核糖体上通过转译，将核酸的核苷酸程序解释为蛋白质的氨基酸顺序，

---

❶ 叶舒宪.原型与跨文化阐释 [M]. 广州：暨南大学出版社，2002：12.
❷ "地域基因" 概念是由王竹教授首次创造性地提出，为保持该论文研究的完整性，本节在课题组研究成果：刘莹.从生物基因原理研究地域绿色住居 [D]. 杭州：浙江大学硕士论文，2003 的基础上增改而成。
❸ 王谷岩. 20 世纪生命科学进展——叩开生命之门 [M]. 上海：上海科技教育出版社，2001：47.
❹ 作为遗传物质的 DNA，具有独特的双螺旋结构。遗传信息可以记录在它的碱基特异的序列上，碱基配对的规律是决定 DNA 的遗传功能的关键（碱基配对即一个嘌呤必定与一个嘧啶配对的专一性，A–T，G–C），一个 DNA 带有两整组的遗传信息且都是以互补的记号记录的。遗传密码将核酸的核苷酸顺序与蛋白质的氨基酸的顺序联系起来。
❺ 王谷岩. 20 世纪生命科学进展—— 叩开生命之门 [M]. 上海：上海科技教育出版社，2001：49.

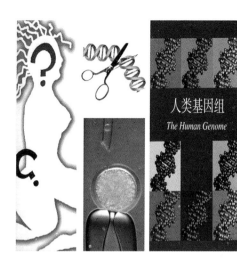

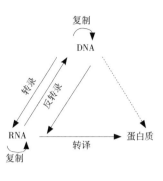

图 4-4（左） 生物基因
图 4-5（右） 遗传学的中心法则
（资料来源：赵功民. 遗传的观念 [M].
北京：中国社会科学出版社，1996）

从而合成蛋白质，使得亲代的各种遗传性状在子代中得到表达。"❶这就是遗传学中著名的中心法则（图 4-5）。

2. 基因、环境与性状之间

基因并非是决定机体性状的唯一因素，子代从亲代继承的只是基因而非完全的性状。"从系统论的观点，生存的单位根本不是实体，而是机体与环境的互动中采用的组织模型"。❷应该说，基因与环境的共同作用才能使子代产生相应的性状。生命体与环境的相互依存过程中有选择地、同步地利用遗传物质来发展。每个生物纵向的遗传发展都在横向的环境生态之网中受到了"塑造"，"生态环境物种的进化不仅决定于遗传程序所确定的行为模式，而且还决定于生物对付环境的方式"。❸因而，基因自身的改变引起变异，而只有经过环境选择的变异才被相对稳定地遗传下来。

4.2.1.2 生物基因原理对地区营建体系研究的启示

1. 地区建筑"类生命体"特性

遗传学家将生命定义为"通过基因的复制和突变以及通过自然选择而进化的系统"。❹用生命科学的理论与方法来看待地区建筑营建体系，发现其具有类似生命体的特征，这是借鉴生物基因理论的物质基础。

首先是生长性：从建筑的设计、建造、使用与废弃来看，建筑业呈现出类似生命体的产生、生长、成熟与衰亡的过程。

其次是环境适应性：生命体与环境的相互作用总是由环境的变化引起的，使自身的生理结构作相应的调整与变化。适应环境，就能生存；不能适应，就只有在自然选择中被淘汰。地区建筑对不同地区气候、地形、资源及社会文化背景下的形态表征的差异正说明了其对环境的适应性。

第三是遗传性：由基因与环境作用下的生物性状的稳定遗传的现象，体现在一定地域内地区建筑群体的整体协调性与单体建筑形态的相似性。

最后是进化性：所有生命体经历由低级到高级、由简单到复杂的发展过程。进化过程通常都伴随有形态结构的复杂化，以及随外界环境条件改变而

❶ 赵功民. 遗传的观念 [M]. 北京：中国社会科学出版社，1996：167.
❷ 佘正容. 生态智慧论 [M]. 北京：中国社会科学出版社，1996：94.
❸ 佘正容. 生态智慧论 [M]. 北京：中国社会科学出版社，1996：79.
❹ 王谷岩. 20 世纪生命科学进展——叩开生命之门 [M]. 上海：上海科技教育出版社，2001：49.

改变自身特性或生活方式的适应能力的提高。可见生物体与环境的作用不仅是消极地适应环境以求自我生存，还进行自我创造与超越。这使得生命体产生探索一个日益复杂的全新结构的需要，推动机体与环境共同进化。基因变异是生物体进化的原动力。

以长期实践经验为本的地区营建体系尽管形成了精巧的营建机制与技术手段，但是在全球化冲击与人们的生活需求的转化下，传统地区建筑面临着进化与再生。

2. 地域基因的概念与从生物基因原理获得的启示

地区建筑的类生命体特征决定了地区建筑与生命体相同，都具有控制与调控机体发展的内在奥秘。对于深奥难解的生命科学而言，我们无意深究其博大精深的研究领域，而单就生物基因原理而言，将其研究对象与研究思路来比对地区营建体系，发现它们存在着很多的相似之处（表4-1）。利用这一理论的一些关键点来启发地区营建体系研究，可寻求研究的实质突破口，解决困扰地区建筑营建体系可持续发展的诸多难题。

1）从基因调控到地域基因调控

生物基因研究更深远的意义在于它体现了人类透过事物的外在表征，对生命内在生成、生长、发展、消亡规律的不懈探索；在于它是一个通过对生命的重要物质基础的结构和运动规律的研究，逐渐由观察生命活动的现象，深入到对生命活动的调控机制。

异质同构——生物基因调控机制与可持续发展的地区营建体系调控机制的比较　　　　表 4-1

生 物 体		地 区 营 建 体 系	
生物的外在表象千变万化，但基因是调控生命体生长与发育的内在规律	生物基因的调控机制	地域基因的调控机制	不同地区建筑形态千差万别，但地域基因是调控建筑生成生长的内在规律
基因生物遗传信息的载体，通过一系列复杂的过程达成生物性状	基因与性状	地域基因与地区建筑形态	地域基因承载着对地区环境的认识与文化的信息，通过人们的营建过程达成地区建筑的形态
基因与环境共同作用影响生物遗传性状	基因与环境	地域基因与环境	地域基因与地区环境共同作用影响地区建筑形态
一种基因决定一种酶的形成，控制那种酶所催化的化学过程，间接决定生物的性状	一个基因一个酶	一个地域基因一种环境因素应对	一个地域基因决定了地区营建体系对一种环境因子的主观应对，人们将一种主观应对作为营建模式，依据环境差异形成地区建筑的形态
基因组是生命体基因的集合，是具有特定结构与功能的精密系统	基因组	地域基因组	地域基因组是由地区建筑对环境因子应对的集合，是具有特定结构与功能的系统
挖掘各个基因在时空关系网络中的作用及其结构关系	基因结构图谱	地域基因图谱	挖掘限定地区营建体系生成生长的各个环境因子在时空关系网络的作用及其结构关系
识别与分辨正常基因与致病基因	基因的识别与判断	地域基因的识别与判断	辨别原生地区建筑营建模式中人对环境诸因素各种应对措施的生命力指数
新基因的加入与基因变异对生物进化的意义	变异	地区营建体系进化	经济技术、外来文化等环境变化对地区营建体系发展的影响
转基因技术——寻找途径，消除、转化致病基因，并使有利"新基因"与生物体有机结合，以改善生物性状，使其更好地发展	基因重组与转基因技术	地域基因的重组与整合	建立科学的地区营建体系——寻找适宜性技术，使现代科学与原生地区建筑具有长久生命力的营建模式有机结合，使地区建筑获得再生与持续发展

从基因对生物性状的调控作用来分析，不同地区的建筑都离不开诸如气候、资源、地理、生物等自然因素的限制与政治、经济、宗教、文化风俗等人文因素的影响。这些因素相互的交织与作用在不同程度上影响着住居环境的生成与发展，并在居于此地的人们的主观参与下逐步形成各自的调控机制，同时也形成了不同地域中形态各异的地区营建模式。而且，在相当长的时期，各个地区的营建模式保持着相对的稳定性，如同对各自遗传信息的表达，忠实地反映着这一地区的特质，可见地区建筑的发展规律与生物基因调控机制存在着"异质同构"的现象（图4-6、图4-7）。

"地域基因"概念的提出，为地区人居环境的可持续发展建设提供了一条新的思路。借助生物基因的原理，将地区营建体系看做自然界的有机生命体，解释地区营建体系生成生长的内在控制因素——在地域基因、地区营建模式与环境三者之间建立了链接关系（图4-8）："地域基因"与地区营建模式的基因表达调控，以及地域基因与环境之间的模塑作用，地区营建模式与环境之间的一致性。

2）一个地域基因一种环境应对

基因与遗传性状并非直接一一对应，原因在于遗传过程所传递的并非直接决定生物性状的物质，而是一种基因决定一种酶的形成，控制那种酶所催化的化学反应过程，间接决定了生物性状。基因突变会引起酶的特异性改变，这就是遗传学著名的"一个基因一种酶"理论。❶

每个环境因素作为整体无时无刻不对地区营建体系起着作用，影响与限定其生成生长的方向。地区在自然、经济技术、社会文化因素的限定下，形成了符合生态原则、低能耗、简便易行的地区营建体系：顺应地区自然环境条件的限定，忠实体现环境材料与经济技术的制约，真实地反映人们社会生活的真实性。而这些适宜性的应对策略，还离不开经过地区经济、社会文化的实践参与，

❶ 王身立等.传承生命——遗传与基因[M].上海：上海科技教育出版社，2001：63.

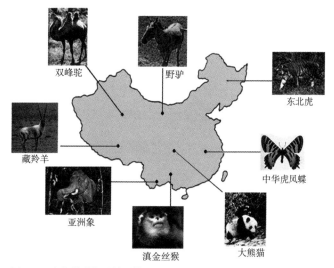

图4-6　生物种群与地域环境

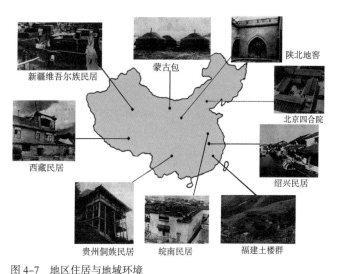

图4-7　地区住居与地域环境
（资料来源：刘莹.从生物基因原理研究地域绿色住居[D].杭州：浙江大学硕士论文，2003）

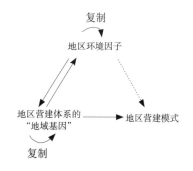

图4-8　地区营建体系的地域基因作用图谱

而固化在人们头脑中的顺应自然、对生态索取节约节制的价值观与意识形态。

我们将对这些影响住居生成与发展的环境因素的认知、把握与主观应对看做是地区营建体系的"地域基因"。一个地域基因决定了地区营建体系对一种环境因子的主观应对，一定地区的地域基因恰恰是这些多个环境因素主观应对的系统集合，传递着地域的场所信息。人们将这些主观应对的合理组合作为地区的营建模式，再依据环境条件的差异，适应性地调整自己的建造行为，从而形成一定地区建筑聚落的整体协调性与单体形态的同构性。

"地域基因"形成了相互制约的统一整体，每个"地域基因"都是这个整体的一部分。"地域基因"一方面体现着地区营建体系对环境一定的适应性，一方面又接受着环境的塑造，只有能够动态适应环境变化的基因，才能被稳定地传承。

3）从基因组到地域基因结构图谱

人类基因组计划的发现，为人类探索控制与调节生命体活动的奥秘找到了开启科学大门的钥匙。通过基因组计划可以获知每个基因的核苷酸顺序，即基因结构图谱，从而人们从整体系统的角度认识生命现象的本质与活动规律，以及对重大疾病的诊断防治方面实现了突破性的进展。

这一研究思路对地区营建体系的研究带来了很大启发：从整体的角度看待地区营建体系生成生长的限定因素，将地域建筑置于自然与人文因子限定的纵横交错的关系网络中，把握地区建筑演进的内在机制；从寻找影响地区建筑生成生长因素间复杂的结构关系及各种环境应对策略在不同时空网络中的联系与相互配合关系入手，建立地区建筑的地域基因结构图谱（图4-9），以此找到调控地区营建体系进化与可持续发展的突破口。

4）基因重组与转基因技术的启示

20世纪下半叶兴起的基因重组技术是人类改良生物遗传特征的一项前沿领域，随后出现的培育转基因技术，"是利用基因技术将外源基因转入特定的载体细胞，然后使之发育成带有外源基因，具有相应特定形状的个体。"❶由于外源基因在转基因生物细胞中能够进行复制整合与表达，并受制于受体基因组遗传背景的调控，因此转基因本身成为一个理想的功能标记，在优良性状、改良生物品种方面颇有价值。

转基因技术为我们提供了可借鉴的思路，笔者认为将研究的突破点放在辨别良莠地域基因的基础上，辨别原生地区营建模式在当前的时空网络中，对环境诸因素应对的各种措施的生命力指数，以实现可持续发展为目标与原则，建立科学的地区营建体系，通过寻找适宜性技术，使现代科学与原生地区建筑具有长久生命力的营建模式有机结合，使地区营建体系获得再生与持续发展。

4.2.2 地域基因的特征与规律

地区营建体系的地域基因是对地区环境诸因素主观应对的系统集合，是一个相互制约的统一整体。每个"地域基因"都是这个整体不可分割的部分。而且地域基因对地区营建体系生成生长过程的调控作用具有一定的特征与规律。

---

❶ 李盛等.构筑生命——蛋白质、核酸与酶[M].上海：上海科技教育出版社，2001：131.

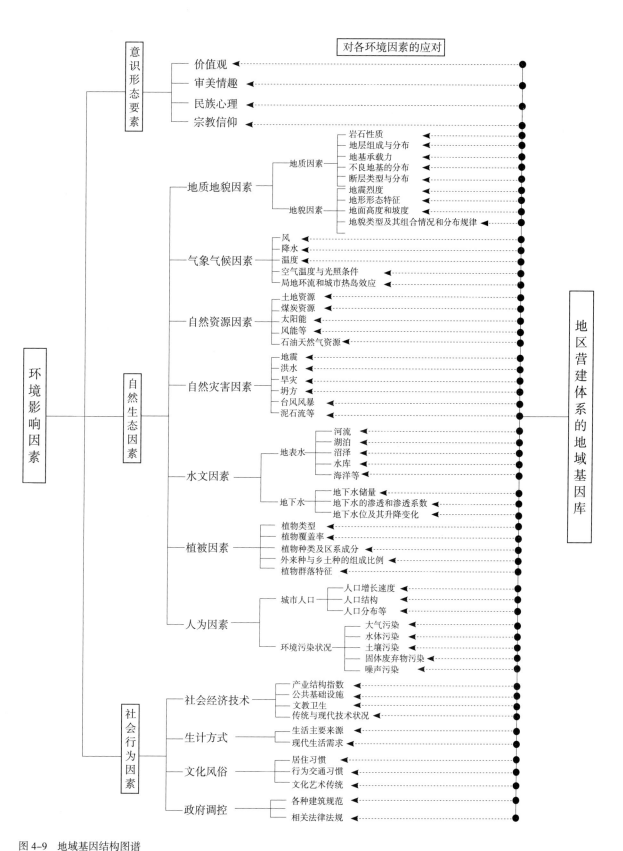

图 4-9　地域基因结构图谱

（资料来源：刘莹．从生物基因原理研究地域绿色住居 [D]．杭州：浙江大学硕士论文，2003）

4.2.2.1 地域基因调控的特征

1. 综合作用

地区营建体系的地域基因各组成因子不是孤立的，而是彼此联系、相互促进、相互制约的，任何一个单独因子的变化，必然引起其他因子不同程度的变化与反作用。地域基因所发生的调控作用虽然有直接和间接作用、主要和次要作用、重要与不重要作用之分，但它们在一定的条件下又可以相互转化，所以地域基因对系统的作用不是单一的而是综合的。如：通过适宜性技术调整建筑能耗利用的模式，会影响能源输入的类型与数量，也影响到使用后的输出状态。

2. 主导基因作用

在诸多地域基因中，有一些基因对系统起着决定性作用，成为主导基因。主导基因发生变化势必引起其他基因发生变化。

3. 直接作用与间接作用

明晰地域基因对地区营建体系生成生长的影响的直接与间接作用之分。

4. 基因作用的阶段性

由于在地区营建体系生成生长的不同阶段，对构成因子的需求不同，而且各因子的组合也会因时间的推移而发生阶段性的变化，因而，因子对系统的作用也具有阶段性，而且这种阶段性起因于环境变化。

5. 地域基因的不可替代性与补偿作用

地区营建体系中各种地域基因对系统的作用尽管不尽相同，但都各具其重要性，尤其是作为主导基因，如果缺乏会影响系统的正常运转，甚至偏离目标。从总体上讲，地域基因是不能替代与补偿的，但在特定条件下局部是能补偿的。如：在一定条件下的多个地域基因的综合作用过程中，由于某一基因在量上的不足，可以由其他基因来补偿，同样可以获得相似的效应。但地域基因的补偿作用只能在一定范围内作部分补偿，而不能完全取代另一个基因，且基因的补偿作用也不是经常存在。

4.2.2.2 地域基因的作用规律

1. 限制基因规律

在诸多地域基因中使地区营建体系的系统耐受性接近或达到临界点时，系统的使用与发展等直接受到限制，甚至偏离发展目标的基因，称为限制基因。特别涉及资源、能源、环境保护、生态平衡等相关因子时该规律更为明显。

2. 最低量规律

木桶原理所得来的启示在于系统的整体性，单个木片按照一定关系排列后组成的系统整体才能够盛水，木桶整体的性能显然优于单个木片的简单叠加。但更重要的是，木桶盛水的容量并非取决于最长木片的长度，而是取决于最短木片的长度。各种地域基因对地区营建体系产生作用时，系统的综合效益不是被需要量大的因子所限制，而是受到那些只需要少量的因子的限制。

3. 耐受性规律

营建体系对每个地域基因都有一个生态上适应范围的大小，称为生态幅，即有一个最低点与一个最高点，两者之间的幅度为耐受限度，系统调控在最适点或接近最适点才能很好地运行，趋向这两个端点时就削弱，然后就抑制，接近"绿色"耐受限度的各个基因中的任何一个在质量与数量上的不足或者过量，都可能引起系统的衰减或消失。

地区营建体系对环境适应并非完全被动，而是积极地调控使其适应环境，而且不断完善系统自身的基因组，从而减轻环境因子的限制作用，这种能力可称为因子补偿能力。

限制基因与耐受限度的概念为研究地区营建体系建立了出发点，系统与环境的关系往往十分复杂，难以辨清是什么决定什么。只有研究一个特定的系统时，发现可能存在的薄弱环节或关键环节，至少集中研究与调控那些可能接近临近点或"限制性的"地域基因，才能把握地区营建体系生成生长的特征与规律，适时地调控，保证系统向预定的目标趋近。

4.2.3 地域基因的诊治与识别

地区建筑作为人们对环境各要素主观应对的综合集成，能流传至今的模式都是最能发挥劳动者们的智慧、技巧与艺术才能，最不受拘束而灵活地组织空间，最有效地利用空间，最能适应地方气候与自然条件，最充分地表现民族与地方特色，最直接地反映不同历史时期社会意识形态与精神面貌的。但是这些经过自然淘选的主观应对多来自于经验式的积累，缺乏系统科学的指导，要使之进化必须经过适当的调整。

任何住居形态一旦形成，必然是其"地域基因"调控机制作用的结果，是一个综合作用的产物。而且，同生物有机体一样，住居是一个集成的整体而不是独立基因的简单集合。现存住居中的"地域基因"是各司其职，又相互联系、相互制约的整体，但它们也并不都是有利于住居可持续发展的，所以运用科学的评价体系，对其进行正确的识别与判断是建立可操作的绿色住居"地域基因库"的基础。

在可持续发展的原则指导下，比对传统住居模式与当地诸多环境影响因素间的关系，挖掘其住居的"地域基因"，是研究地区住居可持续发展的第一步。下一步需要对整理出的各个"地域基因"进行科学的识别与判断，以便更清晰地辨别良莠，对症下药：这些基因中哪些仍具有生命力，需要强化激活；哪些虽不十分适宜，通过一定手段可以转化重组；哪些已时过境迁，失去了发展的意义，甚至会成为新生命机体中的毒瘤，须毫不留情地摈弃。当然，还有些环境因素在旧有技术及观念下没有被重视，在今天却可以成为重要的绿色基因，这也需要及时纳入，使住居的"地域基因"调控机制不断完善。

这一研究过程可以分为三步❶：

（1）必须有清晰明确、科学的指导原则。也就是要以可持续发展的基本原则作理论基础。一切分析、判断都需以之为准绳。

（2）要弄清相对于过去，哪些环境因素发生了变化；而这些环境因素直接影响的又是哪些"地域基因"。这一研究过程必须立足于具体的地区，进行深入细致的个案分析。

（3）在可持续发展原则指导下，基于对环境与原生住居"地域基因"的整理分析，判断各"地域基因"的生命力指数，并提出"新"的"地域基因"。

---

❶ 刘莹，王竹.绿色住居"地域基因"理论研究概论 [J].新建筑，2003（2）：21-23.

4.2.4 地域基因的重组与整合

重组与整合原生住居的"地域基因"，使之最终能够实现可持续发展是我们研究的最终目标。完成这一过程的关键，是在住居"地域基因"识别与判断的基础上寻找适宜的技术与手段与之有机结合。

在对住居"地域基因"识别与判断的基础上，将各种相关因子置于适宜措施的调控之下，重组与整合营建体系的"地域基因库"。这一过程的关键是应对手段的确定，即适宜性技术的选择。适宜性技术是针对特定地区而言的难度和经济成本适当的技术，是集环境、社会、经济效益于一体的多层次技术的综合运用，将地域技术与现有技术优化组合运用于住居的营建中。

绿色窑居体系"地域基因"的建构绝不是简单的要素组合，而是将各种相关因子置于适宜措施的调控之下。为此，以下几个方面值得注意❶：

（1）由营建的构成因素"进化"为更符合可持续发展目标的"地域基因"，必然需要一个科学的评价体系，这直接关系着我们对其判断是否正确，所采取的"适宜性"途径是否真的适宜。

（2）生物多样性是保持系统稳定的一个重要尺度，"地域基因"的结构越多样、翔实，其抗干扰的能力越强，因而也越易于保持其动态平衡的稳定性。

（3）绿色窑居体系的"地域基因"对环境的应对不仅仅是消极被动的改良，而是一个积极的创造过程。主动地调控系统的基因组，使其适应环境，从而减轻环境因子的限制作用，这是完善健康基因的必要，是绿色窑居营建体系得以不断进化的保证。

（4）任何一个基因的变化都会引起其他基因对营建体系不同程度的影响，甚至有可能彻底改变窑居建筑的生成与发展模式。因此，我们的目标是不断调整系统结构，改善其运行状态，使绿色窑居体系整体达到最优。

"地域基因"理论及方法的研究，可以帮助我们找到地区营建体系生成生长的调控机制，而不用再纠缠于形态表征的挖掘，从深层次上寻求解决新问题的方法，为地区人居环境的营建体系研究找到了科学的依据。

4.3 控制论下的系统方法论 ❷

信息社会与科学技术的进步，使我们有能力面对越来越复杂的研究对象，系统论、信息论、控制论、耗散结构论、混沌等理论的相继诞生，使人们认识到从整体上去把握事物的本质。关注的焦点也从事物的实体转向组成事物的关系，从组成事物的组分转向体现组分关系构成的结构，从孤立的因果关系转向相互作用的因果关系。在这种整体思维指导下，人们对于复杂事物的科学认知开始从平衡态到非平衡态、从简单到复杂、从有序到无序、从线性到非线性，形成了以系统科学的思维探索事物的方式，着重研究系统的结构、组成、功能以及各种相互作用、系统内部各要素之间、系统与环境之间的关系，由此研究系统的整体行为和演化规律及控制它们的机制，以期对系统施加影响、管理和调控。科学研究的宏观、交叉与综合正在成为科学研究的主

---

❶ 王竹，魏秦，贺勇．从原生走向可持续发展——黄土绿色窑居地区建筑学的解析与架构 [J]．建筑学报，2004（3）．

❷ 本节部分研究内容从李立敏．从控制论的角度研究枣园绿色住区可持续发展机制 [D]．西安：西安建筑科技大学硕士论文，1998 中获得启发。

流，因而"我们将被迫在知识的一切领域中运用整体或系统来处理复杂性问题，这将是科学思维的一个根本改造。"❶

地区人居环境建设，是一个集自然生态、农工业生产与居住生活三大系统，在气候、资源、社会经济、社会文化、多学科技术、设计建造与决策支持等多因素作用下的复杂的系统工程。而如何组织协调复杂系统的各因素，使各因素在实现经济、生态与社会效益三结合的可持续发展人居环境总目标中发挥积极的作用，实现系统性能的最优化，控制论下的系统方法论作为一种科学的认识论与方法论，为传统建筑学科难以解决的社会、经济、生态、管理等领域的复杂问题得以明晰，找到了有效的求解途径（图4-10）。

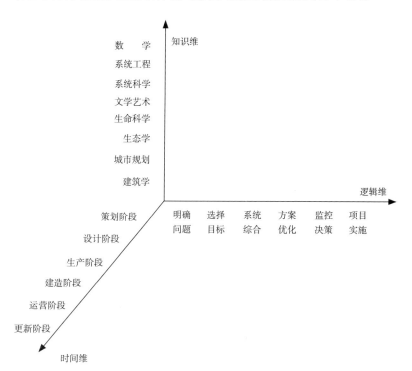

图4-10　可持续发展的地区营建体系研究三维结构

4.3.1　系统论、控制论及相关理论概述

4.3.1.1　系统科学与系统思维

系统论的创始人之一贝塔朗菲（L. Von Bertalanffy）将系统定义为："系统是处于一定的相互关系中并与环境发生关系的各组成部分的总体。"❷ 系统科学将对象视为组织性的复杂系统，着重于研究组成系统的要素、部分与整体、系统与系统、系统与子系统，以及子系统与子系统的相互关联，从结构与功能上揭示其整体运动规律。

系统思维的核心是强调整体性，其整体性体现在两个方面：其一是将对象看做是各要素以一定的联系组成为结构与功能的统一整体，着重考察各部分之间的相互作用；其二是由各要素组成的整体大于各要素功能的简单相加。系统思维方式就是根据概念、系统的性质、关系、结构，把对象

❶ 贝塔朗菲著.一般系统论 [M]. 林京义、魏宏森译.北京：清华大学出版社，1987：44.
❷ 贝塔朗菲著.一般系统论 [M]. 林京义、魏宏森译.北京：清华大学出版社，1987：56.

有机地组织起来构成模型，研究系统的功能和行为。

4.3.1.2 控制论及其反馈机制

1. 控制论

1834年，著名的法国物理学家安培（Ampère André Marie）将关于国务管理的科学取名为"控制论"，美国的维纳（N.Weiner）借用安培所创造的名称来称这门科学，1948年他发表了著名的《控制论——关于在动物和机器中控制和通讯的科学》一书，将其定义为："控制论是研究包括人在内的生物系统和包括工程在内的非生物系统等各种系统中控制过程的共同特点与规律，即信息交换过程的规律。更具体地说，是研究动态系统在变的环境条件下如何保持平衡状态或稳定状态的科学。"●他特意创造英语新词"Cybernetics"来命名这门科学，原意是掌舵的方法和技术的思想。

在控制论中，为了改善某个或某些受控对象的功能或发展，需要获得并使用信息，以这种信息为基础而选出于该对象上的作用，称作控制。由此可见，控制与信息之间的依存关系，一切信息传递都是为了控制，而任何控制又都有赖于信息反馈来实现。系统各部分之间信息的接受、传递、处理与反馈等交换过程的作用，才将系统的各组分有机联系起来去执行统一的功能。维纳在阐述他创立控制论的目的时说："控制论的目的在于创造一种语言和技术，使我们有效地研究一般的控制和通讯问题，同时也寻找一套恰当的思想和技术，以便通讯和控制问题的各种特殊表现都能借助一定的概念得以分类。"

2. 反馈机制

反馈就是把系统的输出又反过来作用于系统的输入端，从而对系统的再输入产生影响，进而对系统整体功能的发挥产生影响，并影响系统的进一步输出。由反馈的定义可知，反馈调节是一个循环过程，部分的输出作为反应的初步结果，有控制地返回到输入中去，因而，在维持某些变量的意义上或者在引向一个预期目标的意义上，使系统成为自调节系统。

我们从一些自然现象中发现：鹰击长空，不但能准确无误地捕到目标，甚至连飞速躲避的兔子都不能逃脱，是由于鹰的大脑指挥鹰的翅膀改变鹰的位置，使鹰随时改变飞行方向与速度，向目标差较小的方向运动。而老鹰捕食的原理被运用于控制导弹打飞机。当导弹被装置红外线自寻的制导设备与电子计算机，并配有姿态控制调节器时，就能够向着不断减少目标差的方向运动，直到击落飞机。

控制论将这类控制称为负反馈调节。负反馈调节的本质在于设计一个目标差不断减少的过程，通过系统不断将自己的控制后果与目标作比较，使得目标在一次一次的控制中慢慢接近，最后达到控制目标。因而，负反馈机制所必须的两个环节是："首先，系统一旦出现目标差，便自动出现某种减少目标差的反应；其次，减少目标差的调节要一次次地发挥，使对目标的逼近逐渐积累起来。"❷而正反馈恰恰相反，从对控制目标的偏离来说，正反馈是使描述目标差越来越大，逐渐偏离目标。就如同电子技术中，正反馈常常被用于放大信号。如：集电极电流增大，使集电位偏负，而同时集电位偏负

❶ 钱学森.工程控制论（新世纪版）[M].上海：上海交通大学出版社，2007：原序.
❷ 金观涛，华国藩.控制论与科学方法论[M].北京：新星出版社，2005：26.

更会使集电极电流增大。这样的耦合关系使最初的信号得到放大。因而，负反馈本质上就是减弱输入效果，使系统趋于稳定的过程；而正反馈本质上是放大输入效果，使达到既定目标的过程失控，使系统偏离原有的稳态结构向新稳态结构过渡的过程。系统的变量之间，正是由于正反馈回路与负反馈回路交织成复杂的调节关系，使系统处于稳定—不稳定—稳定的周期性的动态演化过程中（图4-11）。在一般情况下，系统各种功能具有相当的稳定维持能力，可以对抗内外因素的干扰，具有系统的自我恢复与调节能力。但当干扰超过一定阈值时，系统失稳，并演化到新的稳定结构。

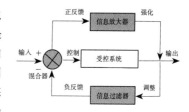

图4-11　系统的正负反馈机制

4.3.1.3　系统工程方法

由系统论、控制论衍生出的理论——系统工程，被广泛应用于解决许多大型、复杂的工程技术和社会经济问题。系统工程就是"将人们的生产与经济活动有效地组织起来，应用定量分析与定性分析的方法，对系统的构成要素、组成结构、信息交换和反馈控制的功能进行分析、设计、制作和服务，从而达到最优设计、最优控制和最优管理的目的，以便最充分地发挥人力、物力的潜力，通过各种组织管理技术，使系统局部与整体之间的关系协调配合，以实现系统的综合最优化。"❶（图4-12）

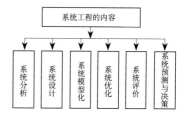

图4-12　系统工程的内容

系统科学研究的目的就是要透过系统的复杂表象掌握其运动规律，根据系统的目标，抓住系统各要素之间的联系，及其与环境间的因果与交互关系。但是由于系统多样的层阶关系、要素间的错综复杂性，对复杂系统的功能与运行特性的整体把握就相当困难。因而，简化其复杂关系是必不可少的，系统工程中最有效的方法就是模型化方法，模型化方法成为系统优化与评价的基础。"系统模型是采用某种特定的形式（如符号、图表等）对一个系统某一方面的本质属性进行描述，以揭示系统的功能与作用。"❷借助模型化来认识和抽象模拟对象，反映现实、又高于现实、化繁为简、抓住系统的本质特征与运动规律，将复杂的内部与外部关系变成易于分析与准确处理的形式。

4.3.2　以控制论下的系统方法论研究地区建筑营建体系的意义

作为开放的复杂系统来研究地区建筑营建体系，其影响因子庞杂，从自然生态、社会经济、生计方式、民俗、制度，到宗教、审美观等深层结构因素，由这些因子构成的自然生态、社会经济与建筑生活等子系统之间的相互作用异常复杂。系统复杂的层次结构相互关联，在时间、空间和功能等层次彼此嵌套。科学技术的迅猛发展、全球化的冲击，使系统内组分与系统外环境均产生变化，打破了地区传统营建体系的稳定状态。如何使地区传统的营建体系重新寻找系统的平衡点——生态、经济与社会相协调，实现可持续发展，运用传统建筑学的研究方法对待如此复杂的研究，常常显得力不从心。

系统科学思维从研究组成系统的要素、部分与整体、各子系统、系统与环境及其相互作用、结构与功能上入手把握系统的整体运动行为与演进规律，以期找到调控其发展方向的机制。因而，运用控制论下的系统科学相关理论及其方法研究地区营建体系，以生态系统良性循环为基本原则，建立在自然资源与文化资源和谐关系的基础上，通过分析系统结构与功能关系，协调系

---

❶　梁军等.系统工程导论[M].北京：化学工业出版社，2005：6.

❷　梁军等.系统工程导论[M].北京：化学工业出版社，2005：98.

统的要素分布、相关性及层级关系，把握系统中的关键因子，重点突出地解决系统内的主要矛盾，调整各子系统之间的相互关系，优化系统功能结构，使地区营建体系满足全面的生活需求，具有高效和谐、自养自净、无废无污、节能节地等特性，使传统封闭性的地区营建体系进化为自组织、自适应、自调节的、实现可持续发展人居环境的新型建筑体系。

4.3.3 以控制论下的系统理论研究可持续发展的地区营建体系的演进特征❶

在可持续发展理念指导下的地区建筑营建体系，其演进呈现出一定的特征，可被归纳为以下几点。

4.3.3.1 整体相关性

地区营建体系是整合生态环境、社会经济、历史文化、生计方式、营建技术等众多因子交叉耦合构成的立体网络结构。出于研究的需要，将地区营建体系分解成由相关因素所构成的自然生态、能源资源、建筑生活、经济生产等子系统。但系统整体的运行与演进并非是各功能系统性质的简单相加，而是各要素间相互影响、各子系统相互作用的整体结果，系统整体性质与各子系统的性质并非存在必然的因果关系。即使是微小要素的变化以及要素所构成的子系统变化都可能导致地区建筑营建系统的生成与发展模式产生彻底的改变。这就是气象学家洛仑兹提出的著名的"蝴蝶效应"原理，一只蝴蝶扇动翅膀的微弱力量，可能造成几千里外某处气象的剧烈变化。

4.3.3.2 结构层次多样性

任何复杂系统都具有多层次的结构，分系统对更高一级的系统来说具有建设砖块的作用，对于地区营建体系而言，其有自然生态系统、农工业生产系统、建筑生活系统与决策调控系统四个分系统，每个分系统又划分为若干子系统，彼此之间相互制约、相互促进。各子系统不仅存在横向上的平行关系；而且对于分系统而言，其次级系统又与上一级系统存在纵向的物链传递关系；再者，子系统与次级系统间纵横向相互交叉关联，使地区营建体系形成多层次、多物链的网络结构。系统的结构层次越复杂、越多样，其抗干扰能力越强。

4.3.3.3 要素的复杂性

由于地区营建体系是一个系统多变量、多目标与多参数作用下的复杂层次结构关系，且全球化及科学技术等外部环境因素对系统的影响，使地区营建体系的运行规律呈现非线性与不确定性的特征。

4.3.3.4 环境适应性

复杂系统的适应性是系统能够与环境进行交流，并在交流中学习与积累经验，根据学到的经验改变自身的结构与行为方式，在整体结构上产生新的结构与行为，使系统逐渐向更适应环境的方向发展。

以长期实践经验为本的地区营建体系形成了地区建筑精巧的营建机制与技术手段，使其既适应于当地自然环境与资源状况，又体现了地区的经济与社会文化特征。尽管地区传统营建体系相对封闭与静止，依靠其自身机制，与自然维持着和谐共存的关系，但是系统对环境的适应性带有一定的被动意

---

❶ 该节部分内容从滕军红. 整体与适应——复杂性科学对建筑学的启示 [D]. 天津：天津大学博士论文，2002 中获得启发。

义，对外界环境因素的变化调整、容纳能力有限。随着全球文化的趋同，人们的价值观念与生活需求的改变、社会文化特征的缺失，加之生态环境日益恶化与能源紧缺的日益加剧，致使维持系统环境适应性的机制无法再支持系统的运行。

地区营建体系要实现可持续发展，面对动态的环境变化与系统要素性质的改变，系统内部的组织结构必须主动应对外界的作用因素进行及时的调整，并且建立系统新的运行机制，在动态之中求取新的平衡。可表现为以下几点：

（1）系统与环境的交互作用是地区营建系统演变与进化的主要动因。

地区营建体系为了实现生态系统的和谐共生，必须不断调节系统的运行，修改系统自身的规律，减少营建活动中废弃物的产生，以求更好地适应环境选择的需要；同时，营建活动本身所造成的废弃物与环境污染又不断影响与改变着生态环境，如气候的变异、资源能源的匮乏、环境污染等，动态变化的环境则以一种"约束"的形式对系统的生成与发展产生约束与影响。地区营建体系的演进与进化过程正是始终伴随着系统与生态环境之间永不停息的交互作用。

（2）系统自身主动的调节趋于最佳状态是环境适应性的本质。

地区营建体系对环境的适应并非消极与被动的反应，而是作为具有明确目标的主体，能够积极与主动地调节外在环境的干扰与内在因素的变化，通过自身的内在机制与功能，及时调节系统的结构与行为，使系统具有一定的抗干扰能力协调发展。

（3）系统新组分的产生是系统环境适应性的表征。

地区营建体系的环境适应性机制体现系统结构的优化与重组，改善原有的能源利用模式，开发新能源与可再生能源，结合现代科学技术改进传统营建模式，产生新的营建模式与建造体系。

4.3.3.5　动态性

地区营建体系的生成与生长具有动态性，系统中各要素随着时间而不断变化，系统从一个平衡状态到另一个平衡状态，波动、不平衡、矛盾是系统的常态。只有在确定系统目标、营建方案、实施决策的系统过程中，把握地区营建体系在不同时间、空间作用下的动态性特征，准确掌握系统的运行规律，根据对目标的重新认识、系统运行的具体状态，而及时调整方案，才能对系统运行的结果做到一定的预见性、超前性与可行性。

4.3.3.6　自组织性

1. 系统自组织的概念

所谓自组织性，是指系统不是由于外部的强制，而是通过自身内部组分的相互作用，自发地形成有序结构的动态过程。自组织体系其自发运动是以系统内部的矛盾为根据、以系统的环境为条件的系统内部以及系统与环境相互作用的结果。钱学森先生将之概括为"系统自己走向有序结构就可称为系统的自组织"。

2. 自组织是系统进化与创新的动力学机制

系统总是在内在矛盾与外在动态环境的交互作用下，调整自身结构适应环境约束的循环往复的过程中运动，这种趋于优化的运动带有相当的变异成分。当系统存在局部的矛盾与不平衡因素时，系统自发地对这些随机性的矛盾与突变进行选择与淘汰，将不利因素转化为有利因素，消除偏离系统稳定状态的不稳定因素。但是当不稳定因素在一定条件下积累与放大，超出了系统维持自身稳定的结构时，便使系统由原有的平衡态进入一个新的平衡态。系统的自组织性是促使系统由低级向高级、无序走向有序、低级有序走向高级有序，不断进化与创新的动力学机制。

3. 地域基因是地区营建体系自组织性的内在机制

以系统理论来分析地区营建体系的生成生长演变同样具有自组织性。一个地区的营建体系在气候、地形地貌、政治经济、材料技术、文化风俗、生计方式等限定要素、地域基因与人的主观参与作用下，维持地区营建体系的结构与功能的稳定性，而呈现系统的有序状态。在聚落形态上反映为聚落形态的整体协调性与建筑单体的同构性，地区营建系统与生态环境的协调共存。系统的动态性决定了地区营建系统的时变状态，地域基因的作用维持了系统一定自身功能进化与结构持续性的更新。

但是对于信息相对封闭与迟缓演变的传统地区营建体系而言，一旦外部环境发生大的变化，如全球化的冲击、高科技信息的输入等，系统内部的要素变异，这些变异超出维持系统稳定的结构而失衡，由此呈现日益加剧的系统内外矛盾，如传统居住模式与现代化生活需求的冲突、传统能源资源消费模式与能源资源日趋匮乏的矛盾、文化趋同与文化多样性的冲突、营建方式与生态危机的矛盾等。因而，地区营建体系从无序状态再次走向有序的状态，必须重组地域基因，主动积极调整系统中的不稳因素，避免系统偏离预定的目标，将劣势基因转化为优势基因，并适当加入新的结构与基因，使地区营建体系能够符合循环再生与高效和谐的原则，做到具有较强抗干扰能力、自我调节、自我组织，逐渐趋近于生态效益、经济效益、社会效益相结合的理想人居环境。

4.3.3.7 反馈平衡

任何复杂自适应系统的发展都有其明确的目标，系统的行为受目标的支配，利用反馈机制，控制与改善系统的行为，向既定的目标发展与趋近。而可持续发展的地区营建系统的结构特征是在系统的生成与生长过程中，在人的参与下，有意识地把本来不受控制的因子置于决策监控系统的控制之下，通过其完善的构成因子间作用的物质流、能量流和信息流，构成一个有机的多级传递网络系统。这一系统能够依靠自身的结构和功能，实现朝着既定目标的自控制、自调节、自补充、自降解的前进运动。因而，反馈机制就成为地区营建体系趋于可持续发展总目标的演化过程中至关重要的一个制导系统。其原理正如导弹上的红外线接收器，使之自动寻找设定目标。

系统较强的适应能力建立于反馈平衡的机制之上。可持续发展的地区营建体系是一个在趋向于人居环境可持续发展的目标过程中，从不断获得的信息反馈中学习经验，主动地调节系统内各组分要素间的关系，改善与重组其成分，在动态的变化中求取平衡。整个系统在发展与运行过程中，一方面受到某些限制因子或负反馈的制约与调整，进行自我更新、自我组织，调整系统的输出；另一方面，系统又受到某些有利因素或正反馈机制的强化与促进，使某些受控的优势因子激活与强化，促进系统摆脱不利的限制因子约束。整个信息的反馈过程是由其内部加入了现代多学科的理论与适宜性技术等构成的协调器，且通过完备的规划设计、运作管理、评价、决策等监控与引导，对系统输入、输出的信息进行整理、协调与激发，自觉地适应外界因素的干扰与系统内部的变异，校正系统运行中的偏差，自我调节、自我适应，加速系统向既定目标的提升与跃迁。

4.3.3.8　层次跃迁

复杂系统借助于信息反馈机制维持系统的相对稳定状态。同时，信息传递过程是一个循环往复的过程，其中存在着差异性的突变，具有进化优势的突变信息逐渐积累作为涨落而出现，当这些微涨落变成巨涨落时，突破系统原有的限制，系统由原有的平衡态进入另一个平衡态。系统就是在这种信息的循环中进化，趋于向更高层次跃迁。这在系统科学里被称作"超循环"。

作为生态—经济—社会复合的地区营建体系，其系统的进化发展必须不断拓展可利用的生态位，合理利用资源、环境与空间的生态位补偿，提高生态位的效用。系统可以不断调整内部因子的结构关系，拓展新的构成因子，就可以摆脱旧限制因子的约束，如：地区营建体系可以利用环境的优势因子，开发与利用可再生资源与能源，改善原有的能量消费结构，由常规能源向太阳能、风能、地能与生物质能等可再生能源转化；吸纳传统营建技术的精华，与现有的科学技术手段优化组合；而且尽可能地从现代科学技术的研究中求求环保型的能源、建筑的节能策略、废弃物的资源化处理等解决途径，突破困扰地区营建体系发展进化的限制因素，促进地区营建系统由量变到质变的跃迁。

4.4　生态学原理与智慧

人类对环境的适应是人类生存智慧的最原始与最深刻的根源，生存智慧实质上就是生态智慧。然而，从工业文明以来短短的两百年，人类征服自然的破坏行为弄得大地千疮百孔，而人类自身的生存也面临着生态危机的种种困境。生态学的原理与方法可以帮助我们重新寻回已经遗忘的生态智慧，以生态学的理性思维研究人与自然相互作用的关系，将研究生物与环境的关系拓展到研究人类社会与自然界的普遍关系上，将人类朴素的生态智慧升华为科学的生态智慧。本节运用生态学的原理与方法研究地区营建体系的优化，以尽量减少地区人居环境建设中对生态环境的负效应，并运用生态学的分支学科环境工程学与系统工程学的方法，实现地区人居环境生态、社会、经济复合系统的协调发展。

4.4.1　生态学及其相关理论

生态学一词源于希腊文 oikos（原义为房子、住所），从词面上解释：生态学是研究生物与它所处地关系的一门学科。生态学是由德国生物学家 H.Haeckel 于 1866 年首创的，他将其定义为"研究有机体及其环境之间相互关系的科学" ❶，从分子到生物圈都是生态学的研究内容。此后，许多生态学家都对生态学的含义及概念进行了讨论，但提出的定义都未超出 Haeckel 定义的范围。进入 20 世纪 50 年代以后，现代生态学家们广泛地吸收了系统论、控制论、信息论的新概念与新方法，深入研究了生态系统的结构与功能，生态系统中物质、能量与信息的交换，生态系统的自我调节机制和抵抗干扰的能力，生态系统的发育与演化过程。我国生态学家马世骏较为全面地解释

---

❶　佘正荣 . 生态智慧论 [M]. 北京：中国社会科学出版社，1996：36.

了其外延与内涵："生态学是研究生命系统与环境系统相互作用规律及其机理的科学。"❶

生态系统是一种动态的平衡。物质循环与能量流动总是不间断地进行，生物个体也在不断地进化更新。而且，生态系统总是按照一定的规律朝着物种多样化、结构复杂化与功能完善化的方向发展。

生态系统具有反馈调节能力，当生态系统达到动态平衡的稳态时，能够自我调节与维持自己的正常功能，并最大程度地克服与消解外来干扰，维持自身的稳定性。但是这种调节功能具有一定限度，即"生态阈限"。外界破坏超过生态阈限时，其自我调节能力就会损坏，甚至失去作用发生生态危机。

4.4.2 生态学理论对地区人居环境研究的意义

4.4.2.1 学科发展的生态化趋势

生态学作为一门认识自然生态规律的科学，为地区人居环境建设研究提供了客观科学的思维方式与研究方法。地区人居环境系统是由自然、社会、经济等众多生态因子构成，并通过各种复杂的生态关系网络链接而成的自然—社会—经济复合生态系统。这个多因素的复合生态系统在外界干扰与系统内部各种生态因子的作用下，处于不断演化过程中。系统本身的稳定是相对的，而不稳定是绝对的。系统不稳定的负面演化，可能会导致复合生态系统结构、功能与各种生态关系的失调及其破坏，危及整个复合生态系统的持续发展。但是，地区人居环境并非是消极顺应、随机演进的系统，而是以人的活动为主导，通过人的主动定向调控，调整系统结构与各种生态关系，促进生态系统的结构与功能得以正常发挥作用。

吴良镛先生认为，从生态学的角度分析地区人居环境，"不是站在人类改造征服自然的立场上，而是站在自然演进过程的系统整体高度，从自然演进的内在基础与人居环境需要的各种角度总体把握人居环境建设的空间格局、功能过程与动态演替"。❷通过对人居环境的生态演替过程机制的分析与探究，合理的人居环境规划、生态建设与管理，有助于我们在人居环境的建设中，积极利用和发挥地区人居环境的正向演替机制，并通过人为的调控机制，减轻或消除系统可能出现的不利演替过程，逐渐趋于可持续发展的目标。

4.4.2.2 用生态学理论指导地区人居环境生态优化的原理

为了优化地区人居环境这个复合生态系统，必须统筹、协调与维护当前与长远、局部与整体、开发利用与环境资源之间和谐的关系，使生态系统的各种功能得以发挥，通过人为的自觉调控与自然的自发演化相结合，使生态系统步入正向演替的过程。在此借鉴王如松对城市生态调控与优化的两项原理："高效"与"和谐"。❸

1. 功能高效的原理

一个高效的地区人居环境复合生态系统，其物质代谢、能量流动在系统中得到多层分级利用，废物循环再生。各子系统之间共生关系发达，系统功能与结构协调，能量损失最小，物质利用率最高，而并非传统的营建体系有

---

❶ 卢升高等.环境生态学[M].杭州：浙江大学出版社，2004：1.
❷ 吴良镛.人居环境科学导论[M].北京：中国建筑工业出版社，2001：87.
❸ 王如松.高效·和谐——城市生态调控原则与方法[M].长沙：湖南教育出版社，1988：120.

始有终、有因有果、有源有汇的单目标线性思维。可体现在以下方面。

1）物质循环再生

物质资源、产品、废物之间的多重利用与循环再生是地区人居环境生态系统维持持续发展的基本对策。这就要求系统的每个组分既是下一组分的"资源"，又是上一组分的"产品"，没有资源与废物之分。即运用生物共生与物质多级循环再生的原理，在营建与运营过程中建立物质与能量多层次分级利用的新营建体系。在建筑物的整个生命周期中，输入的物质在第一次营建后，其剩余物是第二次营建或其他系统的原料，如果仍有剩余物则是第三次营建的原料，直到全部用完或纳入循环使用。地区营建体系正是利用系统内多重的物链网络关系，自养自净与降解废弃物的能力，以废弃物最少化的形式，力图实现营建过程的"零排放"。

2）化害为利

善于利用一切可以利用甚至对抗性、危害性的力量为营建系统服务，变对抗为利用、变控制为调节、以退为进、化害为利，减缓危害。

3）开拓边缘

占领或开拓一切可以利用的生态位[1]，充分利用各种可再生的资源与能源，有利于物种生态位的相互补偿，提高生态位的使用效能与系统的整体功能。

4）竞争共生

系统的资源承载力、环境容纳量在一定时空范围内是恒定的，但分布不均匀。资源的缺少势必引起系统内的竞争与共生机制。"竞争是促进生态系统演化的正反馈机制，是演进过程的催化剂；而共生是维持生态系统稳定的一种负反馈机制，是进化过程中的缓和剂。"[2]这种相生相克的作用是提高资源利用效率、增强系统自身调节能力、实现可持续发展的必要条件。

2. 生态和谐的原理

衡量一个机体的健康与否，与环境的协调能力，很大程度上是看其是否具有应变的灵活性，灵活性的丧失意味着机体的疾病。那么，恢复机体的健康，与其说是治疗或清除其病灶，倒不如说是恢复机体的内在自愈力与自我调节机能。地区人居环境的协调发展，就是使人类的活动与自然生态环境的关系协调，包括地区人居环境生产、生活与生态功能的协调，局部利益与整体利益的协调，近期利益与远期利益的协调等，实现地区人居环境的可持续发展关键在于提升系统的自我调节能力。

地区人居环境发展是一个渐进、有序的系统发育与功能完善的过程，"其演替的目标在于功能的逐步完善，而非结构或组分的增长。"[3]其所具有的自组织性特征决定了地区人居环境调控的重点不在于寻求地区人居环境系统外部的最优控制，而在于依靠系统的能动性去自我调节。这种调节能力可以

---

[1] 生态位理论在生态学的种间关系、群落关系、种的多样性及种群进化研究中广泛应用，生态位的概念最早由 Grinnell 于 1917 年提出，他将"生态位看成是生物对栖息地再划分的空间单位，即生物场所的空间"。我国的刘建国与马世骏提出了"生态元"的概念，在此基础上导出生态位的概念"在生态因子变化的范围内，能够被生态元实际与潜在占据、利用或适应的部分为生态元的生态位"。一种生态元的生态位越宽其特化程度越小；反之越窄，特化程度越强。尤其在资源相对有限时，特化程度小的生态元优于特化程度大的生态元；重叠的生态位空间内只能保留一种生态元。

[2] 王如松等．从褐色工业到绿色文明——产业生态学 [M]．上海：上海科学技术出版社，2002：26.

[3] 王如松等．从褐色工业到绿色文明——产业生态学 [M]．上海：上海科学技术出版社，2002：26.

有效地控制机体组分的不适当增长，和谐地为系统整体功能服务；自觉地调节各种生态关系，以达到系统整体功能的最适，而不是寻求系统某种最终发现或解决问题的方案。

4.4.3 环境生态学

环境生态学是研究"人为干扰下，生态系统内在的变化机理、规律与对人类的反效应，寻求受损生态系统恢复、重建和保护对策的科学。即运用生态学原理，阐明人与环境间相互关系及解决环境问题的生态途径。"[1]

为了实施可持续发展的战略，推动区域社会经济与环境保护协调发展，我国开展与环境生态学密切相关的应用工程——生态示范区建设，包括：生态农业开发、环境污染治理、生态破坏恢复、自然资源合理开发利用、生物多样性保护等，将地区发展经济与生态保护有机结合，通过调整产业结构，发展生态经济，形成各具特色的生态产业，在推动经济发展的同时，恢复与改善生态环境质量，初步实现社会、经济、环境与资源的协调发展。

4.4.4 生态工程学

生态工程起源于 20 世纪 60 年代，是一门着眼于生态系统持续发展能力的整合工程技术。中国生态学家马世骏先生将其定义为："生态工程是应用生态系统中物种共生与物质循环再生原理、结构与功能协调原则，结合系统分析的最优化方法，设计的促进分层多级利用物质的生产工艺系统。"[2]由于我国所面临的生态危机不仅仅是环境危机，而是综合性的人口、资源、环境问题，因而，生态工程不但要保护资源与环境，更迫切的是要在有限的资源基础上生产出更多的产品，以满足人口与社会发展的需求。在此基础上，提出了中国生态工程的"整体、协调、循环、再生"的理论，明确生态工程的对象是社会—经济—自然复合生态系统。

20 世纪 70 年代以来，我国生态工程理论与实践研究在农业生产环境保护及区域治理上均取得了长足进展。以农业工程为先导，在全国涌现了2000 多个生态工程建设示范基地："包括 51 个生态农业县，200 个生态示范区和 70 多个社会发展综合试验区等。这些基地在外部投入有限的情况下，通过常规、适用技术的系统组装、资源的挖掘、体制改革和能力建设，从农田（土壤生态、作物生态、害虫综合防治、节水集水、间作轮作、有机质还田等）、农业（农、林、牧、副、渔产业耦合、企业共生、资源再生）、农村（肥料、饲料、燃料工程、庭院生态、社区建设、小流域治理等）和农镇（产业、能源、交通、景观、人居环境及废弃物的生态规划、建设与管理、生态城建设及城乡关系）四个尺度的生态系统着手。"[3]促进资源的综合利用，环境的综合整治及人的综合发展，取得了举世瞩目的成就。

就其内容与实质而言，环境工程学与生态工程学都为地区营建体系研究提供了最直接、最适宜的科学原理与方法。

---

❶ 卢升高等 . 环境生态学 [M]. 杭州：浙江大学出版社，2004：5.
❷ 转引自：刘绍权 . 农村聚落生态研究——理论与实践 [M]. 北京：中国环境科学出版社，2006：217 .
❸ 王如松等 . 从褐色工业到绿色文明——产业生态学 [M]. 上海：上海科学技术出版社，2002：6.

4.5 地区营建体系的形态拓扑学理论

拓扑几何学理论作为一种深层思维方法，将研究的切入点放在几何元素的整体而非孤立元素，元素关联的性质而非元素的度量属性，通过形态表象把握支撑形态的结构构成规律。因而，本节将借鉴拓扑几何学原理作为建筑形态转换的媒质，帮助我们挖掘内在整体结构支撑下的建筑形态能动地发生与运算的机制。

4.5.1 建筑形态学

建筑形态绝非物质的简单表现形式，而是其外在表现形式中蕴涵着内在构成的逻辑关系。"形态学（morphology），产生于古希腊的 morphology 一词，最初是一门研究人体、动植物的形式和结构的科学，在以后出现的生物学中得到广泛的应用。"[❶]通过借鉴多学科的研究成果，形态学已经成为一门独立的，集数学（几何）、生物、力学、材料和艺术造型于一体的交叉学科，它的研究重点在于：探究外在形式表现的内在实质，研究事物形式和结构的构成规律。

结构是"物质系统各组成要素之间整体的相互联系、相互作用的方式。结构是物质系统存在的方式，又是物质系统的基本属性，是系统具有整体性、层次性和功能性的基础与前提。"[❷]建筑形态是建筑构成的空间元素构成整体的结构关系的外在物质表征。结构关系是一种自然、经济、社会、文化各构成要素长期发展且综合作用的结果。形态是内在结构的显性形式，结构是达成形态的内在运算机制。

4.5.2 数学的拓扑几何学原理
4.5.2.1 拓扑几何学及基础原理

拓扑学是在 19 世纪末兴起并在 20 世纪中迅速蓬勃发展的一门研究连续性现象的数学分支，其中文名称起源于希腊语音译，英文为 Topology，原意为地貌。直至今日，从拓扑学所衍生出来的知识已和近世代数、分析共同成为数学理论的三大支柱。

拓扑学是几何学的一个分支，但是这种几何学又和通常的平面几何、立体几何不同，我们所熟知的欧几里得几何是研究平面或空间图形的几何性质——即研究对象的点、线、面、体之间的位置关系以及它们的度量性质（长度、角度等）。"在欧式几何中，所允许的运动只能是刚性运动（平移、旋转、反射），在这种运动中图形上任意两点间的距离保持不变。因此，几何性质就是那些在刚性运动中保持不变的性质——图形的任何刚性运动都丝毫不改变图形的几何性质。"[❸]

相反，拓扑学所允许的运动可被称作弹性运动。我们可以想象图形是由一个可以随便拉伸扭曲的橡皮薄膜做成。移动一个图形时可随意地塑性变形：伸张、扭曲、拉或折，甚至可以将一个橡皮图形切断再将之

❶ 刘先觉. 现代建筑理论：建筑结合人文科学、自然科学与技术科学的新成就 [M]. 北京：中国建筑工业出版社，1999：377.
❷ 段进. 城镇空间解析：太湖流域古镇空间结构与形态 [M]. 北京：中国建筑工业出版社，2002：10.
❸ （美）阿诺德著. 初等拓扑的直观概念 [M]. 王阿雄译. 北京：人民教育出版社，1980：3.

打结，前提是切口缝合得与切割前相同。"图形的拓扑性质就是那些在弹性运动中保持不变的性质——图形的任何弹性运动都丝毫不改变图形的拓扑性质。"❶因而，拓扑学对于研究对象的长短、大小、面积、体积等度量性质和数量关系都无关。在拓扑学里没有不能弯曲的元素，每一个图形的大小、形状都可以改变。只要图形被弯曲、拉大、缩小或在任意的变形下保持不变，也就是说在变形过程中不使原来不同的点重合为同一个点，又不产生新点。换句话说，这种变换的条件是：在原来图形的点与变换了图形的点之间存在着——对应的关系，并且邻近的点还是邻近的点，我们就可当该图形作弹性运动与另一图形拓扑等价。一个图形的拓扑性质就是那些所有与此图形拓扑等价的图形都有的性质。拓扑学形象化的称谓"橡皮几何学"就是源于此（表4-2）。

欧式几何与拓扑几何的对比❷ 表4-2

几何学类别	欧几里得几何	拓扑几何学
研究内容	研究图形的平面与空间几何性质	研究图形的平面与空间几何性质
几何性质	刚性运动中不变的性质	弹性运动中不变的性质
研究对象	点、线、面、体之间的位置关系以及它们的度量性质，如长度、角度等	图形整体结构特性，如直线上点和线的结合关系、顺序关系；与长短、大小、面积、体积等度量性质和数量关系无关
图形关系	图形全等：两图形重合	拓扑等价：图形大小或者形状都发生变化，被弯曲、拉大、缩小或任意的变形，只要不撕裂、割断或粘连等

4.5.2.2 拓扑几何学研究的特点

从上述对拓扑学基础理论的概述中，我们可以提炼出该理论的一些研究特点。

1.轻刚性、重弹性

拓扑性质可以想象为橡皮薄膜的塑性形变下仍然不变的性质。如：多面体的模型被看做伸缩自如的橡皮薄膜，在它的上面钻个洞，任意拉扯其形状，只要不撕破、不起折皱或将其展平，将可认为与其他图形拓扑等价（图4-13）。

2.轻元素、重整体

点、线、面、体构成了图形的基本元素。从拓扑学的 Euler 公式❸ 可知：尽管多面体多种多样，如三棱锥、立方体等，但是其顶点数、棱数及面数间存在着稳定的关系（图4-14）。拓扑学所关注的研究对象不在于各几何元素的长度、面积等度量性质与数量关系，而是在于各几何元素的关联情况，图形的拓扑性质表现的是从整体上把握图形结构特征。

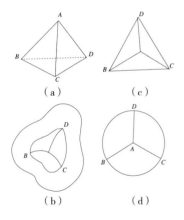

图4-13 拓扑等价的多面体
（资料来源：苏步青.拓扑学初步 [M].上海：复旦大学出版社，1986）

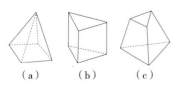

图4-14 Euler 公式图示
（资料来源：(美)阿诺德著.初等拓扑的直观概念 [M].王阿雄译.北京：人民教育出版社，1980）

❶ (美)阿诺德著.初等拓扑的直观概念 [M].王阿雄译.北京：人民教育出版社，1980：24.
❷ 该表根据阿诺德著.初等拓扑的直观概念 [M].王阿雄译.北京：人民教育出版社，1980：11 的相关内容整理而成.
❸ 苏步青.拓扑学初步 [M].上海：复旦大学出版社，1986：4.Euler 公式：对于多面体 $a_0+a_2=a_1+2$，a_0 顶点数、a_1 棱数、a_2 面数。

3. 轻位置度量、重关联顺序

拓扑学最经典的"七桥问题"❶是这样的：将过桥问题简化为曲线，而将桥连接的各个区域简化为点，然后探究点与线之间的潜在关联（图4-15）。拓扑几何学中空间两点的连接、线与线的相交、面与面的结合是研究的基础，拓扑不变量与元素间的分离与联系、邻近与包含、不同区间的疆界与割线息息相关，而与长短、大小、面积、体积等度量属性却没有太多的紧密关系。以拓扑学的观点来看，地球之大与滴水之小、立方体之方与球体之圆毫无本质区别。一般拓扑学中的拓扑不变性有连续性、连通性、紧致性等，都是与元素关联顺序相关的问题。

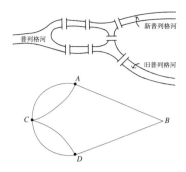

图4-15 皇堡过桥问题
（资料来源：（美）阿诺德著. 初等拓扑的直观概念 [M]. 王阿雄译. 北京：人民教育出版社，1980）

4. 轻形态、重结构

拓扑学研究几何对象在经过连续变换后保持不变的那些性质，它允许几何对象作连续的变形，只要不撕裂、割破或者粘连（图形中不同点仍为不同点，不可以使两点合并成一点），维持其整体结构特征，即使其形状与大小变换，如图形扭转、拉伸、弯曲、放大、缩小，上述变形都被认为是拓扑变换，存在拓扑等价。在这种形变下，气球、椭圆球、哑铃、立方体与多面体可视为球形的变体（图4-16），这些具有拓扑性质不变的空间变换的全体构成一个拓扑群。

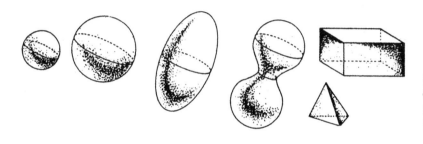

图4-16 球体及其变体
（资料来源：（俄）巴尔佳斯基著. 拓扑学奇趣 [M]. 北京：北京大学出版社，1999）

拓扑学将研究的切入点放在几何元素的整体而非孤立元素、元素关联的性质而非元素的度量属性、几何整体性结构特征而非显性形态特征、性质相同的空间变换的群而非单一对象本身。从拓扑学理论不拘泥于几何形态，而抽取要素的整体组合，并以要素的邻接性、连续性及闭合性等组织关系来描述形态的内在结构特性。

4.5.2.3 拓扑学理论对地区营建体系的形态研究启示

齐康先生给建筑形态赋予了双重属性："一方面，作为一种外在形式，它是相对固定的、静态的；另一方面，建筑形态也是一种态势、一种动势，人们研究的是它的一种可变的、动态的演变过程，即一定的时间、环境条件下，人们操作创造'形'的一种过程。"❷拓扑学不单是一种几何学的方法，更是一种深层的思维方法。因而，利用拓扑几何学原理作为地区建筑形态转换的媒质，不仅可以帮助我们找到内在整体结构支撑下的形态能动地发生与

---

❶ 转引自《初等拓扑的直观概念》：俄罗斯西部城市库里格斯堡位于两河交汇处形成的一个小岛上，18世纪时河上有7座桥。瑞士数学家莱奥哈德·欧拉于1739年提出：能不能步行游览库里格斯堡而只通过每座桥一次呢？他将七桥图转化为几何图形，不考虑其大小、形状，仅考虑点和线的个数。七桥问题就成为一个线状图能否一笔画成的问题，那么几何图形或者没有奇点，或者只有两个奇点，而且只限于这两种情况。由此欧拉得出结论：皇堡过桥问题是不可能的。

❷ 齐康. 建筑·空间·形态——建筑形态研究提要 [J]. 南大学学报（自然科学版），2000（1）：4-8.

运算的机制，还可以使我们探寻在一定的时空范围、环境因素作用下的多样性形态，同时获得其内在的统一性与协调性。

从拓扑几何学的一些概念与原理分析发现，其在建筑形态研究方面有相当的应用基础。尤其所涉及的几何元素的内与外、围合与开放、连续与断裂、远与近、中心与边界、接壤与割断等拓扑关系，与建筑形态的空间元素、空间关系、连接动线之间存在一一对应的关系，如表4-3所示。

拓扑几何学在建筑形态研究中的应用基础　　表4-3

拓扑几何学	建筑形态拓扑学
点、线、面、体构成的空间结构	建筑各功能组成与交通动线构成的空间结构
开放区域：区域的每个界点的周围都位于该区域之内；封闭区域：其界点四周都含有不属于该区域的诸点	建筑的院落组合为封闭区域；街坊空间可视为开放区域
约当曲线：一个简单联系的有限区域的疆界	聚落边界、建筑院落的围隔等
路线：两点由约当弧，即约当曲线的一部分形成的联系，且不自相交的曲线	连接各建筑功能部分、各建筑群体的交通线路
接壤：区域与区域的邻接情况；割线：一个路线若连接一个区域的两个界点，而这条线路都位于该区域的内部	建筑空间的分割、建筑的围护结构界面

4.5.3 地区营建体系的形态拓扑学研究

那些地区乡土聚落与建筑在没有太多人为规划的情况下，其建筑形态自发而自在地形成对群体的和谐与礼遇关系，其建筑形态与营建模式，背后必然蕴涵着地区建筑形态自组织的构成规律，一种有序与无序交织而成的内在秩序，一种隐藏在既变化又统一的建筑形态下的结构关系（图4-17）。由于它不仅包含了对地区气候、地貌、资源环境与材料的客观翔实的理解、忠实体现环境资源与生产力水平的营建原则，也包含对地区生计方式、社会组织、风俗与社会制度的真实了解与回应，因而，在这种结构作用下发生的地区建

图4-17　地区住居在统一结构支撑
　　　　下变化的形态
（资料来源：www.nipic.com）

筑形态被赋予了自然与社会文化的双重属性，可以具有千百年顽强而不衰亡的持久生命力。

可持续发展的地区营建体系研究是集多学科于一体的融贯综合的复杂系统研究，多学科的研究方法与理论提供了不少启发与可资借鉴的研究思路，也为我们实施研究的实质突破找到了开启奥妙的钥匙。而从建筑学科的角度而言，研究可操作性始终体现在建筑形态的达成，因而，我们借鉴拓扑几何学的原理，从建筑形态的发生机制与建筑形态能动运算的多种可能性入手，研究在特定地区营建模式下的适宜性的建筑形态。

4.5.3.1 柔性结构与地区建筑形态的同构异形

任何一个整体、一个系统、一个集合都有其自身的结构。按照结构主义❶的理论，共时性与历时性并重，"认为事物的变化仅是外部现象的变化，而事物的内在结构是稳定的，对事物本质的研究不仅应从事物历时的外部环境入手，还应共时地考察事物内部要素的相互关系，把握稳定不变的因素。"❷瑞士兼通数学、逻辑、生物学、心理学与哲学等多门学科的大学问家皮亚杰（Jean Piaget）给结构以较为全面的定义："结构就是由具有整体性的若干转换规律组成的一个有自身调整性质的图示体系。"❸他认为正是由于这一整套转换体系的作用，才能保持系统自身的守恒与稳定性。而且，这种转换并非在体系领域之外完成，而是内部整体结构的作用，这种结构能够形式化，作为公式而作演绎法的应用。因而，结构就成为形式发生与运算的基础。这与拓扑几何学的原理不谋而合，只要维持整体结构性质的一致性，尽管具有柔性特质的结构允许结构要素的度量性质与数量关系有相当大的变形，但由于要素间的关联与顺序等组织关系不变，纵使形态千变万化，外在看似毫无关联，但从形态发生的内在结构的同一性来看，均被视为异形同构。

建筑形态的异形同构现象也有许多直观的例子，如：建筑的空间形态体现了建筑平面功能布局关系与空间组织关系，即各功能块相互间的层次联系，及与这些功能块的交通动线的连接与顺序关系。一旦每类建筑的空间组织特征确定，那么无论其各功能空间的体量、方位如何，都是由其功能关系图示所衍生出的各个空间功能的具体形态（图4-18）。

用拓扑几何学与结构主义理论分析地区建筑的营建体系，那些地区乡土聚落与建筑在没有太多人为规划的情况下，其建筑形态自发而自在地形成对

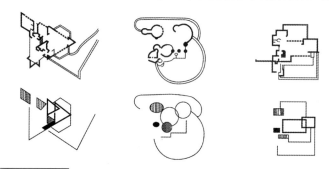

图4-18　赖特别墅平面的异形同构
（资料来源：刘先觉.现代建筑理论[M].第2版.北京：中国建筑工业出版社，2008）

---

❶ 所谓结构主义，可以上溯到20世纪初在语言学中由索绪尔提出的关于语言的共时性的有机系统的概念和心理学中由完形学派开始的感知场概念。结构主义作为一种社会思潮，揭示了结构与系统并非孤立的事物，具有整体性与系统性，重视系统结构的研究。其被广泛地应用于数学、社会学、经济学、生物学、物理、逻辑等多个学科领域。

❷ 汪丽君.广义建筑类型学[D].天津：天津大学博士论文，2002：75.

❸ （瑞士）皮亚杰·J著.结构主义[M].倪连生，王琳译.北京：商务印书馆，1984：2.

图 4-19　地区建筑形态的自组织规律

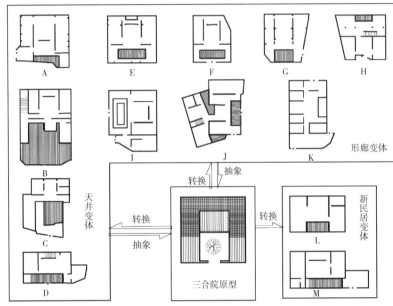

图 4-20　徽州民居形态的异形同构
（资料来源：韩冬青 . 类型与乡土建筑环境 [J]. 建筑学报，1993（8））

群体整体的和谐与礼遇关系，其建筑形态与营建模式背后必然蕴涵着地区建筑形态自组织的构成规律，一种有序与无序交织而成的内在秩序，一种隐藏在既变化又统一的建筑形态下的结构关系（图 4-19）。这种建筑形态自组织的结构关系是经历了生产与生活的长期实践的成果，是历史的、约定俗成确定下来的深层结构规律。由于它不仅包含了对地区气候、地貌、资源环境与材料的客观翔实的理解、忠实体现环境资源与生产力水平的营建原则，也包含对地区生计方式、社会组织、风俗与社会制度的真实了解与回应，促使着人们在营建时自发地产生适应于现实环境条件的地区建筑形态。以皖南的徽州民居为例，其空间结构特征呈现领域明确、外围界面封闭，但内部空间开敞的厅堂式布局，形成以天井为核心的三合院落。❶但在许多的村落中，宅居在这种基本空间结构约束下的形态拓扑变形却极其丰富。首先，宅居天井向各式庭院形态的转换：由于居者的兴趣将天井变成半室内的空间，或覆以明瓦成为贯通几层的中庭空间；还有由于使用的功能需要，天井的方位也依据地形的需要自由安排，面南、面北、面东均毫无约束。其次，由于各家宅基地的差异完全出于顺应地形的考虑，宅居形态由方正变为梯形、多边形甚至于出现弧形的边界形态，而宅门的朝向也成为促使民居形态多变的另一影响因素（图 4-20）。尽管民居形态千姿百态，但是其空间组织结构恒常。因

❶　韩冬青 . 类型与乡土建筑环境——谈皖南村落的环境理解 [J]. 建筑学报，1993（8）：52-55.

而，在这种同一结构作用下发生的地区建筑形态被赋予了自然与社会的双重属性，促使民居在相当长的时期内维持聚落形态的整体环境协调性与聚落生成生长自组织的稳定性。

4.5.3.2 地区建筑形态的拓扑同胚转换

1. 拓扑同胚的概念

"在通常的几何学里，讨论保持点之间距离的映射，即运动。每个图形运动的结果是作为整体不改变距离而变到新的位置，是指用运动可把其中一个图形变到另一个图形上，如果完全重合，那么这两个图形叫做全等的"。❶在拓扑学里不讨论两个图形全等的概念，而是讨论拓扑等价的概念。尽管圆形和方形、三角形的形状、大小不同，但在拓扑变换下，它们都是等价图形。在一个球面上任选一些点用不相交的线把它们连接起来，这样球面就被这些线分成许多块。在拓扑变换下，点、线、块的数目仍和原来的数目一样，这就是拓扑等价。用拓扑学的定义是：

"映射：$F : A \rightarrow B$ 是同胚映射。是指它既是一一对应的（即指被映射到集合 B 的每一点恰好是集合 A 的一个点），又是双方连续的，即不仅映射 F 连续，而且逆映射 $F-1$ 也连续。"❷

直观地说，就是一个物体 X 到另一个物体 Y 的对应关系，如果任意拉伸、扭转、弯曲、放大、缩小 X，而得到另一形状的物体 Y，但是它们不间断，又不重复，在这种变形过程中，原来图形的点与变换了图形的点之间存在着一一对应的关系，并且邻近的点还是邻近的点。两个物体间如果存在有这种关系，则称它们为"拓扑同胚"。如球面和环面就可视为非拓扑同胚转换；一条纸带从一条纸带扭转一次接合后得到莫比乌斯带，那么纸带与莫比乌斯带 ❸，因为单侧图形性质相同而拓扑同胚（图4–21）。"图形在同胚映射下不变的性质叫做图形的拓扑性质或拓扑不变量。"❹那么在拓扑学里，对几何图形的分类依据就是看是否具有相同的拓扑不变量，即是否为拓扑同胚的演化而被划归为一类。

图4–21　莫比乌斯带
（资料来源：（美）阿诺德著．初等拓扑的直观概念 [M]．王阿雄译．人民教育出版社，1980）

2. 地区建筑形态的拓扑同胚转换原理

建筑形态的拓扑同胚转换是基于拓扑原型基础上的衍化变体而形成的各种丰富的现实形态，这种变形的过程呈现为直线到曲线、简单到复杂、两维到三维，促使建筑空间、体量、建筑表面都产生了相当大的自由度与可塑性，建筑形态也产生了颠覆性的变化。如莫比乌斯住宅就是恰当地以这种几何学上的莫比乌斯带为拓扑原型转化为建筑语汇的实例。莫比乌斯住宅"不但是引喻建筑物质上螺旋交缠的形式，而且也暗指居于其间的生活方式，将是由生活与工作、公共与私密紧密交织的连续体验，一个无穷无尽的循环往复的日常休息、工作学习、生活娱乐空间"。❺莫比乌斯交错缠绕的原则不仅体现在空间组织上，同样体现在玻璃、混凝土这两种主要材料的非常规运用及细部设计上（图4–22）。

图4–22　莫比乌斯住宅
（资料来源：The Phainon Atlas of Contemporary World Architecture 2）

---

❶ （俄）B·R·巴尔佳斯基等著．拓扑学奇趣 [M]．裘光明译．北京：北京大学出版社，1987：8.
❷ （俄）B·R·巴尔佳斯基等著．拓扑学奇趣 [M]．裘光明译．北京：北京大学出版社，1987：6.
❸ 著名的莫比乌斯带因德国数学家 Ferdinand Mobius（1790~1868 年）而得名。取一根纸带将其两端扭转 180° 粘结起来就是一个莫比乌斯带。如果由 P 点出发沿表面 C 线行进，则沿 C 的虚线部分回到 P 点。莫比乌斯带在每个局部上都有两个面，但对于整条来说却只有一个无限连续的面。
❹ （俄）B·R·巴尔佳斯基等著．拓扑学奇趣 [M]．裘光明译．北京：北京大学出版社，1887：8.
❺ 付已榕．无限的空间——莫比乌斯住宅之挑战 [J]．新建筑，2006（5）：85-87.

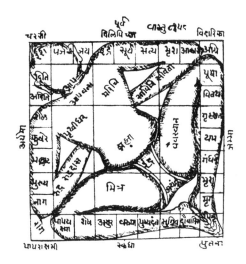

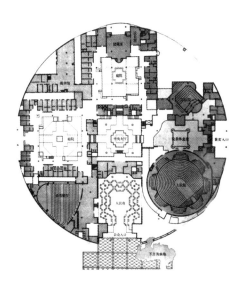

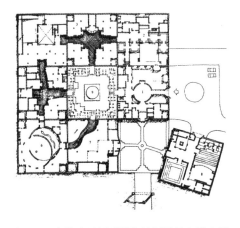

图 4-23 由曼陀罗图形转换的新国民会议大厦与斋浦尔艺术中心的平面图
（资料来源：汪芳.查尔斯·柯里亚 [M].北京：中国建筑工业出版社，2003）

从深层结构上来理解，建筑的拓扑原型不仅仅是一种图示、一种概念，还是拓扑原型所包含的建筑空间组织的内在结构，甚至是能够体现文化与历史记忆的一种深层语义。将这些具有深层内涵的建筑空间结构作为拓扑原型进行拓扑同胚变换，所衍生出的各种形态不仅体现了多样性形态的内在统一与协调，更传达了深层的文化传统与历史文脉。柯里亚就是将古印度宗教的宇宙模式图——曼陀罗作为原型，"强调以中心为导向向外辐射、以边界为约束向心凝聚，由此形成内聚外屏的神圣场所"。[1]在不同的建筑中，采用不同的平面拓扑同胚变换：印度的新国民会议大厦为圆形界面形态，斋浦尔艺术中心采用的是九个方格形平面。曼陀罗图示的拓扑同胚变形成为柯里亚尊重地区文化与延续城市文脉的一种理念（图 4-23）。

转换是结构主义的基本属性与构成方法，"转换指变化的规律，通常用一个以上的数理逻辑公式来表示。"[2]这些由具体的形态发生与运算中抽象而来的公式，是空间组织结构向具体形态转换的基础。地区建筑形态的生成生长衍化，既非外在形态特征符号的复制与变化，也非某种孤立的平面图示的变换，而是来自于那些特定地区中具有诱发空间结构组织关系的各种环境因素的作用。孤立的环境因素在结构中不具有意义，地区建筑形态的自组织生成规律的内在结构是各环境因素整体的关系与性质，体现了对地区物候特征、共同的经济方式、社会生活、地方自我意识等综合因素的共同特质与最佳的应对模式。

为了超越地区建筑纷繁多变的形态表征，把握其形态发生与运算的内在支撑结构，就必须剥离那些与地区场所特质不相关联的因素，简化、还原、抽象其具有根本关联作用的要素，找到地区建筑营建中的相似或同胚"元"，它是地区建筑拓扑原型结构的基本构造元素，包含着对地区各环境因素的应对模式。我们以庭院作为地区建筑同胚"元"的直接例证。以庭院为中心，组织周围的居住空间成为各地区无论是官式建筑还是居住建筑普遍依循的营建原则。庭院更重要的功用在于对各地区微气候的调节作用，院落成为选择太阳辐射与组织气流循环的汇合空间。以庭院为地区建筑的拓扑不变量，在三维尺度与比例进行拓扑同胚变换，可形成应对不同气候的庭院形态：从开敞而日照充裕的东北大院与北京四合院、西北高原的下沉式庭院、干热地区日常生活必需的带顶的阿以旺民居的内庭院，到南方深挑檐、狭小而高敞、具有烟囱效应的内天井民居、可人工手动调节的开合式天井等（图 4-24）；以庭院的大小、边界形状进行拓扑同胚变换，可以形成不同的院落形态，从方正的三坊一照壁、四合五天井民居、狭长的关中与山西民居窄院、位置与形状灵活的徽州民居，到福建客家圆形土楼的巨大院套

---

[1] 汪芳.查尔斯·柯里亚 [M].北京：中国建筑工业出版社，2003：10.
[2] （瑞士）皮亚杰·J 著.结构主义 [M].倪连生，王琳译.北京：商务印书馆，1984：3.

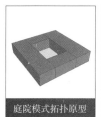

| 庭院模式拓扑原型 | 北方四合院 | 下沉式院落 | 带顶的内庭院 | 开合式庭院 | 厅井式庭院 |

图 4-24 院落在三维尺度上的拓扑变换

| 庭院模式拓扑原型 | 三坊一照壁 | 关中窄院 | 灵活的徽州院落 | 土楼的院套院 |

图 4-25 院落在大小边界上的拓扑变换

院等（图 4-25）。庭院空间尺度与形状的衍化，大则以家族社会生活、小则以家庭生活趣味，围绕庭院展开各地区不同的社会生活、习俗与制度。

这些体现着对环境因素的应对模式的同胚元，只有在整体的空间结构关系中才具有生成形态的含义，以一定的空间顺序、一定的空间元素、一定的空间结点，将拓扑同胚元作为构造元素进行一定的几何排列组合，由此整体构造的地区建筑的拓扑原型才是地区营建体系形态同胚变换的拓扑不变量。依照这种结构性质转换、衍生而成适应此时此地的地区建筑形态。

4.5.3.3　地区营建体系的拓扑图式自调节与进化机制

从地区建筑的拓扑结构到地区建筑的形态转换过程本身并非静态的复制过程，而是一个伴随着逐渐完善与进化的调节性的动态过程。地区建筑的拓扑同胚结构的自身所具有的一定的调节特性使地区建筑的空间结构维持守恒性，而且这种调节机制具有两个层次的意义：一方面，这种调节存在于拓扑结构的内部，对于结构本身具有过滤性的调节作用，能够在地区建筑相对稳定的空间结构范围内，有选择地过滤掉不适于环境因素的建筑模式，使地区建筑的形态发生与运算过程与环境保持高度一致性；另一方面，地区建筑的群体空间是建构在地区建筑个体空间叠加的基础上，地区建筑个体空间的形态运算的多样性与个体形态的有机组合，为地区建筑群体与聚落空间的秩序性与整体协调性提供了更多的形态发生的可能性。通过地区建筑拓扑结构的自调节机制，不仅使地区建筑个体的空间组织结构趋于完善，还参与创造新的结构，将个体结构层次合并形成群体的拓扑结构，即地区建筑的拓扑群，建立地区建筑聚落形态的发生与运算机制。

段进在《城镇空间解析：太湖流域古镇空间结构与形态》中借用三种数学的母结构特性对古镇的空间群、序、拓扑三种结构原型进行了分析❶：

❶　段进. 城镇空间解析：太湖流域古镇空间结构与形态 [M]. 北京：中国建筑工业出版社，2002：13.

图 4-26 地区营建体系的形态拓扑
　　　　　转换研究路线

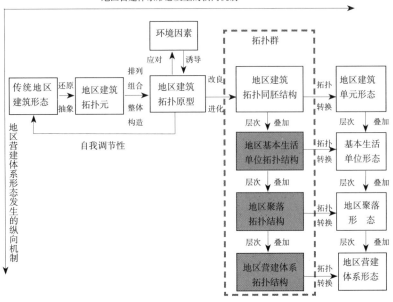

（1）将等级、并列、链接三种子群与江南古镇的面（街区）、线（河与街）、点（结点）三种空间元素找到一一对应的关系。

（2）对古镇的住宅、街巷水网及整体三个层次，从局部到整体地分析空间衍化、空间序列、空间等级三种空间次序现象，揭示各空间要素之间的先后、主次与位序关系。

（3）以拓扑结构分析连通、邻近相似等拓扑空间结构。

由此获得启发：为了建立可持续发展的地区营建体系的秩序性与高效和谐性，创造地区建筑聚落形态自组织的良性生长机制，借用拓扑几何学的原理，挖掘地区传统建筑的整体内在空间结构，找到包含各种地区环境应对模式的地区建筑拓扑原型，结合现代科学的原理与规律改良与重组适应可持续发展目标下的地区空间资源配置，建立地区建筑形态生成衍化的拓扑空间不变量，以此进行拓扑同胚变换。在地区建筑从拓扑不变量到形态的不断转换与进化中，增加地区建筑形态的独创性与丰富的空间语言。并以地区建筑的内在结构空间为要素单元，通过地区建筑个体拓扑结构的排列组合与串联、并联等等级关系，创造新的地区建筑群体空间的拓扑不变量。以拓扑几何学理论研究地区营建体系的形态发生与运算机制，以从地区建筑的拓扑原型—地区建筑个体单元—基本生活组织单位—地区聚落—地区营建体系的各层级空间结构为技术路线（图 4-26），探寻特定地区可持续发展的适宜性的地区营建体系多样化的形态。

4.6　关于地区营建体系评价的方法❶

课题组在研究中已经以生物基因理论建立了"地域基因"的概念与地区

❶　本节是在综合课题组：王竹等. 关于绿色建筑评价的思考 [J]. 浙江大学学报（工学版），
　　2002（11）；裘晓莲，王竹. 地域绿色住居可持续发展评价体系——神经元网络的理论构建 [J].
　　华中建筑，2002（3）；裘晓莲. 长江三角洲地域绿色住居可持续发展评价方法探讨研究 [D].
　　杭州：浙江大学硕士学位论文，2004 的研究成果基础上完成。

人居环境建设的操作平台，但是架构可持续发展的地区营建体系是一个高度复杂的系统工程，这一过程需要多专业人士、决策者、管理机构、社区组织、使用者等多层次合作的介入，需要确立一个明确的建筑环境评价结果，达成共识以贯彻始终。因而，绿色建筑体系迫切需要现代科学评价方法作为实施运作的技术支撑。地区营建体系的评价正是针对这一复杂系统的决策思维、规划设计、实施建设、管理使用等全过程的系统化、模型化、数量化，是一种定性问题的定量分析、定性与定量相结合的决策方法。

课题组创造性地运用神经元网络的概念以及多种数理统计方法，针对地域特征，完善并深化地区营建体系的评价体系软件设计的结构关系，选择评价体系的指标并确定其权重，然后进行合理的评价等级划分；并对评价体系软件设计进行了深入全面的研究与发展。

4.6.1 地区营建体系评价的思考

4.6.1.1 国内外住区评价体系的进展

近年来，国外研究并制定了相应的评价指标体系，一些相关评价体系已被相继采纳或运用，主要是检测建筑物在建造和使用中相对于以前的改进程度，其中有英国建筑研究所（BRE）推出的"建筑环境评价方法"（BREEAM）❶、美国的"绿色建筑评估系统"（LEED™）❷、加拿大等国所实施的"绿色建筑挑战"（GBC）❸等比较成功的评价体系、日本的《环境共生住宅 A-Z》❹等。这些评价体系对当地建筑是否达到节能、环保的性能标准给出了完整的分析与评估方法，并设计了各类图表及电脑软件，以供设计者或使用者评估。例如：英国的 BREEAM 评价体系中主要是对居住类建筑进行绿色生态评价。由加拿大发起的 GBC 评价体系将住宅建筑作为评价对象之一，是对住宅建筑在设计及完工后的环境性能予以评价。美国的 LEED 评价体系最初只针对公共建筑，但如今已发展到专用于住宅建筑的 LEED-RB；该评估系统被世界各国相关机构认为是最完善、最有影响力的评估标准，与其他评价体系相比结构相对简单，操作程序相对简易，其评价过程透明，技术含量高。

我国绿色住居评价体系的研究工作现还处于初期研究开发阶段，缺乏实践经验的积累，许多相关的技术研究领域还是空白，但是近年来围绕着节约能源和减少污染等问题，国家相关部门陆续颁布了一些单项的技术法规，并且研制开发出不少节能新技术，这对推动绿色住居评价体系工作是十分有利的。如：香港建筑环境评估法（HK BEAM）❺、原建设部 2001 年通过的《绿色生态住宅小区建设要点与技术导则》及《中国生态住宅技术评估手册》❻，开始了评估软件的开发，也为将来更进一步地对生态住宅进行量化评估作了准备。

---

❶ 徐子苹，刘少瑜. 英国建筑研究所环境评估法 BREEAM 引介 [J]. 新建筑，2002（1）.
❷ 周双海. 美国能源及环境先导计划 LEED 引介 [J]. 中外建筑，2003（2）.
❸ 李路明，马健. "绿色建筑挑战"运动引介 [J]. 新建筑，2003（1）.
❹ 环境共生住宅推进协议会编. 环境共生住宅 A-Z[M]. 东京：Biosityi 出版社，1998.
❺ Hong Kong Environmental Protection Department. A Guide to the Environmental Impact Assessment Ordinance[Z], 1998.
❻ 建设部科技发展促进中心. 中国生态住宅技术评估手册（2002 版）[M]. 北京：中国建筑工业出版社，2002.

4.6.1.2 对评价体系的思考

通过对国内外评价体系的比较与分析，我们发现将之直接借用到地区营建体系的评价是有一定难度的。原因主要有以下几点：首先，对于住区可持续发展的指标有诸多不确定因素，而建立指标又有实际困难，诸如：体系庞杂不易操作；资料来源口径不一，影响到分析结果的准确性和客观性；案例研究短缺等。因此体系建立缺乏一定的科学性，而分析、评价方式大多凭经验决定，急需寻找一种理性客观的模型介入。其次，现有评价体系的操作界面复杂，操作方法不易于理解与实施。第三，评价需要较多的取样数据，给评价带来一定难度。第四，软件很难在不同的评价层次进行操作。最后，数据繁多、复杂，过于依赖专家群体，不能给予非专业人士以及普通使用者明确的结论和指导依据。因而，建筑师与使用者迫切需要建立一种简便易行的评价体系软件。这一评价工具应当同时考虑生态系统与城市基础设施、生物学与非生物学、社会与经济等多因素，还应涉及建筑环境综合评判中各种构成要素的质量标准。如：建筑形态、使用方式、设施状况、营建过程、建筑材料、使用管理等对外部环境的影响，以及舒适、健康的内部环境营造等。

王竹教授所带领的课题组承担了国家自然科学基金资助项目"长江三角洲城镇基本住居单位可持续发展适宜性模式研究"。课题组的裴晓莲在子课题"长江三角洲绿色住居可持续发展评价体系"中提出了运用神经元网络概念，融入模糊思想，建立绿色住居综合评价目标体系，试图克服以往评价体系的不足，将神经元网络的末梢神经触及生态系统与城市多元层面，并涉及建筑环境综合评判中各种构成因子的质量标准，为地区营建体系研究提供了坚实的技术支撑。

4.6.2 地区营建体系的评价方法[1]

4.6.2.1 地区营建体系评价的技术支持

1. 建立神经元 BP 网络指标体系模型

人工神经元网络系统是由大量的、同时也是很简单的处理单元（也称神经元）广泛地互相连接而形成的复杂网络系统。人们已经建立了许多神经网络模型，其中应用最广的是前向人工神经网络模型。本研究探讨的仅限于此模型。

一个简单的三层前向神经网络模型的结构（图 4-27），其中每个小圆圈

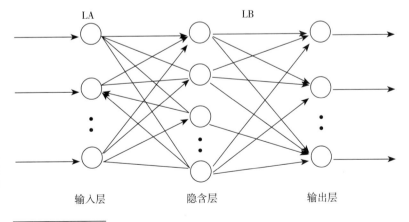

图 4-27　神经元 BP 网络模型
（资料来源：裴晓莲 . 长江三角洲地域绿色住居可持续发展评价方法探讨研究 [D]. 杭州：浙江大学硕士学位论文，2004）

输入层　　　　　　隐含层　　　　　　输出层

LA　　　　　　　　　　　　LB

❶　根据裴晓莲 . 长江三角洲地域绿色住居可持续发展评价方法探讨研究 [D]. 杭州：浙江大学硕士学位论文，2004 整理而成。

表示一个神经元。第一层（左边层）是输入层，第二层是隐含层，第三层是输出层。各个神经元之间的连接并不只是一个单纯的传递信号的通道，在每对神经元之间的连接上有一个加权处理，这个加权处理可以加强或减弱上一个神经元的输出对下一个神经元的刺激。这个加权处理系数通常又称为权值（或称为连接强度、突触强度）。在神经网络中，修改权值的规则称为学习算法。在隐含层和输出层的各神经元还有一个激活函数，此函数将前一层输出值的加权之和转换为此神经元的输出值。

前向神经网络模型的基本功能是完成 n 维空间向量对 m 维空间的近似映照，这种映照是通过各个神经元之间的连接和阈值来实现的。这样就可以把纷繁复杂的大量基础数据通过多维向一维映射最终得到少量目标指标，以方便进行评价。

通过上述介绍和分析，我们认为要建立地域绿色住居可持续发展指标体系模型，首先要确立量化指标，通过量化计算与实例检验相结合的方法确定标准模板（评价优劣等级的参照样板），建立综合评价绿色住居系统的操作程序与方法。

其次，要深入研究关于绿色住居规划设计与评价的相应量化指标，从众多相关因子间确立分项指标，调查与综合分析典型案例，建立案例模型库；进行专家调查（问卷），建立专家库；最后，建立综合评价网络模型，进行计算、反馈与完善研究。

2. 模糊思维的引入

由于各因子间相互影响关联，只是直接硬性地确定权重可能会产生过大偏差，所以要更准确地进行研究可以在神经元网络基础上加入模糊规则神经模糊综合评价的概念，它是指对多种模糊因素所影响的事物或现象进行总的评价。所谓模糊是指边界不清晰，这种边界不清的模糊概念，是事物的一个客观属性，是事物差异之间存在的中间过渡过程。由于地域住区指标体系是一个多因素耦合的复杂系统，各因素间的关系错综复杂，表现出极大的不确定性和随机性，因此，为得到合理的评价结果，引入模糊数学的概念是符合评价的客观要求的。

4.6.2.2 地区营建体系评价框架建立与指标权重

地区营建体系的评价体系的层次结构是人工神经网络的多层次体系，评价体系中的同一层次必须平等，且针对每一个层次有固定的评价规范。同一层次的元素具备同等级的属性，但并非均匀分布，这个层次的元素成为其上一级评价的基本单元。依此类推，由下至上，形成了递推型的评价体系结构（图 4-28）。其中，A 代表绿色住居体系；B1、B2……Ba 代表组成这个体系的 a 个因素，它们有可能是居住环境因子、居住建筑因子等；C 层级内的因子 C1、C2……Ca 代表分别组成 B1~Ba 的各个元素，例如，组成 B1（居住环境因子）的有可能是能源使用、资源利用、环境污染等；组成 B2（居住建筑因子）的有可能是室外环境、室内环境、活化地域……其他层级以此类推。

首先将综合评价指标体系中各基本评价指标确定为一个普通集合，其次确定评价集，其为评价者对评价对象可能作出的各种评价结果所组成的一个普通集合，并确定隶属度；为了使评价结果更加直观，综合评价结果以分值形式表示。

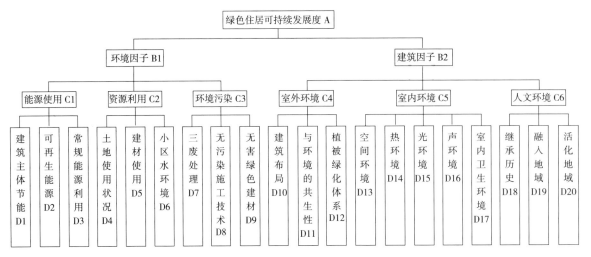

图 4-28　地区营建体系的评价系统
　　　　　因子结构图

（资料来源：裴晓莲.长江三角洲地
域绿色住居可持续发展评价方法探
讨研究[D].杭州：浙江大学硕士学
位论文，2004）

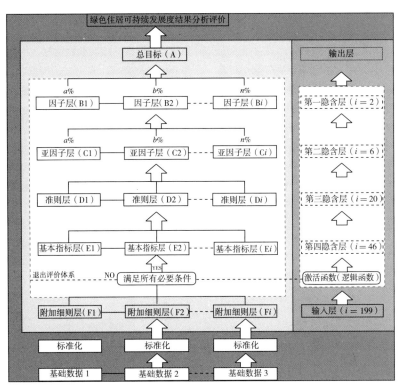

图 4-29　地区营建体系的评价指标
　　　　　体系

（资料来源：裴晓莲.长江三角洲地
域绿色住居可持续发展评价方法探
讨研究[D].杭州：浙江大学硕士学
位论文，2004）

　　评价体系采用神经元网络方法模型表达地区营建体系综合评价的指标体
系，整个模型共分为六层：总目标层 A（输出层），因子层 B（第一隐含层），
亚因子层 C（第二隐含层），准则层 D（第三隐含层），基本指标层 E（第四
隐含层），附加细则层 F（输入层）。从环境和建筑两大因子入手，分别对能
源使用、资源利用、环境污染、室外环境、室内环境、人文环境六大亚因
子进行详细分析，对住居进行全面评价，并兼顾社会、环境效益和用户权益
（图 4-29）。

　　在用神经元网络建立了体系结构后，由专家和决策者对所列指标通过两
两比较重要性程度而逐层进行判断评分，利用判断矩阵的特征向量确定下层

指标对上层指标的贡献程度。通过两两相比的方法构建"判断矩阵"，求出层次单排序及层次总排序，最终得出了一个兼顾评价和指导设计、动态开放的地域性的指标体系的基本框架。

4.7 本章小节

　　地区人居环境建设是涉及众多因素的复杂系统工程，从单一建筑学视角很难获得问题的解决，只有集成相关学科的理论与智慧，从多维视野架构地区营建体系的研究框架。本章分别从文学评论中的原型批评理论，溯本求源把握地区营建体系演进的本质；从生命科学中基因对生物性状的作用规律，把握其演进的发生与调控机制；通过控制论下的系统论与系统工程方法，及生态学智慧，为解决人居环境建设中错综复杂的问题提供了科学的求解途径；利用拓扑几何学原理，探寻地区建筑在内在整体结构支撑下的形态发生与运算机制；并运用神经元 BP 网络概念，建立地区营建体系的科学评价体系，提供定性与定量相结合的决策方法与技术支撑。地区人居环境营建体系的理论框架就是在以上相关学科的理论与方法支撑下，架构起以地域基因的调控原理、神经元 BP 网络评价体系两大部分为核心的操作基点平台，为地区人居环境的范式研究提供科学的发展方略和营建导则。

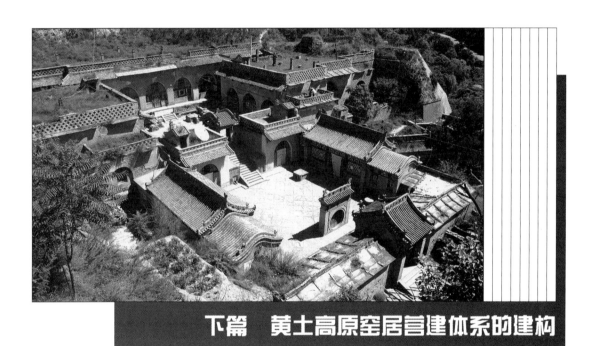

下篇　黄土高原窑居营建体系的建构

5 黄土高原窑居营建体系的要素构成

黄土高原作为中华民族的摇篮和华夏文明的发祥地之一，在这片神奇而古老的黄土地上，曾经孕育了灿烂的中华文化。人类社会发展的早期，黄土高原曾经是林草茂盛、环境优美、经济繁荣、宜农宜牧的理想聚居环境。但是随着人口急剧增加，长期违背自然生态规律的不合理资源开发利用模式，导致这一地区环境日趋恶化，生态系统的整体结构和功能退化，人类赖以生存和发展的自然屏障遭到严重破坏。目前，黄土高原是我国生态退化最严重、可持续发展能力最低的区域之一。这些问题的存在，不仅影响着该地区人们的经济发展与人居环境建设，而且严重阻碍着整个中国人居环境的可持续发展。

黄土高原是中国人居环境的一部分，而窑洞是黄土高原居住形态的基本细胞。其古朴的居住形态蕴涵着丰富的地方文脉，尤其是就地取材建造、节能节地的特征，堪称朴素的生态学的建筑典范。窑居建筑虽具有一定的特殊性，但又具有中国各地区建筑生成生长的普遍规律性。因而，以黄土高原作为地区人居环境研究的切入点，是具有双向互动意义的研究。研究中国人居环境的可持续发展，有助于促进各地区人居环境的根本改善；而只有深入研究黄土高原的地区建筑，才能更好地理解整个中国人居环境的可持续发展。

5.1 黄土高原的历史演变与生态变迁

黄土高原是我国乃至世界上一个十分独特的地理单元，其地理范围处于我国中部偏北的黄河中游及海河上游地区。黄土高原的范围即大致是"北起阴山，南至秦岭，西抵日月山，东到太行山，包括青海、甘肃、宁夏、内蒙古、陕西、山西、河南等7省（区）的287个县（旗、市），东西长约800km，南北宽约750km。总面积64万km²，其中水土流失面积高达45.43万km²"。❶是我国乃至世界上水土流失最严重、生态环境最脆弱的地区。

据史料考证，历史上的黄土高原曾经是林草茂盛、环境优美、经济繁荣的区域。由于地面平整、土层深厚、森林茂密、水草丰富、土地肥沃，这里成为宜农宜牧的理想聚居之地。从秦汉时期封建经济的繁荣，到唐代前期的鼎盛，这里一直是全国经济、文化的中心和对外交流的窗口。但因黄土高原

---

❶ 李素清. 黄土高原生态恢复与区域可持续发展研究 [D]. 太原：山西大学博士论文，2003：2.

大部分处于半干旱与干旱地带，属于生态环境脆弱地区，自秦汉以来，随着战乱、屯田、垦荒现象逐渐升级，直至发展到乱砍滥伐，出现了"仲春砍阳木，仲夏砍阴木"，刀耕火种、伐林务农的悲剧。随着人口的急剧增加，长期违背自然生态规律的不合理资源开发利用模式，导致这一地区环境日趋恶化，生态系统的整体结构和功能退化，人类赖以生存和发展的自然屏障遭到严重破坏。水源匮乏、植物资源再生能力不高，特别是土壤的易侵蚀性，在多年遭到毁灭性破坏的同时更加剧了水土流失。长期以来，人们一直将垦荒种植作为维持黄土高原自身发展的唯一选择，这种违背自然规律的掠夺式的开发，不但没有促进区域经济的发展，反而引发了严重的生态危机，致使黄土高原陷入"越穷越垦、越垦越穷、越垦越荒"的恶性循环中。我们必须认识到，只有尊重自然生态规律，加强生态建设与环境保护，才能促进区域可持续发展。

5.2 黄土高原的自然环境与资源

5.2.1 地形地貌特征

黄土高原是世界上黄土地貌面积最广、形态最典型、类型最为多样的区域。位于我国宏观地貌地势第二级阶梯上，黄土高原几乎全境都被黄土所覆盖，黄土高原地势西北高、东南低，自西北向东南呈波状下降。黄土高原地势复杂，地貌类型多样。土壤侵蚀强烈，沟壑纵横，梁、峁、塬等黄土地貌极为发达，主要地貌类型可分为："黄土丘陵、黄土塬、风沙丘陵、土石山地、河谷平原等"，❶尤其是黄土丘陵与黄土塬的地貌特征可概括为：

（1）沟壑密度大，地形支离破碎，植被稀少。

（2）沟壑切割深，高差大，起伏剧烈。

（3）坡面陡峭，地面斜度大，水土流失严重。

由于流水侵蚀、土体自身重力剥蚀、风力吹蚀等多种环境外力的作用，加之严重的水土流失而形成了大型的冲沟。由于地貌侵蚀程度不同，黄土塬相对平坦，保留了较为完整的黄土平台；但是面积大小不一，凸起的峁状丘陵与长条两侧分布有切割深沟，分布密集，如今呈现在我们面前的是黄土高原的千沟万壑、层峦叠嶂、土地支离破碎的黄土侵蚀地貌景观（图5-1～图5-3）。

图 5-1　黄土梁

❶ 李素清. 黄土高原生态恢复与区域可持续发展研究 [D]. 太原：山西大学博士论文, 2003：3.

图 5-2　黄土峁

图 5-3　黄土塬

5.2.2　土壤特征

"黄土高原的黄土层覆盖面积约 63 万 km²，黄河流域中部总面积约 58 万 km²，其中典型黄土 70％以上分布在这一带"。[1]我国的黄土区域地层完整、厚度极大是其独特之处，黄土高原地区的黄土地层厚度至少在 50m 以上，多数为 100~150m，不少地方超过 200m。

黄土富含多种矿物质成分，黄土层构造具有质地均匀、抗压与抗剪强度较高的特征。尤其是黄土结构中矿物质颗粒理化性质稳定，虽多空隙，但在土体内起到支撑骨架的作用，而且黄土自上而下密实堆积，强度较高。在土体内挖掘窑洞，仍能保持土体自身的结构稳定性，这使黄土窑居具有了天然的营建材料与结构形式。

5.2.3　气候特征

黄土高原属欧亚大陆东部温带、暖温带大陆性季风气候，气候类型由东南半湿润气候逐渐向西北半干旱、干旱气候过渡。气候特征表现为：冬季寒冷干燥，夏季温暖湿润，春温高于秋温，秋雨多于春雨，雨热同期、雨量少而变率大，冷热季节明显，日温差大，光照充足，日照时数多，热量条件比较优越。冬春季节多大风，春旱现象比较严重。全区年平均气温 3.6 ~ 14.3℃，

---

❶ 李素清．黄土高原生态恢复与区域可持续发展研究 [D]．太原：山西大学博士论文，2003：5．

气温由东南向西北逐渐降低，极端最高温度 41℃，极端最低温度 -17℃，无霜期 150~250 天。

黄土高原的日照非常充分，"年辐射总量 502~669J/cm^2，全年日照时数为 2100~3100h，全年最多日照时数为 6 月，最少日照时数大部分地区在 9 月及 11 月"。[1]

受大陆性季风气候的影响，黄土高原地区的年降水分布极为不均，存在明显的季节性，年降水量 200~700mm，年蒸发量 1400~2000mm，但仅 7~9 月就占全年降水量的 50%~80%，而且越是干旱少雨地区，其降水比重越大。由于黄土高原大部分地区降水少而蒸发强，干旱问题十分普遍。

5.2.4 植被

过度而粗放的农业开垦与森林砍伐，致使天然林草植被多已不具有连片的地带性分布，森林植被现以天然次生林为主，广大的黄土丘陵沟壑区天然植被已破坏殆尽。"目前黄土高原草地占 30.50%，森林覆盖率 12.0%，若去除灌木林和疏林，森林覆盖率仅 6.5%。"[2]而且由于大部分地区已被开垦为人工种植作物。

5.2.5 矿产资源特征

黄土高原是我国矿产资源的富集区之一，具有 120 多种矿产，占全国的 56%。除了丰厚的黄土资源，黄土高原还有光能、天然气与生物质能等资源，丰富的资源能源为地区工农业的发展提供了资源的优势。

5.3 黄土高原的经济与产业结构的变迁

黄土高原作为我国西部大开发的前沿地带和全国重要的能源重化工基地，在全国社会经济可持续发展中具有举足轻重的作用。但从其区域生态环境与经济发展现状看，除了几大城市外，农村经济发展仍然处于落后位置。据统计，"主要表现为：第一产业基础脆弱，经营粗放；第二产业重型结构突出，以煤炭、冶金、化工、电力等采掘工业和原料工业为主体，产业关联度低，带动作用弱。"[3]因此，加快产业结构调整，积极发展生态产业，以水土资源的可持续开发与利用支持经济与社会的可持续发展，以水土资源的合理利用调节生态系统，变传统的粗放型经济发展模式为集约型生态经济发展模式，是促进黄土高原生态环境良性循环和区域社会经济可持续发展的关键所在。

5.3.1 黄土高原的农业结构

黄土高原是我国传统的旱作农业区，农业以种植业为主，牧业占有一定比重。长期以来，农业处于单一化且相对落后的生产方式，利用封闭的、自给自足型的农牧业开发，靠山吃山、靠水吃水。"从农林牧渔各业所占的比

---

❶ 李素清. 黄土高原生态恢复与区域可持续发展研究 [D]. 太原：山西大学博士论文，2003：10.
❷ 桑广书. 黄土高原历史时期地貌与土壤侵蚀演变研究 [D]. 西安：陕西师范大学博士论文，2003：36.
❸ 李素清. 黄土高原产业结构调整与生态产业建设对策 [J]. 太原师范学院学报（自然科学版），2004（3）：66~70.

重来看，黄土高原地区的农业或者牧业所占的比重普遍偏高，所有黄土高原省份农业与牧业之和都在90%以上。就业结构上，黄土高原地区农林牧渔业从业的劳动力占农村劳动力的比重在2000年还都在70%以上。"❶但是由于黄土高原的地形破碎，生产条件原始落后，物质技术投入少，广种薄收，掠夺性粗放经营，过度的垦植扩耕，导致植被稀少，水土流失严重，人们的生活质量始终无法改善，人与自然处于不和谐的恶性循环之中。

为彻底改变这种落后局面，在生态经济发展过程中，应因地制宜，扬长避短，发挥优势，充分利用国家退耕还林还草的有利时机；以水土资源的可持续开发与协调机制为目的，合理有效地确定土地利用的结构模式；大力调整农村产业结构与布局，积极发展生态农业，逐步改善农村生态环境。当前，黄土高原的农业经济已开始向多元化方向发展，区内乡镇企业为主的非农业得到了较快的发展，从而促进了农业商品生产的发展。黄土高原资源开发潜力大，农业持续开发的前景广阔。

从黄土高原自然条件和农业生产现状出发，农业发展的战略定位是："以水土保持、防治荒漠化、改善生态环境为核心，在生态环境明显改善的基础上实现粮食自给，西北部实行农牧结合，重点发展畜牧产业；东南部实行农、林、果、特产相结合，重点发展林果业与特色农业。"❷

5.3.2 黄土高原的工业结构

黄土高原现已成为我国重要的能源重化工基地和商品粮生产基地，但由于长期对资源实行掠夺式开发，致使这一地区经济结构失衡、粗放、低效。全区产业结构单一，第三产业发展缓慢，农业以种植业为主，商品农产品规模小而分散；工业以煤炭、冶金、化工、电力等为主，轻重比例结构严重失调，第三产业发展明显不足。而且，黄土高原的城镇化率远远低于全国平均水平，除了省会城市以外，其他各城镇的城市化发展水平差异较大。"据黄土高原综合考察研究报告，黄土高原县镇与中心县镇的数量比为1：2.4，中心县镇与一般县镇的数量比为1：5.3，从人口规模来看，黄土高原地区的县镇中2万～3万人的规模居多，占31.7%；4万人以上的县镇只占14.6%；不足1万人的县镇占11.4%。"❸小城镇基础薄弱，规模过小，是以农贸为主的城镇经济，由于基础条件的制约，黄土高原城镇稀疏，职能单一趋同，对区域经济的辐射与带动作用很弱。

黄土高原的支柱工业是能源、冶金、化工、机械，重工业以采掘业和原料工业为主，如煤炭、原油、矿产、化工原料等的生产，属典型的资源型产业。黄土高原的乡镇企业虽然利用地域的资源优势得到较大的发展，但是由于数量少、规模较小，发展得不均衡。而且，企业生产停留在粗放型阶段，主要利用资源的优势与廉价的劳动力，依靠资源的大量耗费，设备技术落后，产品的附加值低，市场竞争能力弱，对生态环境构成严重的威胁与破坏。

加快工业结构的调整，必须依靠科技，发挥区域资源优势，促进传统产

❶ 周民良. 黄土高原的生态建设与结构调整 [J]. 经济研究参考, 2003（22）：12–18.
❷ 李素清. 黄土高原产业结构调整与生态产业建设对策 [J]. 太原师范学院学报（自然科学版），2004（3）：66–70.
❸ 周若祁等. 黄土高原绿色建筑体系与黄土高原基本聚居模式 [M]. 北京：中国建筑工业出版社，2007：178.

品的升级换代和深加工工业的发展，积极推行清洁生产，减少环境污染，着重强化开发绿色能源重化工基地建设，大力开发市场前景好、附加值高、无（低）污染的高精尖产品，提高工业经济整体实力。

从黄土高原资源优势与工业发展现状出发，生态工业的发展定位为："以传统产业的升级为核心，通过技术改造、污染治理和高新技术产业发展，大力推行清洁生产，延长产业链，积极发展技术含量高的高精尖产品，进一步强化能源重化工基地的地位，朝高效、低污染的绿色能源重化工基地方向发展。" ❶

5.3.3 黄土高原的综合治理

从以上的阐述可以看出，黄土高原的生态危机具有较高的影响效应，不仅危及地区的经济发展与居住环境的改善，更影响着整个国土的面貌与人居环境的建设。因此，从根本上改善黄土高原的生态环境，必需结合其人居环境的综合研究，才能走向可持续发展。目前，针对黄土高原生态环境的综合治理已在相关领域展开，并取得了可喜成效。

——国家三北防护林体系，沙漠化综合治理已取得世人瞩目的成就；黄土高原作为中国国土面貌的重点综合治理区域已全面展开治理。

——山川秀美工程为西北地区生态环境建设提供了强有力的政策支持，加强生态环境建设，有计划、有步骤地实施山川秀美工程。

——整个黄土高原列为各级重点治理小流域的已超过 1800 条，取得了很好的生态经济效益。

——延安市已成为国家县级先进生态农业示范区；黄土高原成为国家重要的苹果生产基地；结合经济发展的小流域治理；绿色企业的大力发展。

——小康村评价指标体系的完善；生态村评价体系的开展；绿色适宜性技术在住区中的应用研究等。

黄土高原生态环境的根本改观是一项复杂的系统工程，涉及区域科学、环境科学、区域规划及生态学、经济学、农林学、资源、能源等多个学科的融贯综合，而且是从理论到实践研究的结合。目前，我国对黄土高原的综合整治，将黄土高原治理纳入到集环境、经济、社会、建筑于一体的大系统中，将生态环境的改善与经济的可持续发展相结合，将人居环境改善与资源合理配置、小流域治理、山川秀美工程的实施相结合，将人居环境的建设与无污染、高效、节能、节水等新技术的应用相结合，提高黄土高原的社会、经济、环境的协调发展，力图从根本上改善黄土高原的生态环境与面貌。

5.4 村镇社会结构的分化与社会文化的更新

5.4.1 人口状况

黄土高原总人口 9038 万人，其中农业人口占 79%，主要分布在黄土高原面积 62.37 万 km² 的范围内。"人口稀少地区约 31.7 万 km²，主要是土石山区、风沙区、干旱草原区、高低草原区和林区等；人口较密地区位于黄土高原沟

---

❶ 李素清. 黄土高原产业结构调整与生态产业建设对策 [J]. 太原师范学院学报（自然科学版），2004（3）：66-70.

垦区，面积 3.3 万 km²，人口密度为 160 人 /km²；平原地区是人口稠密地区，面积 7.3 万 km²，人口密度达到 100~733 人 / km²。" ❶

新中国成立后人口的急速增长，使耕地面积不断增加，林地、草地面积减少。这约束了经济的发展、人口素质与生活质量的提高及农业结构的调整。极端脆弱的生态环境和超负荷的人口对黄土高原构成了双重的压力，人口、资源、环境与经济发展之间的关系严重失衡，严重制约着黄河流域乃至全国的可持续发展，使这些地区陷入经济与生态的双重困境。

5.4.2 乡村人口流动的变迁与社会结构的分化

长期以来，人多地少的矛盾一直是中国农村社会经济发展中主要的制约性因素。城市化的发展对剩余劳动力的需求，农村人口从乡村转移到城市的趋势日渐明显。农村人口向城市流动的方式存在一定的单向性，上大学、打工、经商等为农村人口流动提供了多种途径，也影响了农村人口结构现状。主要体现在几个方面："首先，由于农村年轻人外出，农村常住人口结构呈现两头高、中间低的态势，即少年和老年人多，青壮年人少，加快了农村人口的老龄化；其次，受教育程度较高的人口离开农村，使得流出地农村常住人口的文化程度明显下降；最后，农村劳动力向城市的转移中男性多于女性，这无疑也会使农村社会人口的性别比例严重失衡。" ❷大量青壮年男性劳动力的外流也在农村社会制造了大量结构不完整的家庭。但是由于城市化的进程无法容纳更多的农村人口，高昂的城市生活消费也使之难以融入城市生活，因而出现了离乡离土与两栖过渡的流动特征。离乡离土，即年轻人外出打工，老人种地和照料孩子，由三代人家庭协作的特殊主干家庭形式。两栖型核心家庭，即部分进城打工的年轻夫妇，举家定居城市。农村人口向城市的各种流动是引发农村住区"空废化"❸的外部社会因素之一。

大量农民从农业产业分化出来转向非农产业，而分化为不同的群体，这使得中国农民的社会结构成员多元化，社会结构的分化明显加速。其表征为："过去单一的务农劳动者分化为农业劳动者、亦工亦农劳动者、乡村干部、农民企业家、知识分子、个体工商业户、雇工等新的职业阶层"。❹

5.4.3 传统社会组织的消解与经济组织的兴起

以农耕性为主的生产决定了传统村落经济属于自给自足的自然经济，随着农村产业结构的变化，单一的农耕逐渐转化为多产业形式，自给性逐渐转向交易性。这些因素的变革，都从不同程度上对村落社会组织与社会文化产生了持续性的冲击，使传统的社会组织逐渐趋于削弱与消解。

1. 血缘关系的丧失

传统乡土社会以血缘关系为依据的紧密的社会网络，在社会变革的作用下，虽然在社会组织的成员中仍凭着血缘相互认同，但是血缘关系的社会意义已基本丧失。

---

❶ 陈秉钊 . 可持续发展中国人居环境 [M]. 北京 : 科学出版社，2001：56.
❷ 钱雪飞 . 农民城乡流动与农村社会结构变迁 [J]. 江西社会科学，2005（2）：20–24.
❸ 雷振东 . 整合与重构——关中乡村聚落转型研究 [D]. 西安 : 西安建筑科技大学博士学位论文，2005：63.
❹ 朱又红 . 我国农村社会变迁与农村社会学研究述评 [J]. 社会学研究，1997（6）：44–54.

2. 地缘关系的削弱

经过半个世纪的村落变革，在同一地域中生息劳作聚族而居形成的社会组织重组而形成混杂居住的行政群体。加之，愈来愈多的农村人口与土地的分离，使人们的社会活动突破了地缘组织的束缚，以地缘关系为主的社会组织的意义已在相当程度上被削弱，一定程度的流动性、杂居性与聚居性并存。

3. 社会制度的转变

村落的家族礼法与民俗是规范社会组织成员、调解内部人际关系的制度规范，但是随着社会的法律规范和政治规范对社会组织的渗入，礼俗制度逐渐向法制制度转变。

4. 从传统社会封闭模式到现代社会开放模式

传统乡村聚落是自给自足的封闭生产生活模式，在今天已经无法满足现代乡村社会的发展要求，"农民流动不是农民简单的地区间的流动，也不是劳动力方式的简单转换，它是两种文化的碰撞、两种生活方式的激变，同时也是传统与现代的过渡和飞跃。外出就业是外界特别是城市生活方式向农村渗透并进而改变农村传统生活方式的重要途径。"[1]在这一过程中，农村流动人口及其返乡者发挥着村落由封闭性走向开放性的推动与信息传递的载体功能。不同程度地将城市的生活方式与思想观念经过自我的选择而传递回来，逐渐向城市的生活方式靠拢。

5. 社会观念与社会结构变化

长期相同模式的生活方式造成了人们思想观念的稳定性，但是这种观念在外部环境的变化与生活方式趋于城市模式的影响下，传统观念及其社会作用随着其外部条件的丧失而削弱。

在生活方式、社会观念与外部环境的变革条件下，村落原有的社会组织尽管还执行一定功能，但已不占主体地位，趋于弱化与消解，而现代的社会体制已承担了原先由村落社会组织的一些基本功能。

农村经济发展促使新型社会组织的出现，农村社会结构进一步复杂化。"农村商品经济的发展使农民的家庭经营逐渐走向专业化与社会化，出现了以家庭为单位从事某项专业性生产的经济组织形式。但是一家一户的分散经营在资金、技术、劳动力及市场信息等方面难以适应扩大再生产的要求。"[2]由此各种形式的合作经济组织应运而生，如：农工商合作社、专业互助社等，专业性合作经济组织的出现使农村的社会组织形式完全突破了单一化，走向多样化的社会结构。

5.4.4 农村家庭结构的转化与功能的演变

改革开放以前，农村家庭平均人口一般在 5 口以上，主干家庭与联合家庭占主导地位。家庭规模与关系的复杂化，使每个家庭承担着多种功能：生产与消费功能，赡养功能，婚姻生活与生育功能。近来农村家庭的结构与功能都发生了明显的变化：家庭经济来源多元化，家庭生产多样化，家庭生活多极化，家庭人口结构的多类型等都冲击到模式性很强的传统乡土建筑空间形态。

---

[1] 钱雪飞. 农民城乡流动与农村社会结构变迁 [J]. 江西社会科学, 2005 (2): 20–24.
[2] 朱又红. 我国农村社会变迁与农村社会学研究述评 [J]. 社会学研究, 1997 (6): 44–54.

1. 家庭规模趋于小型化

"据农村居民抽样调查资料，1985 年农村平均每户常住人口为 5.12 人，1996 年已下降到了 4.42 人。核心家庭比重上升，许多地区核心家庭已占半数以上。"❶ 现在的农村社会家庭结构构成的主体是核心家庭，传统主干家庭已经极为少见。核心家庭主要以四口人为主，夫妇及两个子女。子女成家后一般为独立家庭生活并逐步发展为新的核心家庭，原家庭随之成为夫妇二人的结构。家庭的小型化使得家庭的社会功能有所转变：抚养功能突出、赡养功能减弱。

2. 家庭经济关系的复杂化

"家庭结构与功能的变动受农村经济、社会、文化发展影响。经济活动的变化最深刻地影响家庭的结构与功能的变化。"❷ 家庭承包责任制的实施，加强了家庭的生产功能。根据家庭生产经济方式的多样化，使家庭人口结构呈现多元化：主干户、核心户、老人户等不同家庭人口结构。农民越来越多地以提供经济来源、代耕责任田等形式，而不是以共同生活、直接供养的形式赡养老人。因此，亲子代分居现象非常普遍。

3. 家庭人口结构的多极化

由于外出打工的青壮年劳力的增多，形成了家庭生活方式的多极化。

4. 家庭生活功能的现代化

便利的交通、城市化生活方式的灌输以及农民收入的提高，人们有条件增添家庭生活的物资。电视、电话成为正常家庭的必需；自行车、摩托车完全普及；自来水取代传统井窖水，洗浴功能也走进农村家庭；客厅逐步走向独立，卫生间逐步走向室内，厨房功能现代化，卧室中床取代了火炕，单纯生活起居越来越成为大部分家庭生活功能的核心。随着农村开放和城市化的发展，农村年轻一代大部分常年进城打工，农业收入与打工收入的极不平衡性，进一步退化了农业生产在年轻家庭中存在的必要性，家庭的部分生产功能已经实现社会化。

5.4.5 民俗文化的传承与文化观念的更新

5.4.5.1 大传统与小传统

美国人类学家罗伯特·雷德菲尔德（Robert Redfield）开创性地使用大传统与小传统的二元分析框架，用以说明在复杂社会中存在的两个不同层次的文化传统。"所谓大传统指的是以都市为中心，社会中少数上层士绅、知识分子所代表的文化；小传统则指散布在村落中多数农民所代表的生活文化。"❸ 他过于强调二者的差异性分层，将其置于两个对立的文化层面，认为小传统在文化系统中处于被动地位，使得在文明的发展中，将不可避免地被吞并与同化。

中国人类学者李亦园将大传统、小传统与中国的雅文化、俗文化相对应，以此来分析中国文化。"在小传统的中国民间文化上，追求和谐均衡的行为表现在日常生活中最多，而在大传统的士绅文化上，追求和谐均衡则表现

❶ 国家统计局编. 中国统计摘要 [M]. 北京：中国统计出版社，1997：76.
❷ 朱又红. 我国农村社会变迁与农村社会学研究述评 [J]. 社会学研究，1997（6）：44-54.
❸ 郑萍. 村落视野中的大传统与小传统 [J]. 读书，2005（7）：11-19.

在较抽象的宇宙观及国家社会运作上。"❶ 从传统文化与现代化的角度来看，以大传统为核心的文化更易接受新的变革观念，与"现代"紧密联系，而以农民和小传统为核心的文化则不易接受新观念，是保守的，与"过去"联系，也被称为草根文化。大部分中国人生活在农村，有很浓的乡土观念，即使在现代中国，人们的潜意识中仍受这种观念的影响，且中国文化来自于本土的民俗。可见，大传统包含于小传统之中，引导了文化的方向，而小传统提供了真实的文化素材。

中国文化的特殊性在于国家与社会并存，作为小传统的乡土文化并没有在大传统介入中消失，其在乡村发展中的微妙作用不容忽视。新中国成立后的乡村变迁，使得小传统失去了赖以存在的经济基础与社会结构，但是其以口传特征在家族内部或一定地域范围的传播与繁衍，仍然具有一定生存的空间。以国家文化为代表的大传统的绝对支配权，使得乡村文化呈现出二元结构的文化形态："小传统受到极大的消解并遁隐为乡村文化的深层结构，而国家文化则成为乡村文化的表层结构。"❷

大传统与小传统在乡村社会的现代化进程中共同塑造着乡村文化，两者之间进行着更深入与频繁的文化碰撞，这种碰撞是多向、多层次的文化互动和吸纳。在两者的互动互补过程中，增强了文化的认同，创造了多样的选择与更有效的自我调适手段。

5.4.5.2　黄土高原民俗与乡村文化观念的更新❸

黄土高原历经几千年的风雨沧桑、水土流失，塑造了这片贫瘠的土地与沟壑纵横的地质地貌。但是在这种极端的物质条件制约下，人们在与自然灾害抗争的搏斗中造就了豪放而粗犷的"黄土文化"。

在坡高沟深、空旷的高原上，较少森严的等级观念的束缚，丰富的民俗活动却独领风骚，彰显了黄土文化特有的神韵与气势。逢年过节，各家各户总聚集于某家的庭院中举行各种民俗活动，扭秧歌、闹社火或者排演节目。这样的人家，被人们称为"红火地场"，也是全村人心中崇拜的对象。宏大的气势、震天的锣鼓、飞跃的步伐，人们以此酣畅淋漓地抒发对欢庆丰收的喜悦，及来年平安吉祥的祈福。

在黄土高原的民俗文化中，剪纸艺术是最为妇女们所钟爱的，她们走家串门，切磋经验，一起剪贴窗花、做缝纫活计。妇女们相互之间以特有的方式展示着自己的技艺：屋里屋外打扫得干净整洁，五彩缤纷的图案贴于窗棂上，门口挂着缝制的布帘……她们以最本色、最淳朴的方式表达着美的意愿，为苍凉的黄土大地平添几分盎然春意与勃勃生机。

窑居形态就是基于这种生态环境、经济与社会文化的背景而形成的。人们结合自然山势地形布置窑洞。通常每一户便是一个建筑组合，农家院落的主体建筑是窑洞，围绕窑洞周围多修建厨房，或挖一孔小窑作为贮藏之用。出于干净卫生起见，一般猪圈、鸡舍和厕所都建在院落的外侧。在农家小院的周围，都要栽上果树，或辟开一块菜畦。每家都有水窖，除了饮用之外，

---

❶　郑萍. 村落视野中的大传统与小传统 [J]. 读书, 2005（7）：11–19.
❷　李立. 乡村聚落：形态、类型与演变——以江南地区为例 [M]. 南京：东南大学出版社, 2007：99.
❸　该节是在王竹，周庆华. 为拥有可持续发展的家园而设计——从一个陕北小山村的规划设计谈起 [J]. 建筑学报, 1996（5）：33–38 论文的基础上增改而成。

天旱的时候，挑水浇园或贮存起来以备后用。

窑洞建造也成为风土民俗的一个重要部分，俗语说"箍窑盖房，一世最忙"，按照传统观念，窑洞箍得怎样，是关系家庭兴衰与子孙繁衍的大事情。所以，箍窑之前必请风水先生看地形，定方向，择吉日，然后再破土动工，因而择地动土时颇多讲究，建造完成时还举行隆重的仪式，如合龙口。窑洞建成之时，工匠在中间一孔窑洞顶上留下个仅一砖或一石的空隙，用系了红布、五色线的砖或石砌齐，然后燃放爆竹，摆宴待客，共祝主人平安吉祥。迁入新居时，亲朋好友还备礼恭贺，贺喜酒，为其"暖窑"。

几千年来黄土高原众多地区人们生生不息，各自保持着独特的文化习俗，各地区的民俗文化是带有本地区的乡村文化真实性的特质，作为一种"小传统"而被继承下来。尽管随着乡村现代化与信息交流的加强，人们的生活方式与思想观念都不同程度地受到城市文化"大传统"的冲击而得到了很大的变革，但是缺乏科学的技术指向，而且人们传统意识中的不思进取、安于现状、封闭保守、缺乏自信的意识仍然束缚着新农村建设的发展。在尊重乡村"小传统"的基础上，进行有效的乡村文化观念的更新。首先，帮助村民放弃薪火相传的农业技能，建立科学的知识与技术体系，注重学科学、靠科技致富的观念，以驱动农民自觉更新知识与技术的自身动力；其次，引导农民崇尚科学、破除迷信、树立良好道德风尚，通过加入"科技、文化、卫生"的"三下乡"活动，以丰富多彩的形式让农民接受现代科学与文化的再教育。

5.5 本章小节

窑居营建体系是植根于黄土高原环境的典范与居住形态的基本细胞。本章分别从黄土高原的生态环境与自然资源、工农业经济产业结构、社会结构与文化更新三个方面，深入分析与阐述了限定窑居营建体系生成生长的自然与社会文化状况，以及结合黄土高原的生态整治，经济发展对当前村落人口结构、社会组织、家庭结构与民俗文化的影响，由此为后续挖掘窑居营建体系的地域基因奠定了研究背景，并明确了以研究黄土高原窑居营建体系作为人居环境可持续发展研究的切入点与地区案例研究的意义。

6 窑居营建体系生成生长的地域基因

黄土高原的窑洞民居作为黄土高原地区住居中最具代表性的类型,其古朴的居住形态蕴涵着丰富的地方文脉,具有就地取材、节能节地的建造方式与冬暖夏凉的特征。立足于现实的状况及未来的发展,挖掘传统窑居中优势的地域基因,结合现代的理论与科学方法,使黄土高原这一古老的地域传统获得持续的价值与生命力。

6.1 传统窑居聚落形态类型与空间特征

窑居是黄土高原地区乡村住居形态的主要细胞。这些细胞单元顺应特有的地形地貌,经过千变万化的组合,形成形态多样化的黄土高原窑居聚落群体空间,几乎每个乡村聚落中,都可以强烈地感受到这些特征。

6.1.1 黄土高原窑居聚落形态类型与空间特征(表 6-1)

窑居聚落形态类型与空间特征[①]　　　　　　　　　　　　　　表 6-1

聚落类型		聚落选址	聚落形态
丘陵沟壑区	沿沟底的线形冲沟村落	村落沿 "V" 形冲沟河岸纵向展开,一般建于不宜耕种、沟坡较陡的阳面,方便于沟底取用水源	住居分散,多 4 ~ 5 孔窑洞为主体配附属房间及开敞的院落,并依据坡地层层展开
	沟岔交汇处的冲沟村落	沿沟壑区沟岔的交汇处,一般建于沟坡较陡的阳面	住居较为集中,沿等高线横向展开,高低错落于陡坡上;住居为窑洞四合院
	弧圈型沟坡村落	在大规模沟坡向阳弧形坡地上	凹型弧坡,住居呈向心式布置
			凸型弧坡,住居呈放射状布置
沟壑区村落	下沉式村落	选址于平坦的塬面	住居掩埋于地下,户户之间呈排、成行或散点式布局
	混合型村落	选址于平坦的塬面	窑居院落下沉式布置,多与砖瓦房结合
	拱窑四合院村落	选址于塬面或缓坡	集中有序的规划布置,住居多为砖石拱窑,或窑洞与土木结构房屋组织成四合院、三合院等

① 该表根据侯继尧,王军.中国窑洞 [M].郑州:河南科学技术出版社,1999:38 部分整理而成。

6.1.2 黄土高原原生窑居的类型与空间特征

窑居主要分布于甘肃、山西、陕西、河南和宁夏五省区。窑居类型的产生很大程度上取决于所处的地形地貌特征：如沿河谷阶地和冲沟两岸多为靠崖式窑洞；塬边缘则以半开敞窑洞院落居多；平坦的丘陵、黄土塬无沟崖利用时，多为下沉式窑洞；而在土质疏松、基岩外露和采石方便的地区，多见砖石或土坯砌筑的独立式窑洞。

从窑居单体形态、空间组合、立面形式及聚落布局等方面来研究，不同区域受自然环境、地貌特征的影响，形式纷繁、千姿百态。但从建筑布局、结构形式与营建技术的差异来说，可归纳为三种类型❶（图6-1）。

类型		图式	主要分布地区
靠崖式窑洞	靠山式		（1）陕北窑洞区 （2）宁夏窑洞区 （3）晋中窑洞区 （4）豫西窑洞区 （5）河北窑洞区 （6）陇东窑洞区
	沿沟式		（1）陕北窑洞区 （2）宁夏窑洞区 （3）豫西窑洞区 （4）晋中南窑洞区 （5）河北窑洞区 （6）陇东窑洞区
下沉式窑洞		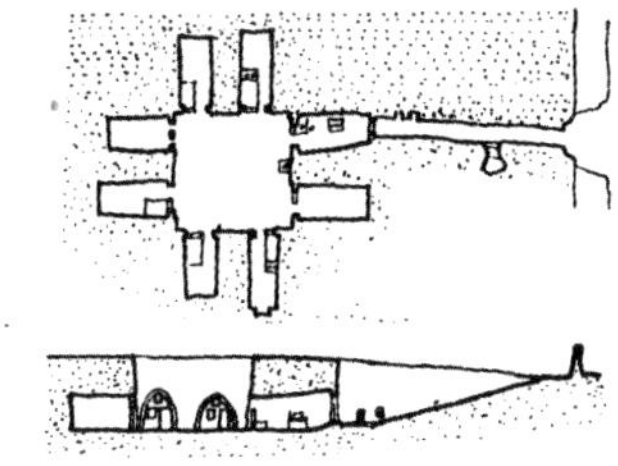	（1）渭北窑洞区 （2）晋南窑洞区 （3）豫西窑洞区 （4）陇东窑洞区
独立式窑洞	砖石窑洞		（1）陕北窑洞区 （2）晋中窑洞区
	土基窑洞		（1）陕北窑洞区 （2）晋中南窑洞区 （3）宁夏窑洞区
	其他类型		（1）陕北窑洞区 （2）晋中窑洞区

图6-1 黄土高原原生窑洞类型
（资料来源：侯继尧，王军.中国窑洞[M].郑州：河南科学技术出版社，1999）

❶ 该表根据侯继尧，王军.中国窑洞[M].郑州：河南科学技术出版社，1999：38 部分整理而成。

6.1.2.1　靠崖式窑居

1. 靠山式窑居

靠山式窑居出现在山坡、土塬边缘地区。窑洞靠山崖，前面有开阔的川地，随着等高线呈曲线或折线形排列，因为顺山势挖窑洞，既减少土方量，又取得与生态环境相协调的效果。按照塬坡面积和土崖的高度，有些地方可以布置台梯式窑洞。为了避免上层窑洞的荷载影响，台梯是层层退台布置的，底层窑洞的窑顶就是上一层窑洞的前院。在土体稳定的情况下为争取空间也有上下层重叠或半重叠的。

2. 沿沟式窑居

沿沟式窑居是在沿冲沟两岸崖壁基岩上部的黄土层中开挖，或就地采石，箍石拱窑洞，很多只在窑脸和前部砌石，纵深部仍利用黄土崖，俗称接口窑。这是陕北许多农户偏爱的类型。虽然沟谷较窄，不如靠山式窑洞视野开阔，却可避风沙与调节小气候。沿沟式窑洞地形曲折、沟谷溪水不断、生态环境良好，是较为理想的聚居场所。

6.1.2.2　下沉式窑居

下沉式窑居在黄土高原的塬面地带，没有山坡、沟壑可以利用，人们巧妙地利用黄土的特性——直立边坡的稳定性，就地挖下一个方形地坑，形成四壁闭合的地下四合院，然后再向四壁挖窑洞。一般地坑窑院天井院尺寸有 9m×9m 和 9m×6m 两种。9m 见方的天井院每壁挖两孔窑洞，共 8 孔；9m×6m 的矩形天井院挖 6 孔窑洞；地坑式窑院的面南窑洞是院落的核心建筑，东西侧窑洞次之，北侧窑洞作为辅助房使用。地坑窑院落中部一般都有一口水窖，以收集院内的雨水作为生活用水。

6.1.2.3　独立式窑洞

从建筑的结构形式上分析，独立式窑居实质上是一种掩土（或覆土）的拱形建筑。可分为土基窑居与砖石窑居两种。

土基窑居有两种方式：一种是土基土坯拱窑洞；另一种是土基砖拱窑洞。在黄土丘陵地带，土崖高度不够，在切割崖壁时保留原状土体做窑腿和拱券模胎，砌半砖厚砖拱后，四周夯筑土墙，窑顶再分层填土夯实，待土干燥达到强度时再将拱模掏空，实质上是人工建造的一座土基式空洞。

在陕北，由于山坡、河谷的基岩外露，采石方便，当地农民便就地取材，利用石料建造石拱窑洞。因为其结构体系是砖拱或石拱承重，无须再靠山依崖即能自身独立，又因为石拱顶部和四周边腿仍需掩土或堆石 1~1.5m，故仍不失窑洞蓄能恒温的特点。独立式窑院中，正窑是院落的核心建筑，一般是长辈的住所，东窑为上，西窑为下。门房一般作为大门和储藏及牲畜房之用，厕所通常在院落与大门相对的另一角落或在院外。院子呈窄长形，所有房顶均为向院内排水，院子南端有水窖，以收集夏季雨水并储藏，作为全年生活用水。表 6-2 是对窑洞类型及空间特征的比较表。

黄土高原窑居类型及空间特征比较[①]　　　　　　　　　　　　　　　　　　表 6-2

窑居类型		选址	住居形态	材料结构	优势	劣势
靠崖式窑居	靠山式窑居	于山坡、土塬边缘地区，随等高线布置	形态多样化，一般由两孔正窑洞和或完整或零星的厦房、门房组成	土石	节能节地	住户分散、交通组织不便；室内环境品质不佳
	沿沟式窑居	在沿冲沟两岸	形态多样化，一般由两孔正窑洞和或完整或零星的厦房、门房组成	接口窑：在窑脸和前部砌石		

① 该表根据侯继尧，王军 . 中国窑洞 [M]. 郑州 : 河南科学技术出版社，1999：38 及相关资料整理而成。

	窑居类型	选址	住居形态	材料结构	优势	劣势
	下沉式窑居	平坦的塬面	方形地下坑院，一般天井院尺寸有 9m × 9m 和 9m × 6m 两种，有 6-8 孔窑，面南窑为核心，东西窑次之，北窑洞作为辅助房	土	节能 节地	易渗漏坍陷、室内环境品质不佳
独立式窑居	土基窑洞	土崖高度不高的丘陵地带	三合或四合的窑院。正窑为核心，东窑为上，西窑为下	土基土坯拱与土基砖拱	节能 节地	易渗漏塌陷、室内环境品质不佳
	砖石窑居	在山坡与河谷之采石便利处	三合或四合的窑院，窑顶上建造房屋	砖、石	节能 节地	室内环境品质良好

6.2 原生窑居营建体系"地域基因"的诊治与识别

我们将对这些影响住居生成与发展的环境因素的认识、把握与主观应对看做是地区建筑的"地域基因"。任何一种黄土高原的窑居类型，无论是整体聚落还是窑居单体，都是对当地极端变化的气候条件、沟壑纵横的复杂地形地貌、贫乏的物质资源、落后的经济状况及其古朴豪迈的黄土文化与民俗等物候、资源、经济、社会文化等环境因素的最佳环境应对。黄土高原的一个"地域基因"决定了窑居对环境因子的一种主观应对，而黄土高原窑居的"地域基因"恰恰是这些环境因素主观应对的系统集合。

原生窑居的"地域基因"一方面体现着窑居对环境一定的适应性，一方面又接受着极端气候与物质资源环境的塑造，凝聚着黄土高原地区人民大众应对环境的乡土"地方性知识"，闪耀着朴素的生态智慧。所以，窑居能够几百年来历久弥新，永葆活力，是依靠"地域基因"的内在进化机制，顺应自然生态环境及社会经济状况的限定，与生态共时共存。

比对黄土高原住区的各种环境因子，对发掘整理出的窑居营建体系中包含的"地域基因"进行诊治与识别，找到那些在窑居营建中体现的聚落组合、空间形态、选材、营建方式的主观应对环境策略中，哪些是符合可持续发展原则的，哪些又是不符合可持续发展原则的。我们可将之归纳为以下几个方面。

6.2.1 原生窑居地域优势基因的挖掘整理

6.2.1.1 对极端变化气候的应对之一 ——厚重被覆型结构

黄土高原的气候特征有明显的季节性，气温的年较差与日较差均较大。窑洞以黄土和砖石作为围护结构，通常屋顶上也多覆土 1.5m 以上。窑居除小面积的洞口部位相对单薄外，其他各面均包裹在厚厚的土层中。这种厚重型的被覆结构具有良好的热工性能，对维持窑居较稳定的室内热环境起到决定的作用。

1. 半无限大的围护结构

黄土的导热系数小，围护结构的保温隔热性能好，热量散失少。尤其是靠山窑与下沉式窑洞一定深度的土层温床和靠山面半无限大的围护结构，几乎隔绝了室外环境温度波动变化的不利影响（图 6-2）。

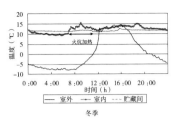
冬季

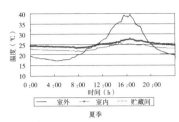
夏季

图 6-2　陕北窑洞的冬夏两季室内外温度变化曲线

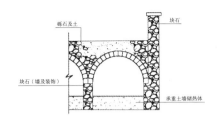

图 6-3　厚重被覆型结构

2. 黄土对热量传递的时滞效应

窑洞的半无限大围护结构的体积热容量很大，室内温度的波动一方面由通过墙体的热量传递引起，另一方面由通过玻璃窗的太阳辐射、空气渗透或室内烹调等产生的热而引起，热容量对这两方面所引起的温度波动都具有调节作用，同时抑制了室内壁面温度的变化。其原理是当室外温度变化剧烈时，其与被覆结构间的热运动减慢而产生了时间延迟效应。冬季白天，围护结构吸热储热，夜晚再向室内释放，外界温度波动对室内的影响甚微，保证了室内相对稳定的热环境，这即是人们熟知的窑居冬暖夏凉的原理。图 6-3 所示为陕北窑洞的冬夏两季室内外温度测试分布曲线，表明了无论寒冷的冬季还是日温差较大的夏季，在室外日较差相差 20℃ 的情况下，室内日温波动仅为 4~5℃。

围护结构的保温蓄热性能，减少了使用过程中的采暖负荷，且天然材料的运用避免了生产加工运输的能耗，使窑居成为天然的节能建筑。

6.2.1.2　对极端变化气候的应对之二——封闭规整的空间布局

窑居布局形态简洁规整，外表无凹凸空间，接近长方体。且窑居多面宽窄，进深大，一般面宽为 3.6~4m，进深可达 9~10m。窑居聚落形态也呈现多孔窑洞集中紧凑布局、相互串接而组成的窑洞群，较大程度地减少了暴露在外的面积。而且，窑洞除小面积的洞口部位外，其余均为厚重墙体或深深嵌入山体中，外露结构面积最小，因而得热与失热都相对少，有利于维持室内的热平衡（图 6-4）。

6.2.1.3　对极端变化气候的应对之三——避风向阳与获取日照

极端变化的气候，使冬季采暖成为不容忽视的问题，而黄土高原稀少的植被覆盖，又为冬季采暖必须的燃料提出了极端有限的资源约束。但是黄土

图 6-4　窑居封闭规整的空间布局

高原具有丰富的太阳辐射资源，以陕北地区为例，每年有多达2700多小时的日照时数。居室坐北朝南的朝向选择就使房屋处于接纳阳光的方位。靠崖式窑居群落坐北朝南，矗立于阳坡，而且层层叠退的群落组合保证了每栋建筑都最大限度地获取日照，彼此间毫无遮挡；独立式窑居与下沉式窑居更刻意将居室置于南向，开满榫花格窗，既可获取满室阳光，又可从中获取热能，可视为被动采暖太阳房的雏形。在温暖和煦的阳光照耀下，开敞的窑居院落，成为人们日常活动交往的场所，妇女们操持家务活计，孩子们在院中嬉戏追逐，一派农家质朴怡人的生活景象（图6-5）。

为了防止冬季的冷风渗透，窑居选择南向建造还有利于规避冬季寒冷的西北风侵袭，即使是门窗洞口、庭院布局、入口的方位等处都体现对防风避寒的设计匠意。

6.2.1.4 对复杂地形地貌的应对之一——随坡就势的立体构筑

黄土高原沟壑纵横、耕地面积稀少。窑居在这种不利的环境条件下，向土层索取有效空间，凿崖挖窑，取土垫院，既避免了对原生地貌的大量破坏，又在不宜耕种的山坡地建造，不占用粮田与绿地的面积。窑居顺坡地层层展开，最大限度地节约土地，将有限的土地资源进行立体的空间划分：每户院落均顺地形层层退台且层叠相错，保证了院落间的空间独立；即使是每家的院落也会立体划分上下院，保证家庭生产与生活互不妨碍。因而，在许多窑居村落，我们常会发现，某一家的窑顶或是公共小路，或是另一户人家的前院，窑院层叠相错已成为人们共同认可的修筑方式（图6-6）。下沉式窑居更是对土地支出近乎为零的建筑形式。整个建筑与院落隐藏于地下，而呈现"见树不见村，进村不见房，闻声不见人"的奇妙景象。其居住空间隐藏于地下，窑顶的地面是生产用地，各家的窑顶是自家的晾晒场所，天井院内可种植果树，力求节约土地，甚至不占用地，对自然风貌最少破坏与改造（图6-7）。

图6-5（上） 窑居避风向阳选址
图6-6（中） 窑居随坡就势的立体构筑
图6-7（下） 土地零支出的下沉式窑洞

6.2.1.5 对复杂地形地貌的应对之二——立体种植的庭院经济

在黄土高原的窑居村落，家家户户都有大小不等的庭院，农户们充分利用家庭院落的空间，开展立体种养业，不仅提高了土地空间的利用率，也提高了农户的收益。许多农户都在自家的窑顶上种植蔬菜与经济作物，在院落中种植低秆树种，如花椒、桃子或种植花草等。增加植被的作用，不仅在于植被根系可加固表层黄土，以减少风沙、暴雨造成的土层流失和净化空气，还在于夏季能阻减土壤的传热，调节微气候，实为一举多得，达到节地与经济的双赢效果。

6.2.1.6 对贫乏的物质资源的应对之一——就地取材与循环使用

黄土高原地区植被稀少，木材奇缺，但却提供了丰厚的黄土资源作为营建材料。黄土土质稳定性极好，可壁立15~20m，仍可长期保持稳定。而且黄土具有质地均匀、抗压抗剪强度较高的物理特性和结构稳定性。黄土窑洞不仅节省木材，而且黄土层具有良好的保温与蓄热性能，对气候具有相当大的调适效应。

在资源奇缺的地区，人们也充分发挥智慧，做到对资源的"物尽其材"，将对黄土资源的利用发挥到极致。如：通过横向挖掘取得室内空间，最大限度地利用原状土体作为窑壁、窑顶；还可以利用挖出来的原土，通过版筑作为院墙、隔墙，或打成土坯，砌筑洞口和火炕，烧制土砖，镶边，用以防水；黄土还可用来做土台、土踏步等土构件，多余的土还可用于平整地、垫坡填坑等。最重要的是，黄土与石材直接取之于环境用于营建，一旦废弃后，不经过处理即可还原于环境，对生态系统的物质循环过程毫不影响，并可循环再利用，符合生态学的多级循环的原则。可称之为"取之于黄土、形之于黄土、归之于黄土"的生态循环型建材。

6.2.1.7 对贫乏的物质资源的应对之二——火炕连灶的能源利用

火炕是北方农村冬季普遍使用的防寒取暖的设施。火炕以砖石或土坯砌筑，在60cm高的炕体内部砌成回旋式的烟道，炕洞一端与灶台相连，一端通向烟囱。一把火既取暖又烧饭，利用烧饭余热将加热的空气在火炕烟道中转换成辐射热量，并发挥土炕的蓄热性能，利用其有限表面向室内辐射热量。以陕北为例，冬季最低气温达 –24℃，但仅靠窑居的保温及烧饭的余热即可维持10℃左右，有效地节省了采暖耗能。因而，暖融融的火炕也成为家庭起居的中心空间，炕桌居于正中，家人围桌共餐，边吃边聊，热闹和睦，共享天伦之乐。

由于烟灰沉落过多会堵塞烟道，一般烧柴草的炕最多三年就拆掉重砌一次，因而炕土历来就是重要的农家肥料。炕土归田，再由田里挖土打坯筑炕，炕的使用不仅实现了能源的多级利用，还包含物质的循环再利用。

6.2.1.8 对落后的经济状况的应对之一——简便经济的拱券技术

黄土高原的窑居是由砖石或土坯沿洞内发拱券形成窑居的自支撑结构。由于营建材料直接地取用，方便且来源充足，而且施工简便，技术难度不高，成为黄土高原广泛采用的一种乡土营建技术，俗称为箍窑法。箍窑技术中，拱券胎模是窑居成型的关键，以此来承载窑洞厚重土顶的压力。由于选材差异，拱模的建造在不同地区有不同的方式。如：陕西及以西地区，多用无模架法构筑：以木材作临时立柱、横梁，以及石材与砖作瓜柱，以柴草填塞孔洞、缝隙，再用泥土在表面筑模。这种一次性的拱模制作，只能用于一孔窑洞的修建。而黄河以东的晋中地区，一般采用有固定模架的方式：以木材制作可重复利用的活动拱券模型。当窑腿砌好后，沿拱券模型砌砖，在距拱顶部位1m处，用焦砖干插，用薄石片、瓷片塞缝压紧，后用白灰浆灌缝；窑顶再分层填土夯实，待土干燥达到强度再掏空拱模。箍窑技术不仅简单便利，且造价低廉，一般每孔窑洞造价约2000~3000元（图6-8）。

在长期的营建过程中，人们也总结了一套箍窑的经验与科学的原则，被大家一直普遍遵循。基于不同地区的自然条件与黄土的性能差异，对单体窑居的开间、进深、窑洞高度、高宽比、腰腿厚度、起拱高度、覆土厚度及起拱曲线均有一定的数值规定(图6-9)，事实证明确有其合理的力学依据。如：窑居起拱曲线的几何形状主要有：双心圆拱、半圆拱、割圆拱、

图6-8（上） 简便经济的箍窑技术
图6-9（下） 地域技术及箍窑经验
（资料来源：童丽萍.生土窑居的存在价值探讨[J].建筑科学,2007(12)）

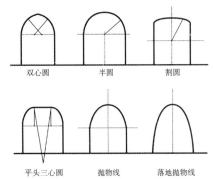

| 双心圆 | 半圆 | 割圆 |

| 平头三心圆 | 抛物线 | 落地抛物线 |

平头拱、抛物线拱和落地抛物线拱等几大类，选用不同的起拱曲线主要取决于自然地质条件的施工难易程度。半圆拱的曲线易于成形，侧墙较低，施工方便，应用较为广泛；割圆拱侧墙较高，宜在含有料姜石且干燥的土层中使用；双心圆拱、三心圆拱侧墙较低，曲线成形方便，宜用于土质松软的土层；抛物线拱曲线成形难，施工较难；落地抛物线拱是将拱与侧墙合为一体，由于侧墙是曲面，使用很不方便，故现存窑居较为少见。

同样是"窑宽一丈"的传统做法，但每个地区建造时均有不同的做法：陇东为 3.33m；陕北多为 2.4m、3.3m、3.6m、3.8m 几种尺寸；山西以 3m 最为普遍；河南则为 2.8m、3.2m 等；乡间还流传着一些建窑的民俗习语与建窑的经验做法："窑宽一丈、窑深二丈、窑高一丈、腰腿九尺"、"南风一堵墙，北风来了没处藏"、"土窑爱塌口，石窑爱塌掌（窑背部）"等。这些民俗习语都是人们长期积累的经验，其中无不蕴涵着乡土的智慧与巧夺天工的匠意。

6.2.1.9 对落后的经济状况的应对之二——邻里协作的营建互助

黄土高原的村落，每家箍窑盖房都被视为村里的大事，许多乡亲会趁农闲时节伸出援助之手。而由工匠艺人、邻里乡亲与户主共同组织起来的施工队，自己丈量备料，施工建造，就可将窑洞建成。箍窑技术施工简单、造价低廉，易学易用，因此，许多居民都谙熟一套施工技术。地域技术为使用者参与社区建设提供了技术保证，同时从参与建设的过程中，加强使用者之间的交流与协作关系，也成为黄土高原地区特有的社会文化组成部分。

6.2.1.10 对黄土文化与习俗的应对之一——有机镶嵌的自然景观

窑洞民居没有触目的外观体量，空间形态封闭内向和天然材料的运用，使其呈现自然、浑厚的特征。窑居村落更是顺应地势展开，或星罗棋布地隐藏于黄土中，其建构并未对自然生态系统构成破坏，而是最大限度地融入地形地貌与自然肌理，成为大地自然景观的一个构成部分（图6-10）。

6.2.1.11 对黄土文化与习俗的应对之二——素朴生辉的人工雕饰

南向立面是窑居整体的构图中心，俗称窑脸，它既反映了拱形的受力结构，又展示了乡土的装饰艺术。无论经济条件如何，居者总是将窑脸精心装饰一番，从最简朴的草泥抹面，到砖石窑脸，到精致的石材耙纹装饰，再发展到木构架的檐廊木雕和花墙，镂花的木窗格上贴着花色艳丽的、图案多样的各式窗花，拼花碎布缝制的色彩明快的门帘，都尽显黄土高原人们聪慧与浪漫的生活情趣。在温暖阳光照耀下，高敞的农家小院呈现一片丰收秋景，窑脸上串着红彤彤的辣椒与黄灿灿的玉米棒，青灰色的耙纹石墙面在阳光的照射下泛着莹莹光辉。在院落环境的映衬下，古朴浑厚的窑居整体形象，与丰富的民俗装饰形成强烈的色彩对比与视觉冲击力，散发着强烈的表现力，与环境融为一体（图6-11、图6-12）。

图 6-10（左） 窑居聚落有机镶嵌的自然景观
（资料来源：侯继尧等 . 中国窑洞 [M].郑州：河南科学技术出版社，1999）
图 6-11（右） 窑脸石材肌理

图 6-12 素朴生辉的人工雕饰

　　传统窑居的形态特征反映着地区人们特有的审美观念,这种美来自于对自然环境与社会文化的诚挚响应,和对资源、材料与结构的忠实体现。自然的构成与朴实的人工雕饰相应生辉,在地区生态与文化背景的依托下,产生与环境和谐的整体美。

　　图 6-13 所示为窑居地域优势基因的集合。

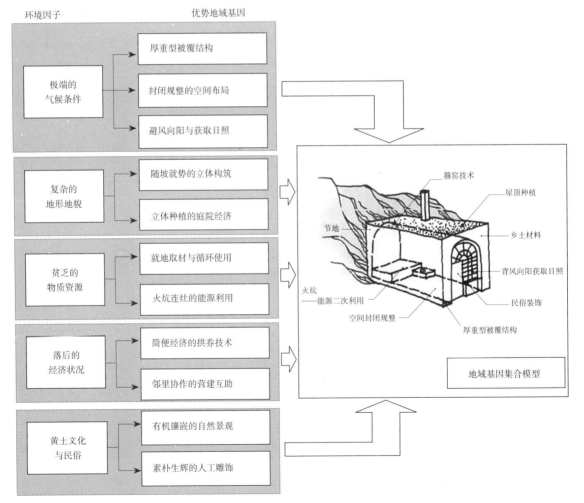

图 6-13　窑居地域优势基因

6.2.2 原生窑居地域劣势基因的诊治与识别

在可持续发展原则下,对整理出的地域基因还需进行科学的识别与判断,不仅要找到具有生态价值的优势地域基因,还需要找到那些阻碍地区营建体系健康生长的劣势基因,辨别哪些基因还可以通过一定的手段转化为有利基因,哪些必须彻底摒弃,以便于我们找到对症的方法,恢复地区营建体系自身发展的活力,使原生的地区营建体系获得再生。黄土高原不利于可持续发展的致病基因如下。

6.2.2.1 室内物理环境品质低下

原生窑居冬暖夏凉的环境特征众所周知,但是由于其自身结构特点而存在的问题也显而易见。首先,窑居进深多较大,后部采光明显不足。而且一般窑脸的开窗面积很大,导致室内照度随进深变化过快,"近窗处和远窗区域亮度对比过大,不但造成房间深处表观亮度下降,使之显得更暗,并且室内活动的人在显著照度、亮度变化中经常处于视觉明暗适应过程,造成视觉上的不舒适感。"[1]其次,窑内空气温度场分布不均匀,使冬季室内气温偏低,而夏季又存在空气相对湿度较高的问题。第三,窑居南向开窗,北向不开窗,没有穿堂风,造成室内通风换气不佳。第四,窑居的空气质量不佳。窑居室内多为素土或黏土砖地面,易起灰尘,室内的浮尘是普通住宅的几倍,"由于通风不畅引起的室内空气质量(浮尘、二氧化碳、一氧化碳、氡辐射)较差"[2](图6-14)。

6.2.2.2 空间环境品质不佳

原生窑居的空间形式简单、呆板、平淡;而且,随着家庭人口的增长,窑居的居住密度分布过大,造成起居、睡眠、餐饮等多功能混杂于一室,无法满足人们基本的私密性要求,尤其是缺少必要的卫生设备(图6-15)。

图 6-14(上) 原生窑居室内物理环境品质低下

图 6-15(下) 原生窑居空间环境品质不佳

6.2.2.3 对灾害的适应性较弱

黄土窑洞常见的灾害类型有窑脸坍落、土体坍塌和滑坡引起窑洞破坏等。由于窑洞缺乏整体抗震考虑,有些窑洞又未作加固处理,对灾害的抵御能力较弱。土窑的窑脸土体是一个临空自由面,抵御水平地震力的能力较差,地震力的作用很容易引起窑脸坍落。尤其是靠崖式窑洞常位于不稳定的边坡或陡崖上,地震诱发滑坡而引起窑洞土体塌毁的现象也时有发生。在陕北一代流传已久的有关窑居灾害的俗语是较好的佐证,"土窑爱塌脸(窑前部),石窑爱塌掌(窑后部)"。而且,由于黄土本身就是一种多孔隙结构的材料,当雨季来临时,土的重力密度增加,抗压、抗剪强度降低,易引起窑洞渗水、裂缝,甚至局部或整体坍塌。

6.2.2.4 原生窑居聚落形态的无序性

随着农村经济体制的改革与乡村经济的快速发展,

❶ 钟珂. 窑洞室内物理环境的基本特征 [J]. 西安建筑科技大学学报, 1999(1): 12-13.
❷ 刘加平. 传统民居生态建筑经验的科学化与再生 [J]. 中国科学基金, 2003(4): 234-236.

图 6-16　原生窑居聚落形态的无序性

黄土高原的农业经济方式由单一的农耕经济走向多元化的经济结构，这使得传统的生活方式发生了很大改观。同时，生活方式的变革使人们摆脱了原有的追随水源的束缚，为平地建房创造了可能。加之，原生窑居的居住环境长期滞后于社会生活发展所产生的矛盾，使居住者产生了抵触与厌恶的情绪。因而发生了不少经济条件较好的住户纷纷弃窑，下山"脱贫致富"，乱占耕地建"小洋楼"，加剧了村落整体布局的无序性与严重的土地空废化。以平屋顶、砖墙、瓷砖饰面，与铝合金窗为突出特征的"乡村新建筑"，打破了原有聚落形态的整体协调性，及其与生态环境长期形成的有机嵌入的和谐自然景观（图 6-16）。

由于人口的增长，家庭人口结构的小型化，以及乡村居住空间品质需求的提高，窑居院落在数量上急剧扩张，聚落原生的结构形态基本解体。而且靠崖式、下沉式与独立式窑居类型的差异及其所处地貌的不同使聚落形态的变迁呈现完全不同的态势。❶

独立式窑居由于居住敞亮，通风采光较好，又保持了窑居冬暖夏凉的物理特性，其优势实为靠崖式与下沉式窑居可比。而且，其聚落多临近过境交通，新老建筑成团组织，且邻近农业用地。人口的增长促使窑居聚落呈现"摊大饼"式的聚落扩张趋势。

由于下沉式窑居与现代居住生活要求极不匹配，致使下沉式窑居聚落呈现出严重的老村空废、新村分散、整体混乱的特征。如大部分的住户选择在原地坑窑周边的开阔地建造房屋，窑院或储藏或废弃，还有的索性完全废弃原来的聚落，开辟新区建设新的宅院村落。

由于原生的靠崖式窑居聚落多为自然聚合的自然发展，追随充足水源与较好的微气候环境建造使村落的住户分布较为随意、零散，本身就不利于土地的高效使用。近年来，由于机械打井、机械抽水的发展，使得靠山式窑居住区单纯依赖溪水的格局发生变化。许多住户向交通便利、离耕地较近的塬

---

❶　雷振东.整合与重构——关中乡村聚落转型研究 [D]. 西安：西安建筑科技大学博士学位论文，2005：48，关于乡村聚落形态结构的现实的相关内容总结。

区移动，突破原有靠崖式窑居受地形所限营建的限制，聚落由线形向立体化散落格局转化。

6.2.2.5　基础设施建设的严重滞后

当前窑居聚落正处于原生状态向现代化乡村的转型时期，村落的持续扩张，耕地面积的日益减少，聚落形态的散落与混乱，使住区在道路交通、水、暖、电、燃气、通讯等基础设施的建设方面面临着多困难。缺乏基本的公共服务设施与人们活动交往的场所，给居住者的日常生活带来诸多不便。

6.2.2.6　资源能源消耗的不合理

人们的生产生活用能主要依靠煤、木材等不可再生资源，导致了环境污染，加速了不可再生资源的短缺，使生态系统的正常物质循环出现障碍。水资源严重短缺，水资源环境质量的下降是黄土高原整体经济发展与社会文明的主要障碍之一。

6.2.2.7　缺乏废弃物的资源化处置

目前，窑居住区环境多呈现脏、乱、差的面貌，大量生产生活废弃物随意堆放，破坏了生态环境。而住区生态系统的平衡有赖于系统内物质与能量的循环再生利用，形成高效的生物网。

6.2.2.8　经济活动违背生态原则

黄土高原地区大多属于贫困地区，人们的生态意识淡薄，缺乏资源的危机感，生态保护让位于经济发展，一些企业的生产活动违背自然规律，环境资源严重浪费，"三废"问题严重，都加剧了生态环境的恶化。

以上一系列的社会、经济与环境问题，直接阻碍着窑居住区现代化发展的进程。原生窑居环境长期得不到改善，与社会发展及人们高质量的生活需求不相协调，大部分居民对窑居产生了厌恶与抵触情绪。在对建房的向往与追求中，将窑居视为贫穷、落后的象征，纷纷"弃窑建房"，已严重威胁着这一古老的居住形态与地方文化的存亡。那么，我们如何才能保持传统窑居的精髓——具有生态价值的优势"地域基因"，化解现代科技文明与古老的居住传统之间的矛盾，反而促进两者相互借鉴吸收，激活这一优秀的文化传统，使之能够获得再生与持续发展，这将是黄土高原窑居营建体系可持续发展研究的关键问题。

6.3　绿色窑居"地域基因"的重组与整合

通过以上对原生窑居住区优势"地域基因"与劣势"地域基因"的把握，使我们对窑居营建体系的生成生长来源有了更深刻的认识，解决了"为什么"的问题；同时，对致病基因的诊断，帮助我们更好地找到原生营建体系所遭遇的困境，以便对症施治。

重组与整合原生地区营建体系的"地域基因"，是以实现可持续发展为最终目标，在住居"地域基因"诊治与识别的基础上，结合多学科的研究成果，以全方位的视角，发掘生态环境、资源条件、社会经济、农工业生产、历史文脉、生计方式及营建技术等综合因素的根本改善与绿色窑居住区的关系。同时，地区营建体系的"地域基因"的重组与整合，必须结合现代科学技术恰当地注入新的基因，这不仅仅是一个被动的改良过程，更是一个积极的创造过程。

6.3.1　绿色窑居营建体系"地域基因"的重组与整合❶

结合多学科的研究成果，立足于地区生态环境与经济发展状况，找到影响地区营建体系可持续发展的关键因子置于适宜性措施与技术的调控下，将劣势基因化害为利，并对优势基因进行强化与激活，使具有古老文化传统的营建体系的原生生态智慧得以承继，并在当代重新焕发活力而持续发展。可持续发展的地区营建体系的"地域基因"的重组与整合可归纳为以下的措施。

6.3.1.1　住区整体环境的综合治理

针对地区的生态现状，发掘潜在的优势，建立适应长远发展的生产、生活系统。结合生态农业、生态林业的实施，全面治理荒山荒坡，大面积退耕还林，建设林草植被，涵养水源，改善水土流失的状况；制定防洪、防震、防止滑坡的防灾措施；同时，充分发挥黄土高原的土地资源优势，合理规划山地、坡地与川地，采取不同的农业耕种方式，如：防护林、经济林及蔬菜、经济作物等，将田野、河流、防护林带、果树林木等纳入整体的绿化生态系统中，使住区环境生态化、美观化。

6.3.1.2　以节地为原则的住区空间环境规划

窑居住区的空间环境规划目的是要寻求环境建设自身发展的内在因素，促进环境更健康、协调和持续发展。按照生态系统良性循环的原则，整合住区生态系统、农工业生产系统与建筑生活系统，在综合应用节能节地，充分而科学地利用地方资源的基础上，合理调整空间布局结构，改善整体环境质量，配备完善的公共服务设施及高层次的交往场所，满足现代生产生活的需求，强化环境的亲切感和凝聚力，唤起居民对家园的热爱。

6.3.1.3　以利用可再生资源为主的新型能源消费模式

住区应建立合理的用能结构，对不可再生资源（煤、木材等）少用或不用，大力开发洁净型的新型能源，如：天然气、沼气和可再生能源，如太阳能、地能、生物质能等。黄土高原具有充裕的太阳能资源，可充分利用太阳辐射，安装太阳能光热转换、光电转换装置，为住区冬季采暖、夏季制冷、通风换气和热水等方面提供主要动力和热源，并且结合被动式的太阳能利用系统，从整体上降低住区的生活耗能。

6.3.1.4　水资源的处理与循环

改善水环境的质量，恢复和保护水资源的生态平衡显得尤为重要。首先，科学地对地区水资源的数量和状况进行详细的考察与分析评价，建立水资源的循环机制和格局。其次，应确立维持正常水循环情况下水的数量与利用方式，以及维持生态平衡应予取的措施。可对雨水、地表水和地下水等水源全面收集，以采用坡地分段局部集蓄雨水技术，将不同坡段雨水集蓄利用进行优化配置，高效利用水资源且将其纳入生态系统的循环中；重视开发和利用人畜清洁用水的水源，推广以户为单位的小水窖集雨工程；农业生产中推广先进的节水灌溉技术，如滴灌技术；探索村镇的分质供水管网的可能性。

6.3.1.5　废弃物的资源化处置

住区应强化废弃物的管理、分类处置，利用生物技术加强废弃物的循环

---

❶　本节是在《延安枣园绿色住区示范点建设报告》的基础上增改完成。

利用，延长生物链，充分利用生物质能，多层次利用庭院经济的养、种、副等组合技术综合应用，将窑居住区的生产、生活纳入完整的物质循环流动系统之中，实现住区生态系统的良性循环。

6.3.1.6 窑居居住空间环境的优化

在承继原生窑居良好保温与蓄热性能的基础上，对原生居住形态进行科学的改良与设计，合理地组织空间功能，动态弹性地利用空间，并适当考虑空间功能的兼容性与废弃后的再利用，延长窑居的寿命周期。

6.3.1.7 健康舒适的窑居物理环境

在保持窑居冬暖夏凉特征的基础上，综合性地改善室内温湿环境、光环境、风环境与空气质量等窑居微气候因素，通过合理的窑居空间形态、生物气候界面，运用主动式与被动式的设计策略共同调节窑居的微气候，创造健康舒适的空间环境与物理环境，减少建筑运作过程中的设备耗能；通过综合性的评价将调节作用因素的各种有利措施适用于窑居的形态设计之中，以获取最佳的综合效益。

6.3.1.8 适宜性技术的优化综合运用

原生窑居的营建技术中蕴涵着的生态规律与文化内涵在今天仍然具有勃勃生机，并应使其在现代窑居建设中得到进一步的保护与发展。窑居营建体系的可持续发展是以适宜性技术作为支撑，强调技术与地区自然条件、经济发展状况相协调，充分发掘传统箍窑技术的潜力，改进与完善现有技术，将地域技术与现有技术优化组合，经过科学的评价体系实施与推广于住区的建设中。适宜性的生态技术包括如下：可再生能源直接利用技术、常规能源再生利用技术、住区建筑室内环境控制技术、运用地方材料，改善窑居的结构构造技术、地基处理技术、砖石砌筑技术、拱模制作技术、屋顶覆土技术及屋顶植被的恢复技术。

6.3.2 绿色窑居营建体系"地域基因库"的建立

绿色窑居住区系统的"地域基因"之间相互协作，自我调节，以整体的系统完成趋近总体目标的功能。针对黄土高原的自然生态条件、资源、社会经济、生产生活体系的分析，对窑居营建体系的各构成因素作出权重判断，判别决定性的关键因子与一般性因子之间的立体网络关系，制定合理对策，综合改善窑居整体环境，建构起绿色窑居营建体系的"地域基因库"（表6-3），并对关键因子施以重点的调控，明确绿色窑居营建体系趋于可持续发展的目标靶点，实现窑居营建体系的生态、生产与建筑生活诸系统的整体协调发展。

6.4 本章小节

地区营建体系的个案研究选择以黄土高原的典型细胞——窑居作为研究对象，通过对原生窑居聚落与窑居类型、空间特征的分析，对窑居"地域基因"进行诊治与识别，挖掘原生窑居应对极端气候与资源的优势基因及阻碍窑居持续发展的劣势基因。同时，结合多学科的研究成果，立足于地区生态环境与经济发展状况，重组与整合窑居营建体系的地域基因，全面地改善住区环境、能源消费模式、水资源利用、废弃物的处置，优化窑居的空间环境及适宜性技术的优化组合，从而建立绿色窑居的地域基因库。

因子分类分组：自然条件 / 资源能源 / 自然灾害 / 环境 / 社会经济 / 生活体系 / 设计建造 / 科学技术投入 / 政府调控 / 公众参与

设计内容 / 措施手段	塬梁峁沟谷地貌	光照强度	夏季干热	冬季寒冷	土地资源丰富	水资源缺乏	太阳能丰富	地方建材	煤炭资源丰富	天然气石油	干旱	山洪水涝	滑塌泥流	冰雹	空气污染严重	河水污染	生活生产垃圾	小流域治理	废弃物处理	耗能结构	经济欠发达	公用基础设施薄弱	生态农业	果林用材林	乡镇企业发展	小康村指标	生态村指标	文教卫生	环境建设	历史传统	民情风俗	社区凝聚力	环境教育	现代生活需求	传统建筑再生	易更新的方式	永久材料的使用	建筑寿命	新材料、新技术	规划学、建筑学	生态学	经济学	社会学	地理学	政策法规	各级政府部门	决策监控小组	基层干部讨论	与村民参与	地方工匠
自然能源资源有效利用 — 地势利用节地	●																																	○						●	●	●			○		○			
自然通风换气空调			●	●											●					○								○											●		○								
主被动太阳能利用		○	●	●																								○											●	●	○								
自然采光																												○												○	○									
地能利用			○	○																								○												●	●									
水资源综合利用			●					●										○		○	○																			●	○									
生物质能利用							○	●		●	○		○	○																																				
水资源的多级使用			●					○						●						●																				○										
自然防御 — 合理选址																																							●	○	○	○						○	
抗震设计													○																										○	○									
隔热气密		○	○	○																																													
加强隔水防潮													○																																				○
健康舒适环境 — 良好的采光通风														○													○						○														○	○	
高质量的热环境		○		○																								○						○							○					○			○	
除湿去寒																											○						○							○					○			○	
生活与生产 — 足够的公建用地																				○	○		●	○	●		○									○					○	○							
适宜的居住组团	○																			○	○		○	○	●		○									○					○	○							
合理的居住规模																				○							○									○					○					○	○ ○	○	○	
庭院经济																○		○	○		○	●																	●			○							○	
绿色企业																○		●	○	●																					○	●							○	
基础设施 — 生活生产道路系统	○														●		●		○		●				○			●																			○	○	
给水排水系统				○							○	○	○			○					●	●	●											○																
垃圾的资源化处理																	○		○								●	○	○																					
建材构造方法 — 地方石材的使用								○																						○	○						○	●												●
动态设计方法																														○	○	○		○		●									○					●
楼窑设计																											○			○	○	○		○															●
太阳房的结合		○		○												●			●								○	○	○					○					○	○									○
蓄热墙及余热作用			●				●	○	○									○	○									○						○					○	●									○
地沟加热降温除湿			○	○																																			●										

注：●重要因素、重点解决　　○次要因素、建立关系

7 绿色窑居营建体系的表征与机理[●]

从系统论的角度来看，绿色窑居住区是开放系统，系统的大小不确定，其范围在程度上依据人们所研究的对象、研究内容、研究目的或地域时空范围等因素而确定。从结构和完整性的角度看，它可以涉及地域、乡镇、聚落及单体窑居等多个层次。以控制论下的系统论、系统工程及生态工程的原理，对窑居营建体系进行系统分析，把握其调控机制，保证系统向可持续发展的目标演进。

7.1 绿色窑居住区的系统分析

绿色窑居住区的结构特征是在其个体和群体的生成与生长过程中，有意识地把本来不受控制的因子置于决策监控系统的控制之下，通过其完善的构成因子间作用的物质流、能量流和信息流，构成一个有机的网络系统。这一系统能够依靠自身的结构和功能，实现朝着既定目标的自控制、自调节、自补充、自降解的前进运动。其发展程度超高，这种内在机制也就越多样、越复杂。这一高效和谐体系对自然界的干扰被限制在"生态阈限"之内，强调多一些循环，少一些输入与输出，把资源和能源的投入、把废弃物和污染物的产出减少到最低限度。

绿色窑居住区涉及的因素虽然十分复杂，但其脉络结构清晰。所有因素分属于四个分系统，即自然生态系统、农工业生产系统、建筑生活系统和决策调控系统。而每个分系统又划分为若干个子系统，每一个子系统又包含了若干因素，这样能量流和物质流沿着这个多层次、多级的系统循环流动。而我们需要做的是通过对系统结构、功能、要素等的分析，把握系统中人几个关键因素，在符合系统良性循环机制的基础上，使系统内的物质流和能量流的损耗达到最低程度，从而实现高效和谐、自养自净、无废无污、生活舒适、文脉延续，实现生态效益、经济效益和社会效益相结合的理想居住环境。

绿色窑居住区涉及因素广、关系复杂，但它是一个完整的有机整体，例如，对自然生态系统中能源分系统的因子太阳能的开发利用，就会影响自然生态系统的质量、建筑生活系统的耗能结构、窑居庭院经济等。系统内错综复杂的网络关系使绿色窑居住区成为一个不可分割的有机体，对其可持续发

---

❶ 本章研究内容在李立敏. 从控制论的角度研究枣园绿色住区可持续发展机制 [D]. 西安：西安建筑科技大学硕士论文，1998 的基础上增改而成。

图 7-1 可持续发展的窑居营建体系
的系统要素集结构图

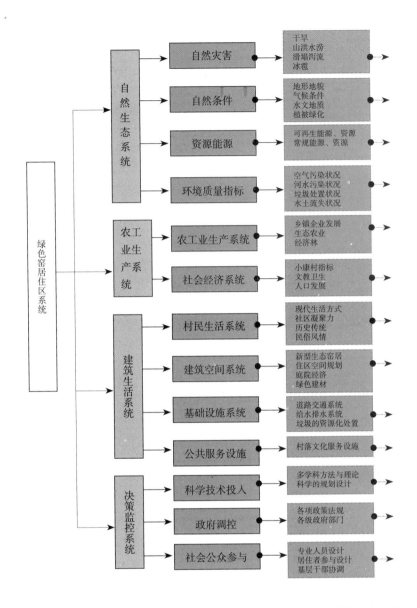

展的研究不能仅仅局限于某一个因素，需要系统全面地分析。首先，应区分窑居住区系统的决定性因素与一般性因素，建立反映因素间的立体网络关系的要素集（图 7-1），并强调对自然条件、能源、建筑空间、基础设施等关键性因素的重点解决；其次，把握各子系统间目标、功能的差异，明晰相互制约与促进关系；此外，还要协调系统的要素分布、相关性及层级关系，按照可持续发展的目标有序化，解决与转化矛盾，协调系统各环节，在符合系统良性循环的基础上，使系统物质流、能量流的损耗达到最小化。

通过上面的分析，我们可以得到一个综合性的系统层次结构（图 7-2），充分显示了住区系统各层次之间及同一层次各要素之间的有序性关联，为以后进行系统设计及综合评价奠定了基础。

在绿色窑居住区营建过程中，首先应该确定环境目标，对于解决这些问题的可能设计战略与途径给出指导性原则，使其在策划与设计阶段就能够迅速地决策采用一项方案后的环境受益状态。维持系统的使用运转，应该是依

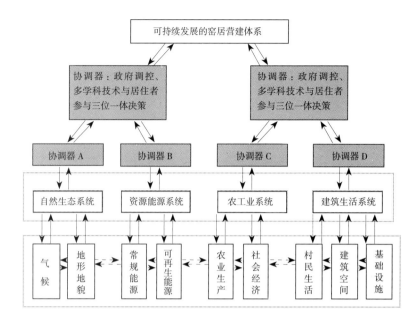

图 7-2 可持续发展的窑居营建体系
的系统层次结构图
（资料来源：李立敏. 从控制论的角
度研究枣园绿色住区可持续发展机
制 [D]. 西安：西安建筑科技大学硕
士论文，1998）

靠其自身的机能，并结合适宜的技术手段。这里涉及人工建构的环境"应该
是怎样的"这样的问题。

地区营建体系庞杂的结构关系与复杂性决定了，单一目标无助于地区
自然生态、经济生活与建筑生活系统的整体协调发展。在确定可持续发展
的总目标下，必须对总目标进行分解，建立目标体系（目标集）（图 7-3），
以便逐步实现与保证总目标的实现。总目标集中概括地反映了系统要达到
的目的和指标，具有全局性、总体性；分目标是体现总目标的具体目标，
是总目标的细化和具体化。分目标是总目标的具体分解，其集合才能保证
总目标实现。绿色窑居住区的发展具有动态性特征，相应地系统的目标体
系也是历时分阶段的目标结构，为三维立体目标结构，是时间过程中的层
次结构的反映。它的发展变化不仅符合当前系统的要求，同时还应符合未
来系统的发展方向。

在这个目标体系中，各目标的重要程度不同，因而，首先，应保证分
目标与总目标协调一致；在考虑目标集完整性的基础上，权衡系统的远期
目标与近期目标，突出主要目标与次要目标的分别，使系统向既定方向有
效运行；注重目标的动态发展，不仅要符合当前系统的要求，还应符合未
来发展方向；注重目标的适宜性，不能脱离地区的环境约束、自身状况与
实际需要。

我们可以看到目前由于黄土高原生态农业大环境的推动，实行以农业为
主导，大面积退耕还林还草，发展果林、经济林管理生产。绿色窑居住区内
涉及生态农业的子目标，如 a、c、j、k、i 等是可靠的，而系统中的子目标，
如 f、h、i、m、n、o 等是长期持久的目标。虽然随着系统的不断发展，各
子目标也在不断地自我完善，但在一定的周期内，很难达到成熟的程度。另外，
还有一些子目标属于新注入的因素，它们决定了传统窑居住区能否达成为绿
色住区，决定了系统的发展方向，即子目标 b、d、e、g、p、q、r 等。整个
系统共同配合与努力，有可能逐一实现这些子目标，并同时保证系统能够朝
着既定目标不断推进。

图 7-3 可持续发展的窑居营建体系的目标集

（资料来源：李立敏. 从控制论的角度研究枣园绿色住区可持续发展机制 [D]. 西安：西安建筑科技大学硕士论文，1998）

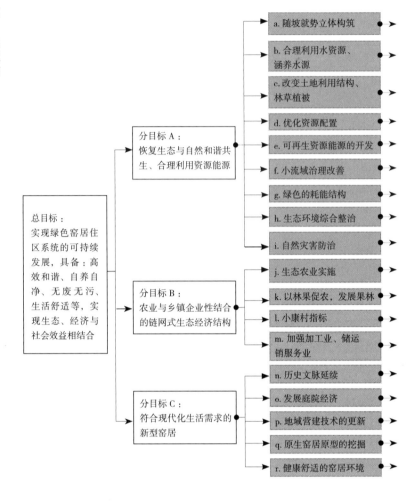

7.2 绿色窑居营建体系的调控机制

绿色窑居住区是一个典型的复杂系统，其运行过程可分为观念阶段和实施阶段。结合各行业的"绿色"成果，确定窑居住区的关键内容，制定切实可行的目标、原则及可操作的方案，并进行综合性评价。在实践过程中会取得不断的信息反馈重新进入系统，校正系统的偏差，针对系统的主控因子，通过系统的循环动作，使系统向总目标趋近，趋向于高效和谐，生态、经济和社会效益相结合可持续发展的目标（图 7-4）。

绿色窑居住区系统不断发展的过程中，逐渐会实现它的自适应、自组织和自调节状态，并使得以下特征在其中得到突出的体现，也是绿色窑居住区系统中得以良性发展的主要导衡机制。

1. 整体有序性

绿色窑居住区体系从随机到有序并趋于稳定，是整合了生态环境、社会经济、历史文化、生计方式、营建法则、适宜技术等多种构成因子相互制约、协调统一的动态平衡系统。在其决策管理和设计营建中，着眼于整体、全局，着眼于大的生态环境及区域时空，以防止系统的无序与混乱。

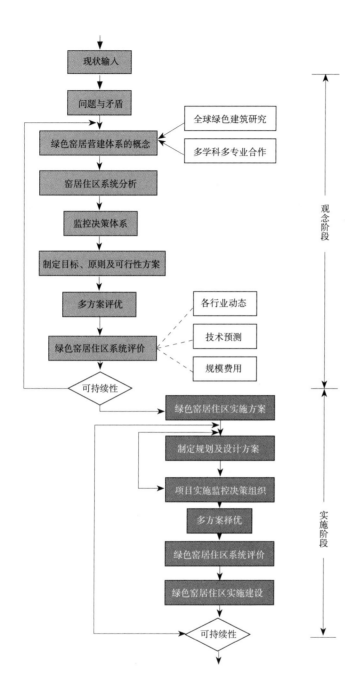

图 7-4 可持续发展的窑居营建体系的运行过程

（资料来源：李立敏. 从控制论的角度研究枣园绿色住区可持续发展机制 [D]. 西安：西安建筑科技大学硕士论文，1998）

2. 循环再生性

绿色窑居住区体系作为对生物圈物质运动过程的功能模拟，是应用生物共生和物质循环再生的原理，运用生态工程的技术成果，在营建和使用过程中物质和能量多层次分级利用的建设体系。在这个过程中，输入物质在第一次营建使用后，其剩余物是第二次营建（或其他系统）的原料，如果仍有剩余物则是第三次营建的原料，直到全部废弃物纳入循环使用。因为以生产资料形式进入营建过程中的不可再生资源，经过使用过程消耗后产生的废弃物，就其物质的化学构成来说，其实是没有被真正消耗掉的，它们只是被"用过"而已，虽然不可能重新变成"原生资源"，却完全可以经过化学的、物理的、生物的处置重新变成资源，进入下一个级次的使用，如此循环不已，这样形成的物质循环，不仅仅大大地延长了不可再生资源的使用寿命，而且将使环境污染大为减轻。

以上特性充分体现出系统的自养自净和降解污物的本领，即内部机制中具备多重物链网络关系。这不仅区别于以大量排放废弃物为特征的传统营建方式，而且区别于目前净化处理废弃物和环境治理的方法，它以废弃物最少化的形式，实现营建过程的"零排放"。

3. 反馈平衡机制

反馈机制是绿色建筑体系在趋向可持续发展总目标的过程中起调节作用的一个制导系统。其系统发展过程既受到某些限制因子或负反馈机制的制约与调整，同时又受到某些有利因子或正反馈机制的强化与促进。以往我们常常能够通过负反馈机制对系统内部进行调控，进行自我更新、自我组织，调整系统的输出。从控制论的角度来看，我们更应该研究其正反馈机制，通过调控对某些受控的优势因子进行强化和激活，促进系统向着既定目标由量变到质变。

4. 层次阶跃特征

人与自然复合生态环境的可持续发展有赖于"资源支持系统"和"环境支持系统"的健全与合理。依据生态系统中的生物不断扩展其生态位，不占用新的资源、环境及空间，以更多发展机会的特征。绿色住区体系可以不断调整内部因子的结构（如改变生活用能模式），采用现代科技手段，不断摆脱旧的限制因子的约束，拓展新的构成因子。其中，最有吸引力的是发掘和利用自然界的可再生资源，从而改善环境，使人类复合生态系统上升到一个更新、更高的层次。只有这类资源才是真正"取之不尽，用之不竭"的，而且不产生污染。因此，在绿色窑居住区中，对太阳能、风能、地能、生物质能等的利用，特别是在针对这一地域特征非常强的住区营建中应占有重要的地位。

5. 绿色营建技术

绿色窑居住区系统是以绿色技术支撑的。它的运用既有经济目标，更有环境目标，是以环境、社会、经济效益的统一为原则的。目前，在绿色窑居住区体系中应尽可能地从科学技术研究中取得对于调整用能结构、建筑节地途径、节水技术与污水资源化、废弃物资源化处理等方面的突破性进展。

7.3 本章小节

本节通过对窑居营建体系的系统构成要素集、系统层次结构、可持续发展的目标集的分析，把握窑居地域基因的调控机制，促进其向可持续发展的目标演进。

8 绿色窑居营建体系的形态拓扑群

拓扑学理论是一种深层的思维方法，利用拓扑几何学原理作为建筑形态转换的媒介，可以帮助我们挖掘内在整体结构支撑下的窑居形态能动地发生与运算的机制。通过以上对黄土高原原生窑居形态的深层内在结构的还原与抽象，找到包含应对黄土高原气候、资源、经济技术、生计方式与社会文化等环境因子的拓扑同胚元，以其为构造元素组合成为窑居建筑的拓扑原型。为了建立可持续发展的地区建筑的秩序性与高效和谐性，创造地区建筑聚落形态的自组织的良性生长机制，我们试图结合现代科学的原理与技术进行改良与重组，建立黄土高原窑居形态拓扑同胚变换的拓扑空间不变量。由此，以窑居的拓扑原型——窑居独院—窑居基本生活单位—窑居聚落—窑居营建体系的各层级为研究技术路线，探寻黄土高原窑居营建体系健康生长的适宜性的形态模式。

8.1 拓扑形态变化与菜单式的形态模型

生长是任何有机体都遵从的自然规律，生长的过程无不伴随着对环境适应的不断自我调整与机体新陈代谢的过程。随着作为聚落群体组织构成的细胞——建筑单元的不断自我更新与完善的生长过程，整个群体建筑也处于不断的自我更新的过程中。而建筑的有机生长必然反映在建筑本体的层面——形态上。

基于黄土高原窑居营建及其地区经济发展的现状，营建体系中居住者参与建造的成分较大，尽管地域营建体系所包含的生态价值在未来仍具有相当的活力，但是由于缺乏专业人员的科学设计与引导，原生建筑体系的生长不仅与现代居住生活的舒适、安全、健康的需求相距甚远，居住者对短期需求的关注都难以兼顾环境与经济等整体效益，背离窑居营建体系建立自我健康、持续发展的机制。

运用拓扑几何学的理论，建立从窑居独院、窑居基本生活单位、窑居聚落的多样化的形态模式，直至整体架构窑居营建体系，为其健康的有机生长提供适宜的模式样板。随着人们生活需求的变化、经济方式与人口结构的变迁、生活方式趋于多样化，孤立的窑居设计难以兼顾居住者个性化的生活需求，只有根据其具有普遍共性的拓扑原型基础上的形态变换，预测与设计出"菜单式"的多重选择形态模式，不仅为多专业人士针对现场条件设计提供了"开发"与"升级"机会，更重要的是基于黄土高原的社会经济现状，为多专业人员协作科学地引导设计，并结合居住者参与营建过程，合作建立营建共同体，提供了从设计、施工、建成到改造的窑居良性生长的可能性，更好地把握与调控窑居营建体系向既定的目标演进。

首先，多专业人员协作汲取原生窑居营建体系的拓扑原型，基于对黄土高原生态、经济与环境状况的了解与评价，提出窑居营建体系的形态拓扑变换的模式菜单。该模式菜单是从窑居独院、窑居基本生活单元、窑居聚落直至窑居营建体系层级的整体架构，是从窑居用地、形态布局、体形、建筑围护界面等出发构造建筑实体模式，以便于设计人员与居住者科学选择与合理组合。第二，这种菜单模式的可视化形式，并不会约束设计者的思维框架，而是为专业人员与居住者之间的交流与相互启发提高了深化与完善的基础参照模板，基于建造基地的多种现实状况完成对实际营建方案的最佳选择。同时，也为建成后，居民自助伸展扩建与弹性改建，满足居住者需求的动态变化提供很大的弹性空间。

8.2 绿色窑居独院的拓扑形态转换

8.2.1 绿色窑居独院的拓扑同胚原型

通过上文对黄土高原的生态、生计方式与社会文化环境的剖析，我们从原生的窑居类型中挖掘其深层的内在结构，简化、还原、抽象其具有根本关联作用的要素，找到窑居营建中的相似或同胚"元"，它是窑居拓扑原型结构的基本构造元素，包含着对黄土高原物候特征、共同的经济方式、社会生活、地方自我意识等综合因素的最佳应对模式。根据极端的气候条件、复杂的地形地貌、贫乏的物质资源、落后的经济状况、黄土文化及民俗等因素，将窑居的拓扑同胚元分别描述为以下：

（1）厚重型被覆结构；
（2）封闭规整的空间布局；
（3）避风向阳与获取日照；
（4）随坡就势的立体构筑；
（5）立体种植的庭院经济；
（6）就地取材与循环使用；
（7）火炕连灶的能源使用；
（8）简便经济的拱券技术；
（9）邻里协作的营建自助；
（10）有机镶嵌的自然景观；
（11）素朴生辉的人工雕饰。

将这些具有恒久价值的拓扑同胚元，合理组合与完整构造而成的集合模型，即窑居的拓扑原型。同时，结合现代科学的原理与规律，改良与重组以适应可持续发展的目标下的地区空间资源配置，建立窑居形态生成衍化的拓扑空间不变量，以此进行拓扑同胚变换，探寻窑居自组织生长的适宜性的多样化形态模式。

8.2.2 绿色窑居独院的动态弹性空间形态拓扑群

任何建筑都具有一定的生命周期，在生命周期内，建筑系统与周围生态系统的能量和物质材料都相互交换。同时，建筑内部的能量、物质和空间也在产生相应的变化。这种变化包括物质材料与设备的老化引起的"物质性变

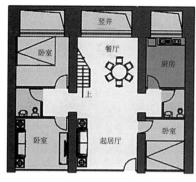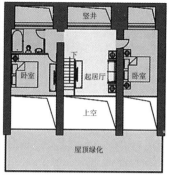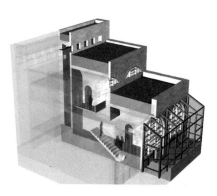

图 8-1（左） 楼窑平面图
图 8-2（右） 楼窑轴剖图

化"❶，与由于使用性质的变迁、技术过时、服务系统废弃及家庭循环周期内的生活需求变化等引起的"功能性变化"。❷因而，应尽量避免由于物质性变化与功能性变化所导致的不利影响，使窑居能够具有动态多适的特性，灵活可变的空间，并兼顾窑居可能的空间弹性增长。这不仅有利于窑居空间的循环再利用，延长了其生命周期，更重要的是大大节约了新建窑居的生产与建造阶段的能量消耗。

原生窑居生长于黄土高原的生态与人文环境，其生态与文化价值得天独厚，如果对传统的居住形态进行科学的改造与设计，彻底改变人们对窑居居住品质低下的一贯印象，结合乡村居住生活的实际功能构成，融入灵活可变的居住空间设计理念，塑造舒适的居住空间品质，并充分尊重地方的生活传统，将整合而成一种新型的窑居空间形态。

8.2.2.1 功能的多适性

窑居建筑的适应性主要体现在其生命周期阶段内，建筑功能需具有动态多适性，以应对建筑多种因素改变所致的空间需求。这些因素包括：适应现代居住生活功能要求，适应传统的生活习俗，适应家庭人口结构的变化，适应建筑不同阶段的功能变化。

1. 窑居功能的多适性

窑居功能的多适性，首先必须达成对现代生活功能的适应。改善居住密度分布过大，造成起居、睡眠、餐饮等多样功能混杂于一室的现状，将厨房、卧室、家务劳作空间、起居空间、农具器具与杂物储存空间、室内卫生间等必要的功能空间分离，满足人们的生理需求、安全需求与自我尊重需求。同时，原生窑居的空间形式简单、呆板、平淡，平面形式不完善，造成居住者的幽闭感与不愉悦感。为了提高宅基地的使用效率，采用传统拱模技术与混凝土加固构件结合的结构支撑技术，加强空间利用的高效性，提倡采用楼窑的形式，增加建筑使用面积，强化居住功能空间的专门化，并创造较为丰富的室内空间形式（图 8-1~ 图 8-6）。

2. 功能适应性还体现在必须符合传统的生活方式与惯例

黄土高原的窑居独院常见三孔窑洞的组合，形成中间堂屋并联、两侧窑洞相通的"一明两暗"的形式。以陕北为例，窑居开间 2.4、3.3、3.6m，进

❶ 宋晔皓. 结合自然整体设计——注重生态的建筑设计研究 [M]. 北京：中国建筑工业出版社，2000：146.
❷ 宋晔皓. 结合自然整体设计——注重生态的建筑设计研究 [M]. 北京：中国建筑工业出版社，2000：146.

图 8-3（左上） 新窑的起居厅
图 8-4（右上） 新窑的卧室
图 8-5（左下） 新窑的厕所
图 8-6（右下） 新窑的餐厅

深一般在 7.9~9.9m，窑高 3~4.2m。两边有炕的窑内，炕与灶就成为最主要的生活区域，或者厨房与起居室合用。热炕之上又是全家人主要交流与团聚的场所，传递着温暖的家庭氛围。尽管火炕的采暖方式易造成室内空气品质不佳的问题，但是通过被动式的设计对策对环境控制措施的改善，及利用太阳能结合炕体的技术改造手段，完全可以重新焕发传统的热炕空间的活力。因而，保留以热炕为中心的家庭起居空间，也是活化地域文化传统，保持乡土民俗特色的有效途径。

　　3. 家庭人口结构的变化对窑居空间功能的可变性提出新的要求

　　随着家庭结构规模的日趋缩小、家庭类型趋向于核心化且有老年人加入的联合家庭也在不断增加，为了适应家庭生命周期中由于人口结构发生变化而导致的生活需求变化，必须在居住空间的数量与功能等方面考虑到未来空间可变、窑居伸展扩建与弹性改建的可能性，以适应其居住需求的阶段性变化。此过程的实现一方面可以通过室内空间的灵活分隔及轻质的分隔材料达成空间功能的进一步分化，另一方面也可在宅基地充分考虑预留扩建用地，为建筑的纵横向扩展居住空间提供多种可能的选择。此外，还可以设置备用空间以便于最大限度地适应未来伸展扩建与弹性生长的需要。

　　4. 窑居空间功能的设计必须兼顾建筑生命周期的不同阶段的需求变化

　　"居住建筑的生命周期阶段主要包括设计、建造、居住使用和改造维修等四个。"❶实际上，对每个阶段的居住需求都会呈现阶段性的变化，都对窑居功能的多适性提出相应的要求。在设计阶段，根据使用者的共性需求设计，加强空间布局的灵活性；在建造阶段，倡导住户参与设计建造，按照个性化的生活需求进行一定的改造与调整；在使用阶段，通过建筑空间的灵活可变性适应住户居住需求的演变；在改造维修阶段，使改造维修更为方便与经济，设备与技术上为维修与替换创造便利。

8.2.2.2 空间的弹性生长

由于黄土高原乡村住户的实际需要与经济能力的差异，对窑居单元的设计难以做到一步到位，而且家庭人口结构与人们的生活方式逐渐改变，窑居建成后功能空间的老化所导致的建筑生命周期的减少现象也时有发生。限于营建的经济能力所限与住户营建自助的需要，必须考虑到一定时期的经济积累与窑居分步建设，伸展扩建与弹性改建的协调同步。因而，窑居单元功能的持续发展需为空间的弹性生长，在原有空间基础上有限的空间伸展提供空间扩展的场地、空间生长的组织元素与空间增长的设备支撑。

1. 空间单元体的灵活组合

"单元化空间是指按照统一模数建造的具有相似形体的独立空间，此类空间单元按照一定的逻辑排列组合成建筑整体，从而使建筑呈现强烈的秩序感。"❷具有统一模数的空间大小、相同结构体系的空间单元体，有利于营建过程中构件的标准与定型化，减少施工工程的复杂性，更重要的是在建筑基地范围许可的条件下，通过空间单元体的串联与并联相接，为空间的多维伸展提供了空间任意组合的基本元素。而且单元体自身一定的独立特性，也为日后建筑有机增长中的扩展与替换并存，创造了多种可能性。

窑居方正规整的平面布置，承重受力在窑腿上，窑顶的拱券分解了水平荷载并将垂直荷载传递至窑腿，这种平面形态与结构体系本身就是以一孔窑洞作为空间组织的单元体，在不同地形地貌中的灵活组合就构成了黄土高原窑居的多样化类型。而且，当家庭人口增加需要分户时，当地居民在原有窑洞旁自己续建一孔新窑的现象也很常见。基于综合考量节约宅基地、窑居空间体形及物理环境舒适度的基础上，我们将窑居的空间单元体确定为3.6m×7.8m 的几何体，以此作为窑居弹性生长、分步建设的空间基本组合体。根据住户的经济能力积累的阶段性，通过窑居空间单元体多维度的灵活组合，实现从满足基本居住需求的家庭起步阶段窑居空间的弹性扩展，到扩大建筑面积，提高居住质量的过渡阶段，直至居住功能的较为完善阶段。

为了体现集约化的用地原则，避免住户随心所欲的用地扩展，有计划地在聚落规划时预留一定的建筑扩展与改建用地，而且单元体数量上的扩展，本身对住区居民自主扩建实施了一定的科学引导与控制。窑居单元体的多维度增长，可以是竖向加层，也可以是平面二维的扩展。根据基地约束的范围，横向伸展与纵向伸展。横向伸展可作为从一孔窑洞到多孔窑洞的弹性生长，而且其对地形的普适性较高，创造了良好的空间与物理环境，可视为家庭发展阶段的参照模板。而纵向伸展较适宜于地势较高的坡地发展模式，但对窑居物理环境的控制提出了更高的要求。而 Z 轴方向的三维扩展对原有基地的

❶ 钱大行. 住宅适应性设计对可持续使用功能的影响 [J]. 住宅科技，2006（5）：38-40.
❷ 张楠. 持久与灵活的创造——建筑弹性设计理论与实践研究 [D]. 天津：天津大学硕士学位论文，2004：46.

图 8-7（上） 窑居单元体在 Z 轴
　　　　　　向空间增长的三维
　　　　　　转换图
图 8-8（下） 窑居单元体在 X 轴向
　　　　　　空间增长的平面形态
　　　　　　拓扑转换图

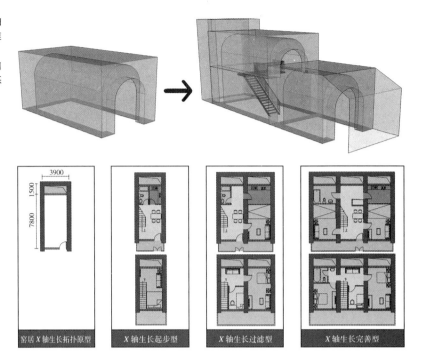

影响较小，只需要在原有窑居上作结构性的改造：保留单层窑洞前部，在后部窑腿加固圈梁，架设楼板，再箍窑顶，就完成了从单层窑居向多层窑居 Z 轴向的扩展（图 8-7）。

　　我们以窑居 3.6m×7.8m 的几何体作为窑居空间增长与扩展的拓扑原型，根据家庭在不同阶段的空间需要，将窑居单元体在横向 X 轴与纵向 Y 轴方向分别作空间伸展，由此可得绿色窑居空间增长的形态拓扑变换图（图 8-8、图 8-9）。

　　2. 空间的灵活分割

　　1961 年美国麻省理工学院建筑系主任约翰·哈布瑞肯（John N.Habraken）教授提出住宅建设的新概念"骨架——大量性住宅的新方法"（Support—An Alternative to Mass Housing），随后，荷兰建筑师创办了关于 Stitching Architected Research 的建筑师研究会，这就是著名的"SAR 理论"——支撑体住宅理论。支撑体住宅理论包含两个基本概念：支撑体（support）和可分体（detachable units）。"在支撑体住宅里，支撑体是住宅固定定型的部分，可以采用工业化、标准化生产，是住宅的骨架，也包括公共部分，不由使用者来改变。而可分体是提供给用户的自由空间，是灵活可变的，可根据用户要求来选择和安排，使用户在支撑体构成的结构空间中能有效地划分他所需的实际使用空间，并根据自己的爱好决定内部装饰，形成不同平面形式，产生不同的内部和外部居住空间环境。"[1] 固定体与可变体的区分从根本上提出了一条解决标准化和多样化矛盾的新途径，同时也为建筑的灵活性提供了便利条件。

　　以支撑体住宅的理论来分析窑居空间，由于窑居内部结构关系非常简单，内部空间除了窑腿为承重墙体外，窑脸与窑背都是建筑的围护构件，内部空

---

[1] 席晖 . 适应性设计——支撑体住宅理论及实践 [J]. 城乡建设，2007（3）：67-68.

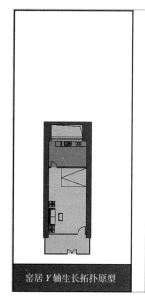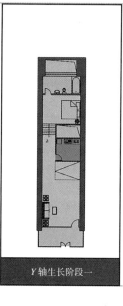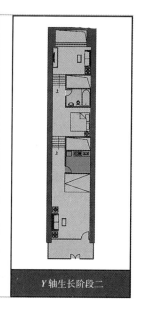

图 8-9　窑居单元体在 Y 轴向空间
　　　　增长的（平面）形态拓扑
　　　　转换图

窑居 Y 轴生长拓扑原型	Y 轴生长阶段一	Y 轴生长阶段二

间的划分完全不受承重结构的干扰，空间可自由灵活划分。因而，以窑腿作为支撑结构骨架，考虑采用轻质材料划分窑居内部空间，使空间具有相当大的弹性可变度。一方面，住户可以根据家庭需求与爱好对面积大小、空间形状与空间组合的方式进行一定的再设计；另一方面，由于家庭人口结构的增长与需求的变迁，可以实现用极易操作的技术方式与低廉的改造费用，对空间的功能进行调整。当然，分隔材料本身也必须易于维护，方便拆卸与安装，为日后空间的更新提供适应性的变化。然而，材料的轻薄与便捷也会带给环境一些负面影响，如隔声性能不高。但对于环境需求不高的空间，如贮藏室、厨房与卫生间等，轻质材料可完全适用。此外，也可利用室内灵活的隔墙与家具陈设作为空间划分的手段，这种隔而不决的方式为起居空间的灵活可变及室内物理环境控制对策的调节都创造了极大的自由度。

3. 多向联系模式

窑居空间的弹性生长，必然引起原有空间功能的改变，而原有功能的改变是通过与另一个空间关系的改变而实现的。考虑到窑居扩建的可能性，原有空间的功能设计应尽量留有余地，以适应由于空间布局变化而引起的空间之间交通流线的变化，及相互房间室内物理环境的变化，如通风采光、隔声、防潮性能等问题。因而，在空间单元体的分隔墙上预留门洞及设备管线，形成交通联系的多向可能，通过开启与关闭洞口，实现窑居空间数量的调整。同时，将厨房与卫生间位置固定，且尽量集中设置而减少设备管道的数量以利于空间的联系不受管线的干扰。

8.2.2.3　空间的兼容性

窑居按照住户经济承受力分阶段的空间扩展，决定了窑居内部功能必须具备一定的兼容性，即扩建前后的同一空间功能具有适应性，同一空间是为几个日后可能产生的功能而设计，且能保持自身的功能完整性，而功能的转换无须空间与结构本身的很大变化。但功能兼容性的前提在于空间性质的变化有"度"的约束，性质的变更不能过大且服务设备并不复杂。具体设计对策如下：

1. 平面的模数化与系列化

窑居模数化设计是指以符合一定模数的开间、进深、层高与荷载，并按此模数设计、施工而成的空间单元体为基本构成单元，在多向的组合排列下形成多样化的窑居空间形态。但是模数化的设计并非意味着模数单元的单一化与固定化，为了满足住户生活需求的多样化，模数化的窑居空间单元还应具有系列化的单元形式。窑居空间结构简化的特性也为模数的系列化提供了可能，设立不同开间的模数单元可以适应起居空间、卧室空间等的差异，又不影响扩展空间的联系。

2. 设备构件的标准化与定型化

窑居空间的模数化设计可使建筑各方面的尺寸相互协调，不同构件之间具有互换的基础。而标准统一的构件可以确保营建造价低廉，简化施工的难度，以便于日后替换与更新。在建成后还应区分清楚固定构件和可替换构件，以便于用户可以根据自己的需要改变布置方式或替换构件。

3. 核心空间与服务空间的协调配合

厨房、卫生间等服务空间位置相对固定，且独立于窑居的起居、卧室等核心空间而设置，有利于避免由于设备管线的位置不当而影响室内环境布置。可以考虑将窑居内部设备管道井移于窑居外围护结构外壁，而且服务空间用可灵活拆卸的轻质材料分隔，独立的设备管道井易于自行拆卸与维护更新。

根据以上的对策，我们将标准尺寸的三孔窑洞的组合作为窑居平面布局形态的拓扑原型，在保持三孔窑洞构成要素与空间体形不变的基础上，变化室内空间的功能、方位等，可得多个窑居单元组合的空间形态拓扑变换图（图8-10）。

8.2.2.4 建筑的长寿多适

许多传统窑居的使用年限很长，有时多达70~80年，这表明建筑材料的耐久性、结构的合理性，可延长窑居的寿命周期，提供空间重复利用的可能

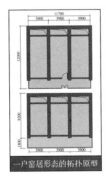
一户窑居形态的拓扑原型

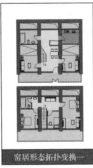
窑居形态拓扑变换一

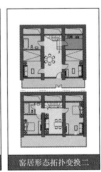
窑居形态拓扑变换二

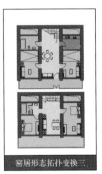
窑居形态拓扑变换三

图8-10 窑居单元平面形态拓扑转
换图

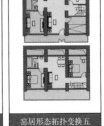
窑居形态拓扑变换四

窑居形态拓扑变换五

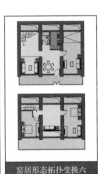
窑居形态拓扑变换六

性。充分发挥建筑的使用可能性，可通过利用旧窑、技术设备手段的更新与节能化的改造措施实现，以节约能量和物质材料的消耗。

1. 旧窑材料设备的替换与更新

建筑材料和构件的可替换是延长建筑寿命的重要方法之一。因而，材料和设备应尽量采用标准化、定型化设计，由工厂预制、现场装配而成，根据日后自身的老化情况或其他环境因素的改变而灵活更替。

2. 废弃窑居的再利用

窑居使用天然材料建造，对环境不造成污染。因而，废弃一些无法修缮的旧窑，将可加利用的建筑材料和设备循环利用于新窑的建设，减少对环境的负面效应。

表 8-1 是对绿色窑居动态弹性空间的设计对策。

绿色窑居动态弹性空间设计对策细则   表 8-1

设计对策 / 设计原则	设计目标	具体对策	设计依据
功能的多适性	适应现代居住生活功能要求	厨房、卧室、家务、起居、储存、卫生间等必要的功能空间分离；提倡楼窑	舒适健康的居住环境，资源的高效利用，尊重使用者
	适应传统的生活习俗	保留经过节能改造的炕空间	
	适应家庭人口结构的变化	室内空间采用灵活分隔；预留扩建用地与备用空间	
	适应窑居不同阶段的功能变化	设计阶段，加强空间布局的灵活性	
		建造阶段，倡导住户参与设计建造，进行一定的改造与调整	
		使用阶段，窑居空间的灵活可变性适应住户居住需求的演变	
		改造维修阶段，设备与技术上为维修与替换创造便利	
空间的弹性增长	平面形式的多样化，实现窑居空间的多向扩展；经济能力与伸展扩建及弹性改建协调同步	空间单元体的灵活组合	动态设计，物质资源的最佳循环利用
		利用轻质材料划分空间；灵活分隔	
	室内功能与布局的灵活转换	交通联系的多向可能；为扩建空间预留设备、门的位置	
空间的兼容性	满足居住者生活需求的多样化	窑居平面的模数化与系列化	低投入与高效益，物质资源的最佳利用
	适应空间性质转换后的设备更新与便捷施工	窑居设备与构件体系的标准化与定型化；区分清楚固定构件和可替换构件	
	适应窑居空间扩展后的功能转换	核心空间与服务空间的协调配合；服务空间位置固定；设备管道位置固定于围护结构外壁；服务空间用轻质材料分隔	
建筑的长寿多适	延长窑居的建筑寿命	旧窑的节能化改造	资源能源的高效利用，物质资源的最佳利用
		建造材料的耐久性	
	节约生产与建造的材料与能量消耗	旧窑材料与构件的替换与更新	
		废弃窑洞材料与设备的再利用	

总之，窑居独院的动态适应性与空间的弹性增长，不仅依赖于专业人员在设计阶段的完善，还需要设计师、施工人员、制造者及居住者多方协作配合，兼顾到建筑的生产、建造、运作、维护甚至直到建筑废弃后的整个生命周期全过程。

8.2.3 绿色窑居营建体系被动式对策的体系化

营造宜人的居住环境，延长建筑的生命周期，不仅仅来自于对建筑空间功能的动态适应设计及适宜的空间尺度所产生的心理感受，满足使用者持续变化的使用需求，更重要的是建筑持续使用的基础是必须首先满足人们对建筑空间的热舒适要求。舒适健康的建筑微气候环境是建筑热环境、光环境、湿环境、声环境及空气品质等影响人体热舒适性诸因素的综合考量。

现代建筑是"设备依赖型"的建筑，完全通过使用机械设备创造室内物理环境免受外界气候影响，但却是以大量耗费不可再生资源和对设备的过度依赖而造成人的生理适应能力下降为代价。这种不符合生态规律的设备方式，无论从经济性、环境效益抑或健康方面考虑，都完全不适用于欠发达的黄土高原地区。相反，原生窑居建筑是"自然依存型"的建筑，利用建筑自身的调控方式，如：厚重围护结构的热稳定性，规避不利气候因素的影响，同时巧妙地利用有利的气候资源与环境资源，如：获取太阳辐射增温，从而减少了燃烧木材取暖的资源消耗。因而，应发挥原生窑居中既有的这些节能策略，并进一步改善采光、通风、空气品质不佳的室内物理环境状况，用科学的设计对策创造舒适健康、高质量的居住环境。

8.2.3.1 被动式的设计对策

微气候是指"限于 24h 时间范围内，高度为 100m 以下的 1km 水平范围内的地理区域" ❶，但是建筑师通过建筑手段施加影响的区域还更小些，具体是指"建筑物周围地面上的局部气候条件，及屋面、墙面、窗台等特定地点的采光、辐射、气温与湿度条件"。❷

被动式设计（passive design）是指顺应与利用环境的气候因素（如阳光、风、温度、湿度、地热等），尽量不依赖常规能源与机械设备等外力支撑，基于对气候规律、建筑材料与构造性能的把握，通过建筑群体布局、建筑周围的环境要素（如植物、水系等）、建筑单体的形态布局与建筑构造形态（围护结构、门、窗及屋顶等）的设计，以调控各种气候因素，创造接近人们生物舒适要求的室内环境。

用被动式对策对调节建筑微气候的作用在于：

（1）控制对室内物理环境不利的气候因素，减轻环境负荷，如夏季遮阳、冬季防止冷热风渗透等，以减少建筑运作过程中的设备耗能。

（2）利用建筑自身的结构、构造或环境要素，选择性地过滤影响室内环境的物质与能量，以创造一定的冷源与热源，如蒸发散热、减少围护结构传导方式散热、利用太阳能等，通风降湿等以维持生态系统的热平衡。

（3）为了减少设备的多余运转所耗费的能量，允许调节的微气候在一定

---

❶ （英）T·A·马克斯，E·N·莫里斯著.建筑物·气候·能量 [M].陈士麟译.北京：中国建筑工业出版社，1990：104.

❷ （英）T·A·马克斯，E·N·莫里斯著.建筑物·气候·能量 [M].陈士麟译.北京：中国建筑工业出版社，1990：158.

程度上达到人体基本的生物舒适区域，无须达到过度的舒适度，更注视人体自身用服装或活动身体等方式自我调节和适应。

因而，从环境保护、地区经济状况、节约不可再生能源与人类健康发展的目标出发，采用被动式的设计策略调控建筑的微气候与室内物理环境，在被动式策略的能力以外再节制地采用主动式策略是为最佳选择。

8.2.3.2 绿色窑居被动式设计对策的体系化

窑居室内环境的热舒适是通过被动式对策，调控室外气候因素，综合性地改善室内温湿环境、光环境与空气品质等诸因素，但是黄土高原极端的气候条件及窑居自身的结构特性，使得我们在窑居环境控制上面临着一些两难的问题。

1. 保温与自然通风的矛盾

土石构成的围护结构具有良好的保温蓄热性能，仅南面对外采光使窑居室内环境能够维持稳定的热环境。然而，这种单面洞口的方式非常不利于组织穿堂风，如图8-11所示是冬夏两季室内外的空气流动变化曲线，显示无论冬夏两季室外的空气流动如何，冬季的室内空气几乎没有流动，而夏季的空气流动也较小，基本集中在人们活动集中的白天时间范围内。当地的一些居民尝试在窑背部开窗以利于通风，然而由于破坏了窑居原有的围护结构的热稳定性，保温效率大打折扣，不得不又将之封堵。这一现象即证明保温与自然通风之间矛盾的存在。

窑居室内多为素土或黏土砖地面，本身就易起灰尘。而且冬季利用炊事余热连接火炕采暖，致使居室内一氧化碳、二氧化碳的浓度和浮游粉尘量偏高，如图8-12所示，冬季室内保持封闭导致通风换气不畅，从而引起的室内空气浮尘量就明显大于夏季。因而，在保持冬季较少传导热损失的基础上，通过一定的措施组织必要的自然通风是改善室内空气品质的重要手段。

2. 保温与采光的矛盾

原生窑居南向大面积的门窗且气密性普遍较差，窑脸的总传热系数很大，窑居内表面温度基本上与室外综合温度接近，因而形成不对称热辐射面，并造成室内气温随进深变化较大，这是室内温度场分布极不均匀的原因，严重影响着其保温隔热性能。但是窑居的光环境取决于南向的窗墙面积比。如果窑居的开间越大，可获取的日照越多，后部光线就越充足，但夜晚热量散失大，保温效能降低。反之，门窗面积少，保温效能提高，但室内光线明显不足。为此，保温与采光的矛盾直接影响着窑居的形态布局与体形的设计。

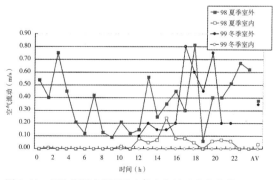

图8-11　原生窑居冬夏两季室内空气流动变化曲线

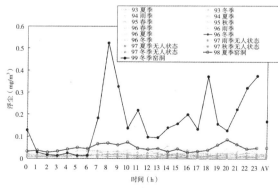

图8-12　原生窑居冬夏两季室内浮尘变化曲线

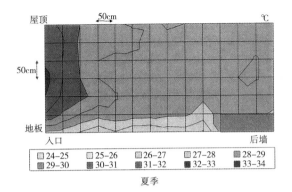

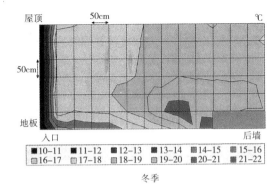

夏季   冬季

图 8-13　原生窑居冬夏两季室内温度分布曲线

3. 保温、蓄热与失热的矛盾

图 8-13 所示为冬夏两季上午 10 时与下午 5 时窑居室内温度分布曲线，夏季上午窗户附近集取太阳辐射热量，较门处温度高；而冬季下午门窗入口处温度均低而集中，并沿窑洞进深方向温度逐渐升高。这表明窗户既是集热构件，又是失热构件。而窗下墙一般为土坯或砖石，可作为储热体，白天吸收多余的热量，夜晚释放出来，以调节室内日温的波动。集热面积、储热体大小直接影响着窑居保温、蓄热与失热之间的关系。在窗户未加保温措施的条件下，如果加大南向窗户面积，蓄热墙体不足，白天虽获取太阳辐射暖和，但夜晚热量散失多，室内温度会很快降低，造成人体感觉不舒适。相反，如果集热面不足而蓄热体过多，冬季集热不足，辅助采暖能耗增加；夏季过多的储热体吸收的热量无法及时向室外散失，而造成室内过热。因此，必须综合权衡三者之间的矛盾，决定建筑的界面形态设计。

4. 保温与降湿的矛盾

造成窑居潮湿的原因是多方面的，包括土壤含湿性、生活散湿与雨季气候影响，但最主要的原因是夏季窑居制冷效果造成的室内外温差。窑居进深越大，温度会沿进深下降，相对湿度明显升高，易在洞壁结露，从而造成呼吸不畅，滋生霉菌，影响人的舒适感受（图 8-14）。这就是陕北窑居的住户习惯夏季过几天烧一次炕，以达到增温降湿的目的。

5. 采暖与耗费不可再生能源的矛盾

传统窑居炊事与火炕相结合的采暖方式，尽管体现了能源二次利用，但通过烟囱向室外排放二氧化碳造成污染，且热量获取是通过燃煤和木料等不可再生能源，仍然不符合生态系统物质与能量循环的原则。要解决这一问题，必须充分利用太阳能、地热能等作为替代性的能源，以减少对木材、煤等不可再生资源的消耗。

图 8-14　原生窑居冬夏两季室内外相对湿度分布曲线

为了营造舒适健康的窑居室内环境，可基于地区室外气候因素可能对室

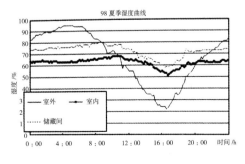

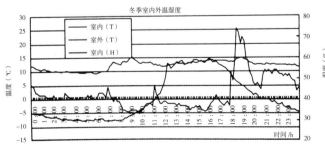

内环境产生的影响进行分析，从而依据室内环境因素需要的温湿度、声、光、空气品质等环境参数的要求，决定在不同的季节需对太阳辐射、空气温度、空气流动及湿度等室外气象参数条件下选择怎样的干涉方式，因而，在冬季所采用的室内环境控制的原理是：促进太阳辐射进入、抑制辐射热损失、抑制导热热损失、抑制对流热损失等；相反，在夏季，则是：抑制太阳辐射进入、抑制对流热进入、促进对流散热、维护结构的热稳定性等。然而，由于不同季节对室内环境参数的要求有所不同，而且，由于各种作用因素之间并非都相互促进，如上文陈述的许多因素往往具有相互抑制的作用，往往当共同采取措施时，会产生许多矛盾，解决了此矛盾，又滋生出了彼矛盾。舒适健康的室内环境是热环境、光环境、声环境与空气质量参数综合改善的结果，任何孤立因素的改善都不能称之为良策。

为了找到能够兼顾热环境、声环境、空气质量、光环境的被动式的建筑调控对策，简单的节能对策的罗列不能成为具有发展性与可行性节能方法的依据。因此，按照建筑构成的层级关系或者按照对各个作用因素调节的原理而提取可能采取的各种对策且分类，形成被动式调节窑居环境的体系化对策，为专业人员在建筑设计的被动式调控时，根据具体的设计条件综合地选择适宜的对策，提供了多种选择与组合的参照模板。

本书在窑居调控室内环境的被动式对策时，采用的是以建筑构成的层级结构作为体系化对策的基本分类原则，从窑居独院的形态布局、形体、朝向、生态界面的选择到窑居基本生活单位的形态，直至窑居聚落的选址、群体空间形态等层级结构，并结合形态的拓扑几何学原理，最大限度地提取在各种构成原则下的节能对策的构筑形态。这些形态的理论依据就是对各个作用因素进行调节的原理，并注明各类对策在室内环境调控中所能改善的环境参数，架构从建筑的构筑形态到建筑群体规划的被动式设计对策的形态体系（图8-15）。

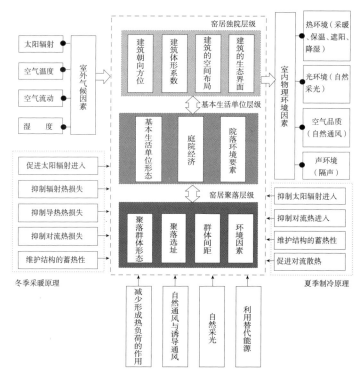

图 8-15　绿色窑居营建体系的被动式调控对策体系

这种被动式对策的体系只提供了环境控制的定性分析，在方案设计阶段确定哪些形态是利于节能的，哪些又是不利于节能的，以便于从单体设计的形态组合到整体规划的布局选择。而在具体的设计决策阶段，设计对策的最终选择及落实后的形态都离不开科学的评价方法。应确定改善窑居室内物理环境的主要矛盾，与次要矛盾，且以定量化的评价依据将调节作用因素的各种有利对策适用于窑居的形态组合之中，以获取室内环境控制的最佳综合效益。本书主要侧重于被动式对策的定性研究，而定量研究在此不作深入探讨。

8.2.4 绿色窑居独院的节能空间形态拓扑群

依据以上建筑被动式设计的对策体系框架与原理，下面以单体窑居的空间形态为例，从窑居的体形设计、朝向方位选择、室内空间布局设计等诸方面入手研究被动式设计对策及其形态设计。

8.2.4.1 形体规整与较小的体形系数

体形系数 ❶ 是体现建筑热工性能的一个重要指标。合理的建筑形体选择，不仅可以在冬季减少建筑的传导热损失，还可以有效减少夏季建筑的热吸收，对控制建筑的热负荷，节约能源消耗具有相当重要的意义。在围合相同体积的不同形体中，立方体的表面积较小，而长方体外露面积较大。但是体形系数本身还需结合地区具体的气候条件，综合考虑形体对太阳辐射的获取与组织通风各因素权重。

对于黄土高原独立式窑居而言，围护结构具有良好的保温蓄热性能，形体本身就简单规整，除南立面设置洞口外，其他各面都包围于厚厚的土石材料的被覆结构中，由于优先考虑冬季利用太阳辐射增温，就需尽量扩大南向的集热面，但是南向过多的外露面积，易造成冬季的传导热损失增加，反而不利于保持窑居稳定的室内热环境。而且，立方体的形体本身并不利于夏季的通风组织及建筑空间的高效利用。因而，从兼顾太阳辐射的利用、冬季热损失与通风等几个方面着手，采用形式紧凑、体形系数较小的长方体较为合理，建议"建筑的边长比 1 ：1.6"❷，在保证建筑南向充足采光与集热面积的情况下，提高围护结构的保温性能，以减少围护结构外表面的热量损失。

我们以体形系数较小的近似长方体的单孔窑洞作为窑居形体的拓扑原型，在保持其长方体的几何特性不变的基础上，变化窑居的进深、开间、层高或加层，就可得窑居规整形态的拓扑变换图（图8-16）。

在窑居独院的建筑组合方面，为了有利于冬季收集太阳辐射与夏季良好通风的组织，窑居居室与附属房间的组合，都须保证南向无遮挡，且与夏季主导风向一致，因而其建筑组合可为"一"、"L"、"冂"等几种形式。其中，"一"将居室与附属用房整齐排列，每孔窑居均毫无遮挡，体形系数也最小；而"L"、"冂"应尽量将居室设置于正南向，两侧为附属房间，将对居室的遮挡降为最小，且建筑组合的开口面应保持与夏季主导风向一致，从而对冬季冷风产生较好的阻隔效应。

我们以居室与辅助用房作为构成元素，围合成院落的组合作为窑居独院形态的拓扑原型，在保持窑居独院空间构成元素不变的情况下，根据地

---

❶ 建筑体形系数就是指建筑物与室外大气接触的外表面积与所围成的体积之比。

❷ 该数据来源于杨柳．建筑气候分析与设计策略研究[D]．西安：西安建筑科技大学博士论文，2003中不同气候区建筑边长比的表格。

窑居形体拓扑原型

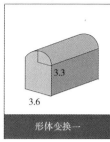
3.3
3.6
形体变换一

3.3
4.2
形体变换二

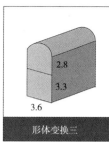
2.8
3.3
3.6
形体变换三

2.8
3.3
4.2
形体变换四

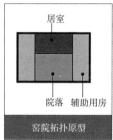
居室
院落　辅助用房
窑院拓扑原型

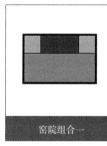
窑院组合一

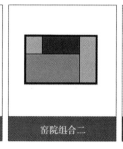
窑院组合二

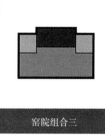
窑院组合三

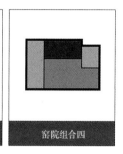
窑院组合四

形的差异、院落组合方式的差异，形成窑居独院形态多样化的拓扑变换图（图8-17）。

图8-16（上）绿色窑居规整形态的三维拓扑转换图
图8-17（下）绿色窑居窑院形态的平面拓扑转换图

8.2.4.2 朝向与方位

建筑形体比例关系与朝向对建筑能耗的影响除了与太阳辐射有关外，还与通风及防风措施有关。夏季，建筑依靠对流散热的程度与对流得热量的关系决定了自然通风的效率，这与建筑的外表面积及风向有关。建筑的朝向指建筑物立面（或正面）的方位角，有利朝向选择的原则是为了促进冬季太阳辐射热的进入，同时规避冷风的侵袭，而夏季顺应主导风向的进入，以节约采暖与制冷的能耗。因而，窑居多选择面南朝向，可保证建筑朝向与正南向夹角在30°范围内。而且，窑居南向开窗，其他各面均封闭的围护方式，使这种面南的朝向恰好屏蔽了冬季来自于西北的冷风，又可保障夏季主导风向的进入，与夏季主导风向的夹角控制在30°以内为佳。

我们以窑居正南向作为窑居朝向方位的拓扑原型，变换窑居与太阳辐射、主导风向的方位角就可得窑居朝向与方位的拓扑变换图（图8-18）。

8.2.4.3 空间布局

窑居合理的空间布局设计主要体现在较好地解决了保温与采光、保温与自然通风之间的矛盾，保证在冬季既促进太阳辐射热进入，又抑制了导热热

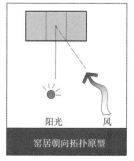
阳光　风
窑居朝向拓扑原型

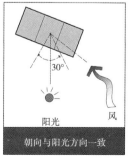
30°
阳光　风
朝向与阳光方向一致

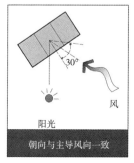
30°
阳光　风
朝向与主导风向一致

图8-18 绿色窑居朝向与方位的平面拓扑转换图

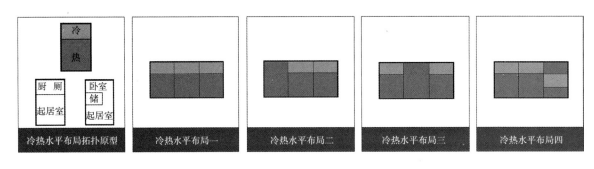

| 冷热水平布局拓扑原型 | 冷热水平布局一 | 冷热水平布局二 | 冷热水平布局三 | 冷热水平布局四 |

（图中拓扑原型内文字）

冷

热

厨厕
起居室

卧室
储
起居室

图 8-19　窑居冷热水平布局的平面
　　　　拓扑转换图

损耗、对流热损失，同时在夏季促进室内空气流动，通风降湿，改善空气质量。因而，在窑居的空间布局设计上注重合理的环境分区，设置室内的灵活分隔，通过中庭、竖井等高差空间改善窑居的室内温湿度、光环境与空气品质。

1. 合理的热环境与光环境分区

由于人们对室内各空间功能性质的热舒适要求有差异，尤其是对房间的温度与采光要求各不相同，因而，我们可根据实际需要巧妙设计不同的分区，如：水平温度分区、垂直温度分区、照度分区。通过将采集到的有限热量进行合理的组织与分配，以避免因要求达到每个房间均等恒温而消耗多余的能量。

1）温度水平分区

按照空间设置冷暖分区，冬季将卧室与起居室等对热环境要求较高的房间布置于南向的向阳区域，以便于采集较多的太阳能加温，而将厨房、卫生间、家务操作、走廊及楼梯间等对热环境要求不高的辅助用房适当集中布置于北向或温度较低的区域，以作为室内热量散失的屏障，保证居室热环境的稳定性。

我们以南向居室、北向辅助用房为窑居温度水平分区的拓扑原型，在保持冷热分区相对位置关系不变的前提下，改变其冷热分区的平面位置，可得窑居冷热平面布局形态的拓扑变换图（图 8-19）。

2）温度垂直分区

为了使两层楼窑的后部房间可获得更多的太阳辐射以增温，可以在建筑剖面设计上设置垂直分区，利用上下错层，产生室内的高差变化，或者两层空间形成退台形式，保证窑居大进深后部的温度与采光需要。而且，垂直分区也可以利用热空气上升的原理间接地加热上层空间。"在两层被动式加热的建筑里，依赖自然对流作为热传输的方式，上下层之间的温差至少能达到 2.2~2.8℃。"[1]按照热环境差异在垂直方向上可分成若干空间，如卧室布置于二层，厨房、卫生间等布置于一层。

我们以上层热空间、下层冷空间作为窑居温度垂直分区的拓扑原型，在保持冷热分区相对位置关系不变的前提下，改变其冷热分区的功能及平面位置，可得窑居冷热垂直布局形态的拓扑变换图（图 8-20）。

3）照度分区

窑居单向采光的形式，势必造成越靠近窗户亮度越高而向内亮度就会迅速下降，室内照度随进深变化过快，引起人体视觉的不舒适感。因而，在尽量改善室内后部采光的情况下，根据房间照度要求的差异分区布置，也不失为改善光环境的一项权宜之计。将起居室布置于临窗区域，卧室布置于光线

❶ 陈宇青 . 结合气候的设计思路生物气候建筑设计方法研究 [D]. 武汉：华中科技大学硕士论文，2005：133.

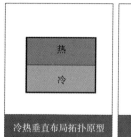  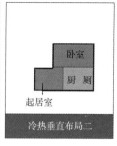  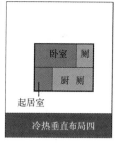

| 冷热垂直布局拓扑原型 | 冷热垂直布局一 | 冷热垂直布局二 | 冷热垂直布局三 | 冷热垂直布局四 |

充足的上层空间，而对于储藏室等照度要求较低的房间，可将其置于采光性能不佳的区域。

图8-20 窑居冷热垂直布局的剖面拓扑转换图

"为了获得最低标准的自然采光，房间的进深应该小于窗顶高度的2.5倍。在天然采光的建筑内，如果房间进深增加到窗顶高度的3倍以上，就应该设置反射器等装置保证室内的均匀采光。"●在窑居后部毫无直接采光的房间，可以考虑利用采光井，设置反射器，或在房间之间设置透光分隔，获得间接的采光效果。

2. 设置气候阻尼区

黄土高原的日较差与年较差都较大，为了维持稳定的室内热环境，在冬季抑制传导热损失与辐射热损失，而在夏季又可以抑制辐射热进入室内，在围护结构的外侧结合一定的功能，设置热环境的过渡区——气候阻尼区，减少室外气候对室内物理环境的影响，不仅可以大大减少室内的热负荷，而且也为冬季的冷风渗透多设置了一层屏障（图8-21）。

首先可在南向布置毗邻阳光间，不仅有利于冬季收集与储存太阳辐射热，并向室内进行热量的对流传导，还可减少主入口与窗户的热量散失。而在夏季对阳光间设置遮阳措施，可以减少热辐射的进入，一旦需要通风，可打开阳光间的窗户，建筑开敞，可顺畅地组织空气流动，成为应变的气候阻尼区。

还可将厨房、卫生间、家务操作、楼梯间等使用频率很高的房间设置在北向或东西向，有效减少主要用房围护结构的热损失，维护主要用房的相对恒定温度。

3. 室内的灵活与透气分隔

窑居单向开窗本身不利于组织顺畅的通风，但是人为的水平与垂直方向的完全阻隔，对组织室内空气的对流就更为不利。为了有效地顺应气流方向与顺畅地引导自然通风，建议在保证一定房间私密性与隔声性能要求的基础上，室内部分房间（如起居室等）可以摒弃封闭的墙体分隔，而采用灵活而透气的隔

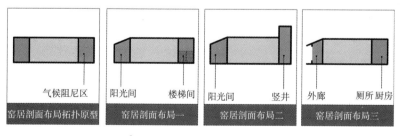

| 窑居剖面布局拓扑原型 | 窑居剖面布局一 | 窑居剖面布局二 | 窑居剖面布局三 |

图8-21 窑居气候阻尼区的剖面拓扑形态图

● G.Z.Brown，Mark Dekay.Sun，Wind and light：Architectural Design Strategies.John Wiley & Sons，2000：201.

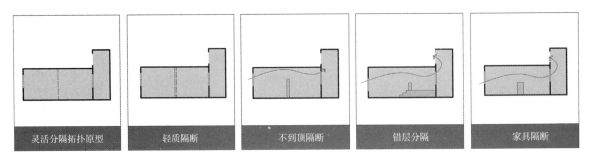

| 灵活分隔拓扑原型 | 轻质隔断 | 不到顶隔断 | 错层分隔 | 家具隔断 |

图 8-22 窑居空间灵活分隔的剖面拓扑转换图

断，如：轻质隔断、不到顶的透气隔断、家具隔断或者利用高差变化作为分隔。它的优势在于：一方面，透气隔断对空气流动没有阻隔，通过进深方向的隔断设计还可以在一定程度上引导气流运动到需要通风的区域；另一方面，灵活分隔本身的应变性，为日后室内通风、功能变换的可能性创造了很大余地。此外，灵活与透气的分隔对窑居后部的采光不足也起到一定的补偿作用。

我们以窑居室内空间的灵活透气分隔作为描述窑居室内空间拓扑原型的基本特征，那么保持灵活透气的特性不变，根据所用材料、家具、室内高差等分割差异，可得窑居空间灵活分隔的形态拓扑变换图（图 8-22）。

4. 利用中庭、竖井等空间组织通风

自然通风的方式主要是风压通风❶、热压通风❷与热压风压混合通风三种方式。建筑布局、建筑界面的开口大小、位置及开口与风向的夹角，影响风压通风的效果。而热压通风效果与进出风口处的高度差、风口大小及室内外温度差直接相关。热压通风不受静风天气影响，通风持续稳定，易于结合建筑形态组织。通常建筑内的自然通风并非纯粹依靠单一模式，而是两种通风模式的共同作用。

窑居单向开口不利于风压通风的组织，而直接的双面开口又破坏了窑居自身的保温隔热性能。因而，我们可以强化热压通风，利用建筑的空间布局，设置贯通的夹层空间、采光通风竖井、楼梯间等内部的垂直贯通空间，利用太阳辐射热加热出风口空气温度，加强热压通风效果，且避免了因背向设置出风口而损失窑居的保温隔热效应。具体措施如下：

（1）在窑居中部空间布置贯通的夹层空间，不仅可利用进出风口的高度差强化热压通风，也可以引入光线改善窑居后部采光，丰富室内的空间形态。

（2）在窑居后部设置通风竖井或利用楼梯间顶部开口创造热压通风，有利于竖井完成光线的间接反射进入窑居后部。

（3）在窑居后部设置捕风窗与捕风器，捕风窗可以根据当地的风向变化选择一面或多面靠窗的捕风器。

我们按照热压通风的模式，在窑居室内设置垂直贯通空间，以此作为窑居组织通风的建筑形态的拓扑原型，结合一定的功能改变垂直贯通空间在平面中的方位，从而获得窑居组织通风的形态拓扑转换图（图 8-23~ 图 8-25）。

表 8-2 是对以上绿色窑居独院的空间形体设计的被动式对策汇总。

将以上绿色窑居独院的空间形态拓扑群汇总为图 8-26。

---

❶ 风压通风：当建筑的迎风面与背风面都设有开口时，建筑迎风面上的压力为正压区。在建筑物的背面、屋顶与两侧，由于气流绕旋形成负压区，气流由正压流向负压，形成"穿堂风"。
❷ 热压通风：由于温度差造成的气流运动现象也被称为"烟囱效应"。

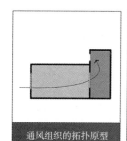 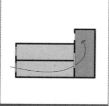   

| 通风组织的拓扑原型 | 通风竖井形态一 | 通风楼梯间 | 通风中庭 | 通风竖井形态二 |

图 8-23　窑居组织通风的剖面拓扑
　　　　　转换图

图 8-24（左）　新窑的竖井上部通风口
图 8-25（右）　竖井室内

绿色窑居独院的空间形体设计的被动式对策　　　　　　　　　　　　　　表 8-2

设计因素	设计原则	设计对策	调节原理	室内环境参数
体形系数	形体规整与较小的体形系数	建筑布局紧凑	抑制传导热损失，抑制辐射热损失	■保温采暖 □太阳辐射 □相对湿度 □自然通风 □自然采光
		选择较小体形系数的长方体		
朝向与方位	南向	建筑朝向与正南向夹角在30°范围内，延长建筑的东西轴向	促进太阳辐射进入	□保温采暖 ■太阳辐射 ■相对湿度 ■自然通风 □自然采光
		建筑朝向与主导风向夹角在30°范围内	促进空气流动	
空间布局	合理的热环境与光环境分区	水平温度分区：卧室与起居室等主要房间南向，厨卫等辅助用房北向	抑制对流热损失，促进太阳辐射进入	■保温采暖 ■太阳辐射 ■相对湿度 ■自然通风 ■自然采光
		垂直温度分区：形成上下错层空间或二层退台的形式，卧室居于二层，厨卫位于底层		
		照度分区或设置后部采光井	促进光线进入后部	
	设置气候阻尼区	南向布置毗邻阳光间，与主入口与房间开窗结合	促进太阳辐射进入，抑制传导热损失	
		窑居内部互相联系，减少外部出入口数量	抑制对流热损失	
		北向布置厨卫辅助用房	抑制传导热损失	
	室内灵活与透气分隔	采用轻质隔断、透气隔断、家具隔断或者利用高差变化分隔	促进空气流动与自然采光	
	利用中庭、竖井等空间组织通风	窑居中部空间布置贯通的夹层空间	利用热压通风与风压通风混合作用促进空气流动	
		窑居后部设置通风竖井或楼梯间		
		窑居后部设置捕风窗与捕风器		

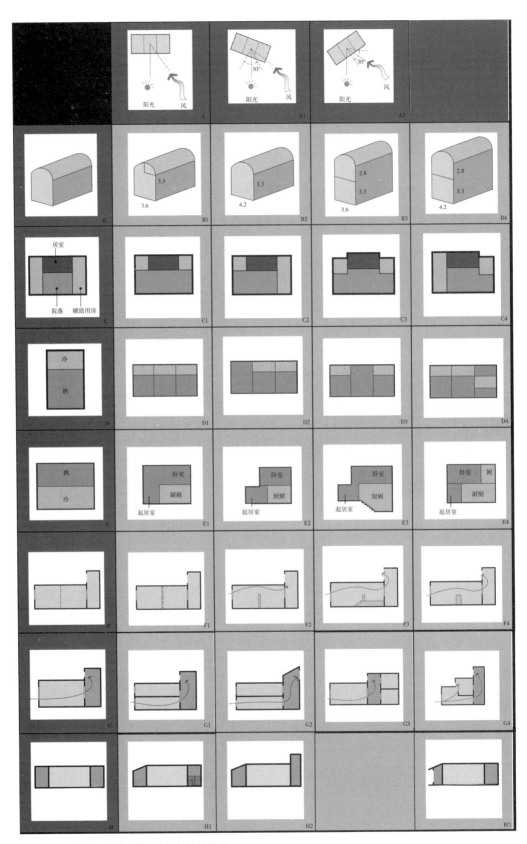

图 8-26　绿色窑居独院空间形态的拓扑转换群

8.2.5　绿色窑居生物气候界面形态拓扑群

8.2.5.1　生物膜的启示❶

作为生命体的基本单元——细胞，是以细胞膜为界与外界环境分开，形成相对独立的生物构成单元。与细胞膜包裹着细胞器类似，细胞核的膜、细胞分室的膜都可称为生物膜。生物膜结构并非一层屏蔽内外的完全封闭的结构，而是具有选择渗透性的活性膜结构。

生物膜的主要成分是：蛋白质、磷脂、胆固醇及少量糖类（一般以糖蛋白的形式存在）。如图8-27所示，生物膜是由脂质双分子层与镶嵌或附着在此双分子层内的蛋白质所组成的。

由生物分子构成的生物结构，决定了特定的功能。生物膜所具有的保护、渗透、调节和交流功能，恰恰来自于生物膜的基本结构——脂质双分子层。脂质双分子层，它又由极性脂质（磷脂等）和蛋白质构成。分子结构的各部分又都行使着各部分的职能，脂类物质（主要是磷脂和胆固醇）主要是作为一种物质通透屏障并保存细胞膜的完整性，而蛋白质作为膜特定功能的基础，主要行使的是物质运输、细胞识别、能量转化等任务。膜内侧的蛋白质主要起酶的作用，嵌在膜中的蛋白质起着通道、闸门、离子泵、受体、能量转换器的作用。各部分功能与作用的完好协作，使生物膜完成了从保护到渗透、过滤、调节和交换等各项功能。

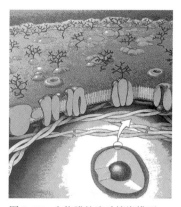

图8-27　生物膜的流动镶嵌模型
（资料来源：www.baike.baidu.com/view/32273.htm）

8.2.5.2　建筑生物气候界面的机理

界面，在物理学中是指具有不同物理性质的物质互相接触的部位。那么对于空间而言，界面就是指不同空间质地交接的面。建筑中的界面通常是指围护结构的各部分，如：门窗、屋顶、地面及墙面等。从围护结构的角度来讲，建筑界面更强调对外界环境的阻隔，与对不利气候的防避，提供界定私密性、遮蔽风雨、屏蔽噪声的掩体。

从生物膜结构我们可以获得启发，建筑物的外表皮绝不仅仅是掩体，更应是一个建筑室内外热量交换、光线、声音、气流运动的过滤器与动态调节装置，能够将对气候资源的消极防避转化为主动适用，有效地识别不同的室外气候资源，根据季节变化需要，冬季获得太阳辐射、充裕的光线，屏蔽寒风侵袭；夏季遮阳与组织穿堂风等，减少室外气候对室内物理环境作用而产生的热负荷。因而，我们将建筑看做具有生命体的细胞单元，那么建筑界面就是具有生物气候效应的膜结构，完成对有利和不利的环境要素的智能选择和离析，能够完成能量、声、光的交换，过滤不利气候因素，渗透可利用的气候因素，并通过其结构组织的一定程度的调节变化，最大限度地适应外界环境，节约建筑物的运作能耗。

以下几点是建筑生物气候界面的机理。

1. 选择透过性

选择透过性，即物质的选择性吸收和运输。这是生物膜最主要的特性，也是一切生命所包含的一种固有属性，使生物膜在对某些不利的环境要素阻隔的同时，能够对另一些有利的环境要素有选择地透过（图8-28）。

生物气候界面的本质意义就在于："对不利和有利气候要素进行选择与

---

❶　该节是在徐淑宁. 从生物膜结构的角度研究绿色住居 [D]. 杭州：浙江大学硕士论文，2001 第二章关于生物膜的启示部分基础上增改而成。

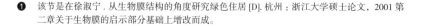

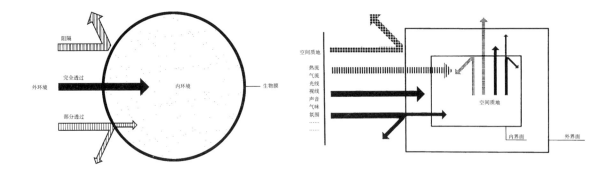

图 8-28（左）　生物膜的选择透过性
　　　　　　示意图
（资料来源：徐淑宁.从生物膜结构
的角度研究绿色住居 [D]. 杭州：浙
江大学硕士论文，2001）
图 8-29（右）　建筑界面的选择透过
　　　　　　性示意图
（资料来源：吕爱民.应变建筑——
大陆性气候的生态策略 [M]. 上海：
同济大学出版社，2003）

离析"●，根据季节变化需要，冬季获得太阳辐射、充裕的光线，屏蔽寒风侵袭；夏季遮阳与组织穿堂风等，有效地识别不同的室外气候资源，减少室外气候对室内物理环境作用而产生的热负荷（图 8-29）。

玻璃就是最常见的选择透过性界面，透过光线，阻隔气流，如：中空玻璃具有较高的光线与太阳辐射的透过性，阻隔了冬季寒冷气流的进入；Low-E 玻璃具有较高的可见光透过率、较低的日射透过率，与良好的遮阳及采光性能；在高层建筑玻璃外墙上广泛采用的"双层皮"结构，是用双层（或三层）玻璃作为外墙围护结构，玻璃之间留有一定的空气间层，并装置可调节的百叶。在冬季，双层玻璃之间形成一个阳光温室，增加了建筑内表面的温度，有利于节约冬季采暖的能耗。在夏季，利用烟囱效应加强空气间层内的通风效果，带走玻璃表面的热量，大大节省了采暖与制冷的能耗。

2. 可识别性

生物膜表面提供了一种高度复杂的细胞识别系统。这种识别是双向的，首先是细胞外的物质对生物膜的识别，其次是生物膜对进出细胞物质的识别、判断。即对营养物质放行，而对异物拒绝，同时将废物排出细胞。

由于室外气候因素对室内环境参数的影响不同，势必要求建筑界面对太阳辐射、空气流动、光、相对湿度等室外环境因素进行识别，决定到底是阻隔还是透过，以便于满足在不同季节室内环境因素的需要。在冬季，要求界面促进太阳辐射进入、抑制传导热损失与对流热损失；相反，夏季，对界面的要求是抑制太阳辐射进入，促进热量的传导热损失。即使是同一天，白天与夜晚，室外气候的影响也不同。建筑界面根据对气候因素的不同时间与空间需要的差异，而调整界面构成，适应不同季节与时段的气候需要。冬季，白天界面开敞而夜晚界面封闭；夏季，白天界面封闭而夜晚开敞。当然，这种生物气候界面的可识别性既可以是人为的机械辅助操作，也可以是经过人工智能技术的控制来完成。如：J.Nouvel 设计的阿拉伯研究中心，完全类似照相机快门的智能感应技术，由微机传动控制着上千个相机快门一样的光线自动调节装置，实现对室外光线、温度及阳光辐射强度的自动感应收缩，灵活变化以调节墙面开口的进光量（图 8-30、图 8-31）。

3. 应变性

生物膜的结构是相对稳定而又具流动性的，其流动性取决于膜脂的脂肪酸组成和胆固醇含量，亦受温度的影响。生物膜上的膜脂具有流动性，上面的蛋白质也会随着膜脂流动。在生理条件下生物膜的脂质和蛋白质分子能自

---

❶　吕爱民.应变建筑——大陆性气候的生态策略 [M]. 上海：同济大学出版社，2003：86.

由地在膜上进行侧向扩散。由于生物膜的流动性，它又具有了一种弹性变化的可能，也可以说生物膜是一种"弹性边界"。不仅细胞膜的组分处于不断更新的状态，而且它会受环境条件的变化而伸展或收缩，从而改变细胞的形状和大小。但是，细胞变化的大小都是有一定限度的，如果扩大到极限，就会自动分裂为两个细胞，膜也自动分离。

建筑的生物气候界面针对外界气候因素的改变也具有一定的调整变形能力以适应环境的改变，尤其体现在门窗界面的应变上，如：改变双层窗之间的空气间层的厚度，为窗户加保温窗帘、百叶或调整门窗外的附加遮阳构件的角度与方位，甚至是墙面垂直绿化的季节性变化，都可使门窗界面的保温隔热、遮阳、对光线控制、对气流组织等物理性能发生相应改变，以适应室内热舒适环境在不同季节与时段的气候调控需要。

4. 层次的复合性

细胞膜结构是一个由脂膜、膜蛋白与膜糖组成的复合结构，结构的每个组分都有着特定的功能，各部分功能的协作配合，才使得细胞膜的保护、渗透、过滤、调节和交换等复杂功能得以完成。

建筑的生物气候界面是室外气候因素对室内热舒适环境作用的选择性渗透的媒介，这个媒介所承担的任务是对外界环境的物质与能量因素的识别、阻隔、过滤、渗透与交换等诸多功能的综合。由于不同季节与时段的差异，对气候因素的选择渗透因素会截然相反。如冬季保温隔热而夏季散热通风。因而，对于如此复杂的功能，绝非单一的材料所能够解决，单一的界面材料往往构造简单，但却存在功能单一的缺憾。然而，由复合材料组合的界面，材料间功能可相互补偿与协作，构成一个完善的选择渗透的动态系统，在不同的季节与时段，完成对不同气候因素的阻隔、渗透、交换等功能，实现以最少的热负荷达到室内的热舒适要求。如：我们常见的建筑屋顶界面，就是由多种复合材料构成的具有不同功能的界面层：结构层、保温层、防水层及种植层，各种材料各司其职，综合完成屋顶界面的安全、保温隔热与防护等各功能。通常玻璃窗的保温性能优良，但遮阳性能不佳，如果采用复合的门窗界面层，可兼顾保温与遮阳的性能，如采用多层玻璃或带空气间层的玻璃，如果在玻璃上镀上日反射率较好的金属涂膜，就可以弥补遮阳的缺憾。为了达到更好的遮阳效果，也可设置保温窗帘、百叶或者外设附属遮阳构件、反射板等，形成复合材料的窗户界面。界面复合材料的运用，不仅仅在于其组分的材料选择，还可以结合界面的色彩、肌理、组合形式、材料配比等多种手段的运用。

5. 领域的可扩展性

随着建筑界面由单一界面向复合、多层次界面的转化,建筑界面的意义也由单一的围护结构功能转化为具有多重功能的结构层面。不仅如此,随着建筑界面的范围向空间的两侧继续延展,复合界面的意义就远不止界面实体的围护功能与热工性能,空间范围的扩展使建筑界面的意义进一步模糊。建筑界面在基本功能不变的前提下,其领域与内涵也发生变化。以门窗界面为例,界面间层的功能可扩展为具有气候缓冲功能的空间域:当空气间层厚度达到1.5m时,界面是外侧透明体封闭界定的外廊、交流空间或是绿化种植空间;当门窗界面实体不变而虚体领域延伸时,界面就成为建筑入口门廊、檐廊、阳台等空间;当门窗界面空间间层向三维空间扩展时,界面的内涵可变为庭院、带顶的中庭等。

如果我们认为建筑与外环境互相接触的部位为建筑界面的话,建筑的实体界面及其延伸空间范围都属于界面,如屋顶、门窗、地板、墙体、门廊、阳台、檐廊、立体绿化、庭院、中庭等。那么,将界面的领域范围再进一步扩大,居住组团与小区环境的领域界定部位就是基本生活单元的界面,如围合的住宅单元、绿化、围墙、道路、铺装等;居住区与住区周围的城市互相接触的部位就是居住区的界面,如:道路、绿带、水系、围墙、入口、建筑等。

依据以上建筑被动式设计的对策体系与气候界面的原理,以原生窑洞气候界面为拓扑原型(图8-32),探讨窑居门窗、屋顶、墙面、地面等各界面的被动式设计对策及其形态模型。

8.2.5.3 绿色窑居生物气候复合界面——门窗

门窗界面是建筑采集太阳辐射热量与光线的主要途径,但是由于门窗构件自身的透薄特性,使其又成为能量散失的重要因素。为了减少门窗界面的热量散失,加强门窗界面的保温隔热能力,同时又能保证南向门窗的集热面积及获得充足的室内光照度,选择合理的窗墙比是门窗界面的关键。

对窑居而言,南向立面几乎是其获取日照与自然通风的唯一途径。因而,在权衡窑居体形系数的基础上,应适当增加窑居开间,首先保证门窗构件的气密性,增大南向开窗的面积,在窗下设置热容量大的厚重蓄热墙体,以利于尽可能多地吸纳阳光及热量进入。

窑居单向开口模式下,气流滞留,不利于风压通风的形成,利用竖井诱导热压通风,结合地下埋管通风,可解决窑居室内空气流通不畅的问题。但是为了保持窑居原有的良好保温、隔热、蓄热性能,通风的组织需要按照季

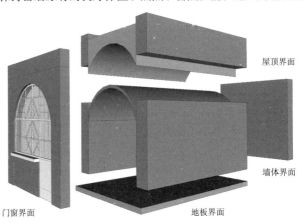

图8-32 原生窑居的生物气候界面
拓扑原型

门窗界面　　　　　　　地板界面

屋顶界面

墙体界面

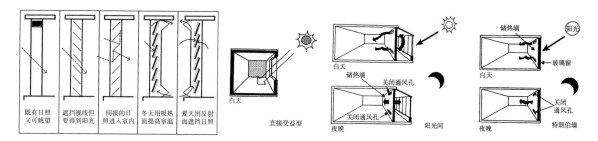

| 既有日照又可眺望 | 遮挡视线但要得到阳光 | 间接的日照进入室内 | 冬天用吸热面提高室温 | 夏天用反射面遮挡日照 |

白天
直接受益型

储热墙 关闭通风孔
白天
储热墙 关闭通风孔
夜晚
阳光间

储热墙 阳光
白天 玻璃窗
关闭通风孔
夜晚
特朗伯墙

节性与时段的实际需要而进行。在满足对新鲜空气需求量的基础上，又要限制气流进入量，减少对流热损失。因而，窑居门窗界面的设计重点应在门窗的保温隔热、对太阳辐射进入的控制、门窗的设计以及与竖井结合共同诱导自然通风几个方面。

1. 双层窗与门斗

出于减少围护结构传导热损失与对流热损失的考虑，门窗界面宜采用双层界面结构，如：门口设置门斗等以减少冷风渗透，而窗户可考虑采用双层窗。双层复合窗的组合由外到内分别为：外层玻璃—空气间层—可调节活动百叶—内层玻璃，双层玻璃上下均有可控排气口，活动百叶方向可控，一面为吸热面，另一面为反射面。这种界面结构经过简单的人为控制管理，可在不同季节与早晚不同时段采用不同的组合模式以辅助保温隔热、遮阳。冬季白天，百叶收起，最大限度地获取太阳辐射热。当百叶挂起向外倾斜45°角时，可以遮挡外界视线，但不妨碍太阳辐射进入；当百叶挂起向内倾斜45°角时，室外光线通过百叶间接反射至屋顶、墙体，可避免直接照射引起的室内眩光，并将光线反射到窑居后部。而且墙体和屋顶吸收太阳辐射热、蓄热，可减缓室内温度的波动。冬季白天将吸热面朝外蓄热，并且内层玻璃上下排气口打开，间层内的空气被阳光加热，与室内形成一定的气流循环，以利于室内空气间的对流换热。夜晚，则关闭百叶和排气口，双层窗相当于"空气间层"隔热，又防止了热量向室外的散失。百叶的吸热面可扭转向内，对室内辐射热量。相反，夏季白天，关闭上下排气口，双层窗隔热，将百叶反射面对外，遮挡太阳辐射热进入；夜晚将外侧玻璃上下排气口打开，利用双层玻璃间的空气对流散热以制冷（图8-33）。为了减少北向卧室窗户的热损失，北向窗户采用双层玻璃、单层窗挂保温窗帘或单层窗加活动保温板。

2. 门窗与被动式太阳房

黄土高原丰厚的太阳辐射资源为利用可再生能源，将建筑空间布局与构造形态合理组合，为以自然运行或设备的方式获取、储存与利用太阳能提供了契机。被动式太阳房通过不同的集热方式获取太阳辐射热，为建筑内部供暖，可分为直接受益式、特朗伯墙式和附加阳光间式 ❶ 三种集热方式（图8-34）。三种集热方式可单独使用，也可以组合运用。因而，考虑到经济实用与集热效率，我们将三种集热方式与门窗界面进行合理的组合，解决原生窑居采暖与耗费不可再生资源的矛盾，并兼顾到窑居冷季保温隔热与热季遮阳降温的问题。

图8-33（左） 双层复合窗
（资料来源：真锅恒博．住宅节能概论[M]．北京：中国建筑工业出版社，1987）

图8-34（右） 被动式太阳房的三种类型
（资料来源：杨柳．建筑气候学[M]．北京：中国建筑工业出版社，2010）

---

❶ 所谓直接受益式指阳光直接透过南向窗户加热房间，而房间本身就是一个能量收集、储存和分配系统。附加阳光间式将作为集热部分的阳光间附加在建筑主要房间外面，利用阳光间和房间之间的共用墙作为集热构件。特朗伯墙（Tromb 墙）式主要是通过建筑外围护结构的蓄热性进行采暖的方式。

1）门窗与特朗伯墙式采暖方式

在满樘窗下设置 240mm 的砖石集热蓄热墙，蓄热墙外覆双层玻璃，蓄热墙上下设通风口。其工作原理为：在太阳辐射照射下玻璃与集热墙之间的空气不断加热上升，通过集热墙顶与底部通风孔的对流循环向室内对流供暖。夜晚集热墙体本身储存的热量向室内供暖，由于集热墙对温度波动的衰减与滞后效应，降低室内的温度波动。为了增加蓄热墙体的储热能力，外表最好涂成深色，但是出于美观的考虑，这种方法并不被居民采用。因此，可考虑根据居民的喜好，在蓄热墙面设计不同的图案，中间以不同的深色块区分，既保证较好的土体蓄热性，又增加美观效果和住所的识别性。

2）门窗与附加阳光间式采暖

在南向立面形成大的阳光间，内部种植植物，形成环境优美的气候缓冲区。冬季白天，阳光间处于集热状态，大面积玻璃窗透过太阳光，被墙体扩散与吸收。当阳光间温度高于窑居室内温度时，打开门窗，使阳光间与室内形成冷热空气循环运动。同时，热量在此过程中扩散到窑居内部，被储存于室内的蓄热体内。夜晚时，阳光间处于降温状态，关闭窑居门窗界面，阳光间就成为窑居室内与室外的空气隔热层，有效地抑制围护结构的传导与辐射热传递。同时，室内的蓄热体又将白天储存的热量向室内辐射以增温。由于南向附加阳光间，"可使窑居室内温度升高到 12℃ 以上，室内温度的平均值达到 13.5℃。"❶ 夏季时，阳光间的玻璃应设计成活动窗，以利于夏季开启，形成气流循环，将热量及时带走。阳光间室外种植高大的树木以遮阳，下部开敞的空间又不妨碍习习凉风通过阳光间进入室内。阳光间内种植爬藤植物，可以降低围护结构的表面温度。

3）门窗、阳光间与直接受益型采暖

阳光间嵌入窑居主体与起居室、卧室相连，阳光间与居室间分隔墙为 240mm 厚的砖石集热墙，直接收集与储存热量。其工作原理与阳光间相同。

4）门窗、阳光间与特朗伯墙式采暖

在南向形成大阳光间的同时，设置 240mm 厚的砖石集热蓄热墙，蓄热墙外覆双层玻璃，蓄热墙外涂深绿色油漆，且上下设通风口。窗上部的玻璃小窗与蓄热墙体下部的开口形成上下换气口，由于阳光间空气温度偏高，热空气由上部换气口进入室内，阳光间产生空气负压区，室内空气从下部排风口排出，从而形成空气循环运动，以助于气体的对流换热而提高窑居室内温度。夜晚，储热体将储存的热量向室内释放，为了减少热量向外散失，窗和墙体外侧应挂保温窗帘，且蓄热墙体上下换气口均关闭。蓄热墙体下部可与室内架空地板设计成可开启相通的整体，当打开洞口时，空气间层空腔内的气流运动因为阳光间太阳光的加热而形成对室内通风的预热效应。

这种被动式的太阳能采暖系统与窑居结构自身的保暖隔热蓄热性能完美结合，成为新窑居的主要采暖方式。即使在不增加辅助采暖设备时，窑居的冬季室内热环境也可达到基本的热舒适标准。

如果我们将窑居门窗与被动式太阳房的组合作为复合的门窗界面形态的拓扑原型，那么变化被动式太阳房的组合方式，可得窑居门窗与被动式太阳房组合形态的拓扑转换图（图 8-35）。

---

❶ 周若祁 . 绿色建筑体系与黄土高原基本聚居模式 [M]. 北京：中国建筑工业出版社，2007：217.

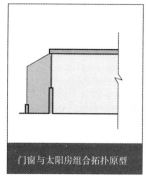

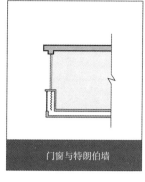

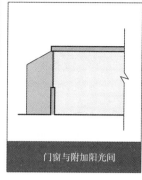

| 门窗与太阳房组合拓扑原型 | 门窗与特朗伯墙 | 门窗与附加阳光间 | 门窗、阳光间与直接受益型 |

图 8-35 窑居门窗与太阳房组合形态剖面拓扑转换图

3. 窗户与遮阳构件

建筑遮阳能够在热季抑制太阳辐射热进入，还可以避免阳光直射到室内工作面造成眩光及室内照度不均，改善室内光环境。从遮阳的适应范围分，门窗等遮阳构件的基本形式有五种：水平式、垂直式、综合式、挡板式以及百叶式。由于太阳运行轨迹的差异，每种遮阳方式都有其适用的朝向与方位。

窑居除南向门窗外，其余各面均封闭，由此建筑遮阳处理的重点部位为偏南向。水平式遮阳能够有效地遮挡高度角较大的阳光，适合用于南向附近的窗口，而且其利用冬夏季太阳高度角的差异，满足不同季节控制太阳辐射进入室内的差异，有效阻挡热季日光而不阻挡冬季阳光入室。

与建筑相连的遮阳构件在遮挡阳光的同时也提高了自身的温度。如果处理不当，会产生遮阳板通过对流热传导与长波辐射向室内二次热辐射，而且易造成遮阳板下部与门窗间的热空气滞留，不利于通风与热量的散发。为了提升遮阳板的能效，可以采用遮阳板与门窗上部墙体悬离，或做成格栅式的非实体构件，减少构件自身的储热量，使通风顺畅。此外，对于遮阳构件的材料，一般宜采用浅色且蓄热系数小的轻质材料或金属板。

窑居遮阳的方式也可以是灵活变动的，如：外置可调格栅或可灵活调节的内置式百叶、帘幕等，以形成满足不同季节与时段对阳光控制需要的遮阳手段；还可以利用植物或建筑自身原有的部分遮阳，如阳台、外廊等。

如果我们将窑居门窗与遮阳构件的组合作为复合的门窗界面形态的拓扑原型，那么变化遮阳的手段，可得窑居门窗遮阳形态的拓扑转换图（图 8-36）。

4. 窗与反射板、导风板

如果将窗口的遮阳板下移至窗台处或者背阳面的窗户处，就成为反射与接收阳光的装置。反射板在窗台处，可以将太阳辐射反射至室内顶棚，再经过顶棚的二次反射，增加进入窑居室内深处的亮度，提高了室内光环境的均匀度；将反射板放在竖井背阳面处，可将光线反射进竖井内，经过白色竖井

图 8-36 窑居门窗遮阳形态剖面拓扑转换图

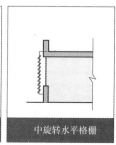

| 门窗遮阳拓扑原型 | 水平遮阳 | 非实体遮阳 | 中旋转水平格栅 | 内置可调百叶 |

图 8-37　植物种植对窑居的影响

墙面的多次反射，提高窑背底层的照度。建筑窗户外设置导风板，可根据气流的方向与风速状况，利用导风板改变室内空气的流动路径及通风效率。

5. 窗与绿化

绿化不仅有利于美化环境、净化空气，而且还能改善围护结构的热工性能。根据太阳辐射与年周期运动的规律，利用窑居周围的植物控制太阳辐射、组织通风及抵挡冷风。一般在建筑南向种植落叶性植物，落叶植物在夏季可以最大限度地遮挡阳光，而在冬季叶片脱落，使阳光毫无遮挡地进入室内（图8-37）。高大树木下层开敞的种植方式，利于凉风的引入，而且经过树木遮荫进入的热空气温度可降低2℃以上，对促进窑居室内形成热压通风很有效。在冬季主导风向种植浓密的大树或常青树，作为挡风墙，可抵挡冷风的侵袭。

综合以上窑居门窗复合界面的设计对策，我们以窑居门窗构件的组合作为窑居门窗界面形态的拓扑原型，那么可得出变化界面的设计对策、窑居门窗复合界面形态的拓扑转换图（图8-38）。

8.2.5.4　绿色窑居生物气候复合界面——屋顶

窑居屋顶界面作为水平的围护构件，其接收太阳辐射强度随太阳高度角的增加而增大，接收太阳辐射的热量也大过墙面。但是，屋顶的结构构件同时也是冬季热量散失的途径。因而，单一的屋顶结构构件无法实现良好的保温隔热性能，必须从屋顶复合材料的运用与组合入手，设置一定的气候缓冲界面，减缓室外环境波动对室内热环境的影响。具体的对策见以下几点。

1. 覆土百叶屋顶

原生窑居是利用了黄土、砖石等热容量较大的材料作为围护结构，在白天收集及储存热量，而夜晚释放，这种黄土材料的散热时滞原理恰恰弥补了黄土高原日温差较大的气候特征，维持了室内热环境的稳定性。为了保证窑居围护结构的良好蓄热性能，又不至增加屋顶的结构自重，可在绿色窑居的屋顶覆土1.5m厚。为了最大限度地做到能尽其用，保证热辐射对室内稳定地传热，我们可以在覆土屋顶的上部架设可调节的活动盖板，以调控不同季

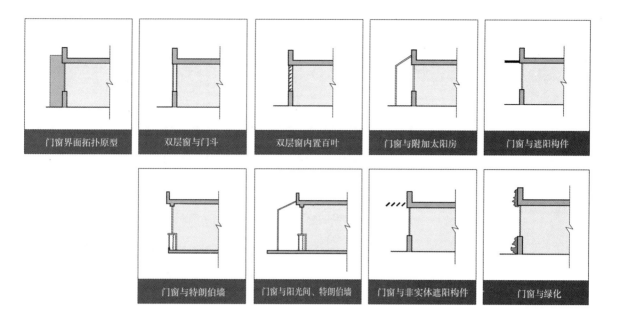

| 门窗界面拓扑原型 | 双层窗与门斗 | 双层窗内置百叶 | 门窗与附加太阳房 | 门窗与遮阳构件 |
| 门窗与特朗伯墙 | 门窗与阳光间、特朗伯墙 | 门窗与非实体遮阳构件 | 门窗与绿化 |

图 8-38 绿色窑居门窗复合界面形态剖面拓扑转换图

节与时段热辐射的方向。冬季白天，将盖板翻起以便于太阳辐射到达屋顶储热土层，相反，夜晚再盖上盖板，以减少热量向外部的热辐射。夏季白天，只要拆掉架设盖板的一部分支撑板，就形成了双层架空屋面，既反射了太阳辐射，又利于屋顶的通风散热；相反，夜晚再打开盖板，以利于热量向外辐射冷却室内。盖板的调节控制可通过室内的简单装置完成。

2. 屋顶空气夹层吊顶

利用结构间的空气间层，是非常经济的隔热手段。通过降低空气间层内的空气的对流换热、高温侧表面向空气的直接导热、空气间层两侧表面间的辐射换热达到隔热性能。其隔热性能原则上是由空气间层的厚度、热流方向及空气层的密闭程度等决定的。空气间层厚度越大，空气对流换热加快，当厚度达到 1cm 以上时，对流换热与空气热阻效果相互抵消，热阻几乎不变。

为了获得更好的隔热性能，可考虑在拱顶设置吊顶层，吊顶内侧铺设吸湿材料，吊顶并不封死，与室内有可开启的进出风口。当封闭时，通过吊顶空气间层阻隔冬季一定的热量散失，而在夏季或需要通风换气时，可开启洞口，以增加空气间层内的气流运动。

3. 覆土绿化屋顶

黄土高原的水土流失与植被稀少一直是生态环境改善面临的关键问题。窑居建筑屋顶植被的恢复，可减少裸露黄土与沙尘源，利用植被根系加固表层黄土，减少风沙与暴雨造成的土层流失，不仅对建筑微气候的调节有益，对生态环境保护也是有百利而无一害。而且，屋顶绿化的蒸腾作用与种植土壤的蓄热性能无疑又为屋顶多设置了一道气候缓冲的屏障。为此，我们可种植耐旱植物，而且对所需要维护的人力与灌溉都要求不高，又增大了绿化覆盖率。在窑顶覆土较厚，达到 1~1.5m 以上时，可结合庭院经济，种植低秆作物，如：花椒、枸杞草、酸枣等，利用庭院屋顶种植增加农户经济收入。

窑居顶部覆土种植导致土壤含湿量较大，易增加窑居内壁的湿度，因而，屋顶的防水防潮措施非常关键。原建设部八五科研课题"黄土窑洞防水技术"

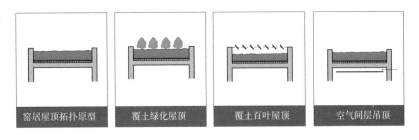

图 8-39 绿色窑居屋顶复合界面形
态剖面拓扑转换图

| 窑居屋顶拓扑原型 | 覆土绿化屋顶 | 覆土百叶屋顶 | 空气间层吊顶 |

提出的"砂层阻水"的方法，实现了窑居覆土种植防渗的突破：可在土层表面 50cm 处设置一层 10cm 厚的砂层（或炉渣）。根据土壤水的能量原理，在黄土下设置砂层可以减缓与阻止雨水下渗速度与总量，从而达到防渗漏的目的，也使得窑洞四壁及窑顶砂层以下的土壤含水量降低，无疑解决了长期困扰窑居的潮湿难题。

综合以上关于屋顶界面的设计对策，我们以窑居复合屋顶材料作为窑居屋顶界面形态的拓扑原型，变化屋顶的设计对策，可得窑居屋顶复合界面形态的拓扑转换图（图 8-39）。

8.2.5.5 绿色窑居生物气候复合界面——墙面

为了控制热流进出围护结构，墙体保温隔热性能是至关重要的因素。墙体材料的保温隔热性能主要依赖于材料的蓄热性与热阻值。因而，对窑居墙体的界面设计，应从选取较大热阻与蓄热性能的材料入手，通过对这些材料的合理组合及结合一定的空间设计，阻隔热量在围护结构的传递途径。具体对策如下。

1.墙体外保温

窑居以砖石作为墙体材料，热阻较小、蓄热性能良好，使墙体的保温隔热与建筑的结构自身有机结合。为了加强对窑居结构连接部位的保温与减少热桥，避免室内表面结露，可在厚重结构层外侧布置保温层，增加其热阻与热容量，减少室内温度波动的影响。

2.双层墙体（特朗伯墙）

在窑居围护结构上设置双层实体，实体间形成封闭的空气间层。在太阳辐射作用下空气间层内产生对流循环。空气的不断加热，通过传导热传递使集热墙体吸热储热，向室内进行热辐射，增加室温。

特朗伯墙就是利用此工作原理。建筑南立面采用外涂高吸收系数的无光深色涂料的集热墙体，砖石蓄热墙厚 30cm，墙上设进出风口，进出风口垂直间距为 1.8m。在距集热墙外表面 10cm 左右设置密封玻璃。在太阳辐射作用卜玻璃与集热墙之间的空气不断加热上升，通过集热墙顶与底部的通风孔的对流循环向室内对流供暖。夜晚集热墙体本身储存的热量向室内供暖，墙体的温度波动相对于室外的温度波动有较长时间的延迟。为了减少热散失，还可以拉下集热墙与玻璃之间的保温板。但是，集热墙体对窑居窗下的立面处理会有一定限制。

3.墙体与竖井的结合

窑居南向开口的方式对保温隔热与促进太阳辐射的进入非常有利，但是单面开口对于窑居后部的采光与引导穿堂风极为不利，由此而导致窑居在保温隔热与采光、通风组织之间形成不可调和的矛盾。那么，如何在不破坏窑居原有的保温隔热性能的基础上，改善室内空气品质与辅助窑居后部采光呢？在窑居后部设置高于屋面的竖井可以解决以上诸多难题。竖井宽1m左右，上部带顶并留有排风窗，下部与窑背的北向房间窗户相通。竖井解决采光与通风的优势在于：

首先，竖井在窑居背部形成双层墙体，如果封闭各开口，便起到空气间层的作用，是窑居后部的气候缓冲空间。

第二，窑居南面的门窗位置与竖井高过屋顶的窗口高度相差较大，根据热压通风的原理，热空气上升从竖井开口排出，由此形成室内的气流不断运动的情景。热压通风的效果与竖井的高度及进出风口的位置密切相关。只要根据通风需要调控竖井顶部窗的开启程度，变化窗的角度，适当减小出风口面积，就可加强室内的通风效果。冬季时只要关闭洞口，并处理好洞口的气密性，窑居的保温隔热性能便不会被破坏。为了避免竖井出风口的气流倒灌，可以在窗口设置一定的导风板或植物作为遮挡以保证出风口负压值。

第三，热压通风可以通过空气流动带走部分水蒸气，减少空气中的绝对含湿量，利用被动通风达到降湿的目的。有序的通风气流组织可保持夏季窑居室内均匀的温度场分布，防止壁面与地面泛潮。

第四，通风竖井也可解决窑居大进深，后部采光不足的问题，在竖井口设置反射板，将竖井壁刷成白色，促使从窗口进入的光线经反射至窑居背部房间。

最后，厚重封闭的窑居容易使人心理产生幽闭感与不适，竖井内部可种植阴生植物，植物可以通过蒸发水分来降低温度，保证室内宜人的温湿度。后部光线的引入与绿色植物的种植，可适当减缓窑居后部带来的心理幽闭感。

通过采光井与通风竖井的结合形成了窑居的自然空调系统（图8-40），对室内的隔热、采光、自然通风、降湿等因素的改善取得了综合的效益。

4.墙面与绿化

墙面垂直绿化可以有效减少夏季的辐射得热，且防止雨水冲刷，增强墙体耐久性。

5.墙面与色彩

色彩与热能的关系基于太阳光的照射，材料表面颜色深浅与热能的吸收直接相关，更影响材料的表面温度与热工性能。基于人们对色彩的日常体验，室内墙体的色彩也影响着室内的温暖感。出于对窑居采光效果的考虑，窑居室内色彩的选择宜趋于清亮色彩，以利于室内光线的均匀反射。但是处理居室色彩时，可适当注意结合色彩的温度感，根据建筑朝向不同加以区别，南

图8-40 绿色窑居自然空调系统在冬夏两季的工作图

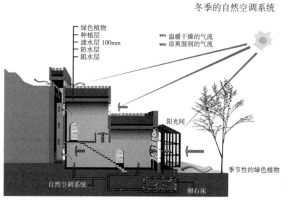

 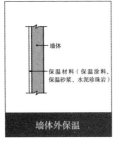   

| 窑居墙体界面拓扑原型 | 墙体外保温 | 双层墙体 | 墙体与竖井结合 | 墙体绿化 |

图 8-41　绿色窑居墙体复合界面形态剖面拓扑转换图

向房间采用偏亮的冷色，而北向居室采用偏亮的暖色，以平衡人体一定的温度差异感觉。

6. 墙面与肌理

由于材料本身的孔隙率、密实度和硬软度不同，对太阳辐射热的吸收也有所不同。浅色光滑的表面反射热量，可减少墙体的得热量；而粗糙的表面质地有利于吸纳热量。窑居的南向墙体材料多外贴石材，石材表面质地的耙纹处理，肌理效果明显，也有利于墙体表面对热量的充分吸收。

综合以上关于墙面的设计对策，我们以窑居复合墙面作为窑居墙体界面形态的拓扑原型，变化界面的设计对策，可得墙体复合界面形态的拓扑转换图（图 8-41）。

8.2.5.6　绿色窑居生物气候复合界面——地面

1. 蓄热地面材料

原生窑居室内地面材料多为黏土砖地面或水泥抹面。为了保持地面较好的蓄热能力，可以选取石材地砖地面，蓄热地板的面积宜大于地面面积的1/3。白天尽量让阳光进入室内，使地面吸收部分太阳辐射热，而散热的时滞效应使热量在夜晚释放，作为室内稳定热环境的"调节器"。

2. 改良热炕

炕利用蓄热材料对室内进行热辐射，出于对人体舒适度的要求，炕面温度应为 25~30℃，每次烧火后升温应在 8~15℃，是一种低温辐射的供暖方式。但是传统炕灶的使用仍然存在许多弊端：落地火炕搭建在地上，单面散热，热效率较低；落地炕高 600mm，炕洞过高，需耗费较多的能源才能把炕烧热；炕面温度不均，保温性能不佳；灶的通风性能差，烟气不能对流，供氧不足，柴草燃烧不尽，造成燃料浪费严重。因而，基于对炕体本身的节能优势与尊重传统生活的习俗的考虑，对窑居传统炕进行节能与优化改良势在必行。

采用预制混凝土板作为炕体材料，对传统炕体进行科学设计。将落地火炕整体架空距地面 20cm 左右，形成高效预制组装吊炕。❶预制吊炕取消炕洞底部垫土，使炕体由原来的一面散热变为上下两面散热，增加了烟气与炕体的接触面积，而且使炕面各部分的热舒适度均匀。此外，吊炕的炕下空间解放，为室内提供了一定的放置物品及储存的空间，可谓一举多得（图 8-42）。高效预制组装吊炕的使用使"综合热效率由原来的 45% 提高到 70% 以上，每户年均节约柴草 960kg"。❷

❶　汝军红. 辽东满族民居建筑地域性营造技术调查——兼谈寒冷地区村镇建筑生态化建造关键技术 [J]. 华中建筑，2007（1）：73-76.
❷　陈滨等. 被动式太阳能集热墙和新型节能灶炕炕耦合运行模式下农村住宅室内热环境的研究 [J]. 暖通空调，2006（2）：20-24.

还可以用太阳能支持炕的热源，将其布置于南向窗附近，白天日照经室外反射板反射向炕底四周的土体，土体可储存热量。炕面用深色漆帆布覆盖，以加强吸热。夜晚炕体向四周热辐射，来增加室温（图8-43）。在不增加辅助采暖设备的前提下，将窑居的室内热环境提高到基本的热舒适标准。

3. 地沟

深厚的土层是室内温度波动的调节器。由于土壤的含水层具有很大的热容量，热量散失的时滞效应可以减少窑居的室内温度波动。据测定，离地表4~6m深的土层温度6月到9月低于恒温层温度（16℃），由于土层的延迟时间较长，4m以下的温度高峰值在10月底后才出现，低峰值在4月后出现，这为冷季利用地热、热季利用地冷提供了条件。

地沟通风即利用这一原理在冬季升温，夏季降温降湿。地沟通风系统由一条地下埋管和卵石床构成，埋管深度在1.5m以下，长度不小于8m。地沟进风口设于室外遮荫处，风口设风扇，出风口位于室内，并备有降湿装置（图8-44）。

最简单的辅助降湿装置是：用纱布包1kg左右的硅胶，做成厚度为4~6cm的吸湿层装入钢丝网架，设置于出风口处。夏季风压与热压驱使高温潮湿的气体进入地沟内的卵石床预冷，室内可降温3~5℃，并适当降低室内空气的相对湿度。为了强化地沟通风的效果，由太阳能电池板发电带动风扇等设备的运转来支持。

4. 架空地板层

窑居地面上可架设架空地板层，不仅可以起到防潮的效果，而且其地板层间的空气间层还可作为地面温度的缓冲空间。

综合以上关于地面的设计对策，我们以复合地面作为窑居地面界面形态的拓扑原型，变化界面的设计对策，可得地面复合界面形态的拓扑转换图（图8-45）。

表8-3是对以上绿色窑居独院的生物气候复合界面设计的被动式对策汇总。

将以上绿色窑居生物气候复合界面的拓扑群汇总为图8-46。

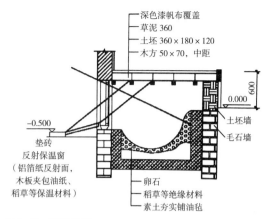

图8-42 节能吊炕

（资料来源：汝军红. 辽东满族民居建筑地域性营造技术调查——兼谈寒冷地区村镇建筑生态化建造关键技术 [J]. 华中建筑，2007（1））

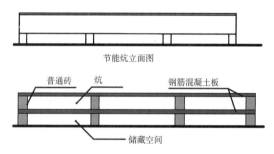

图8-43 太阳能炕

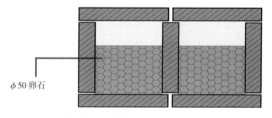

图8-44 地沟进出风口构造

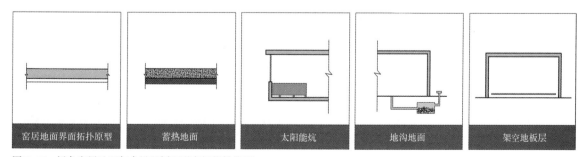

图8-45 绿色窑居地面复合界面剖面形态拓扑转换图

设计因素	设计原则	设计对策	调节原理	室内环境参数
屋顶界面	覆土屋顶	屋顶覆土 1.5m，上盖可调控的盖板	围护结构的蓄热性	■保温采暖 □太阳辐射 ■相对湿度 ■自然通风 □自然采光
	屋顶空气夹层吊顶	拱顶设置有进出风口的吊顶，吊顶内铺吸潮材料	抑制传导热损失，促进通风降湿	
	覆土绿化屋顶	屋顶种植经济作物及砂层阻水防渗	围护结构的蓄热性	
门窗界面	双层窗与门斗	合理的窗墙比，增大南向窗面积，门窗气密性良好	促进太阳辐射进入	■保温采暖 ■太阳辐射 ■相对湿度 ■自然通风 ■自然采光
		双层窗内置可调节双面活动百叶，北向窗挂保温窗帘与活动保温板	对太阳辐射的控制 抑制传导热损失 围护结构的蓄热性	
	门窗＋被动式太阳房	门窗＋蓄热墙采暖	对太阳辐射的控制 抑制传导热损失 围护结构的蓄热性 自然通风 利用太阳能	
		门窗＋阳光间采暖		
		门窗＋阳光间＋直接受益型采暖		
		门窗＋阳光间＋蓄热墙式采暖		
	门窗＋遮阳构件	水平遮阳构件、非实体遮阳构件	抑制太阳辐射进入	
		可灵活调节的百叶或帘幕		
		遮阳材料采用浅色且蓄热系数小的轻质材料或金属板		
	门窗＋反射板	南向窗台设反射板	促进太阳辐射进入 自然采光	
		竖井北窗设反射板	自然采光	
	门窗＋导风板	窗口设导风板	自然通风与诱导通风	
	门窗＋绿化	南向种植落叶树，下层开放种植；冬季主导风向中茂密的常青树	对太阳辐射的控制 形成季节性的遮阳与风屏蔽 自然通风	
墙体界面	墙面外保温	厚重结构外侧设置保温层	围护结构的蓄热性	■保温采暖 ■太阳辐射 ■相对湿度 ■自然通风 ■自然采光
	双层墙体（特朗伯墙）	砖石蓄热墙外 10cm 处设置封闭玻璃，内部为空气间层	围护结构的蓄热性 促进太阳辐射进入	
	墙体＋竖井	高过屋面的竖井，适当缩小出风口，出风口可调节	自然通风与诱导通风	
		竖井内设置反射板，并刷清亮颜色	自然采光	
		出风口设置挡风板或种植植物作遮蔽	自然通风与诱导通风	
		底部种植或设置吸湿装置	消除心理幽闭感	
	墙体＋绿化	墙面垂直绿化	抑制太阳辐射进入	
	墙体＋色彩	南向墙体中等明度的深暖色	围护结构的蓄热性	
		南向居室内墙偏亮冷色，北向居室偏亮暖色	自然采光	
	墙体＋肌理	表面粗糙肌理	围护结构的蓄热性	
地面界面	蓄热地面	混凝土与石材地面，蓄热体面积不小于 1/3	围护结构的蓄热性	■保温采暖 ■太阳辐射 ■相对湿度 ■自然通风 □自然采光
	改良热炕	高效预制组装吊炕	围护结构的蓄热性 促进太阳辐射进入 新型替代能源	
		太阳能炕		
	地沟	埋深 1.5m 地沟，出风口设置吸湿装置	围护结构的蓄热性 自然通风与诱导通风 新型替代能源	
		进风口设风扇，用太阳能电池作支持		
	架空地板层	内置空气间层	围护结构的蓄热性	

图 8-46 绿色窑居生物气候界面形态的拓扑转换群

8.2.5.7　绿色窑居独院的综合模型

以上是从动态弹性的窑居单体空间，到运用被动式对策以窑居的空间布局、体形系数、朝向及建筑围护结构界面作为设计因素，综合性地改善窑居的居住空间环境与室内物理环境，并形成各设计因素作用下的调控对策及其形态拓扑群。将以上各对策中的拓扑原型作为构成因素，整合形成绿色窑居独院的综合模型（图8-47）。综合模型所采用的主要对策归纳如下：

（1）合理划分窑居室内功能空间，极大地改进窑居居住空间与现代生活需求不同步的状态。

（2）空间单元体的组合与室内空间灵活分隔，为空间的弹性增长与功能的多适性创造条件。

（3）布局紧凑规整、体形系数较小，以抑制围护结构的热量散失。

（4）合理的热环境与光环境分区，室内灵活分隔，以减少建筑的对流热损失及改善窑居室内的照度。

（5）在窑居中部的中庭空间与后部的竖井，以诱导热压通风及通风降湿，改善窑居后部采光问题，并且保持了原生窑居保温隔热的性能。

（6）主动式与被动式结合的太阳能采暖得热系统，调节与维持冬季室内采暖与稳定的热环境；并且利用太阳能集热板提供热水。

（7）覆土种植屋顶，可保持围护结构的保温、隔热、蓄热性能，调节窑居的微气候环境，且有助于充分利用宅基地，发展庭院经济。

（8）双层屋顶结构防水、防渗及蓄水种植的窑顶构造措施。

（9）双层玻璃与保温窗帘、墙体外保温、双层地板，可保持围护结构室内稳定的热环境，抑制传导热损失。

（10）门窗遮阳构件的设置，反射板及挡风板的设置，便于热季抑制热量进入、顺畅组织通风且改善窑居室内光照的均匀度。

图8-47　绿色窑居单元的综合模型

（11）利用围护结构的蓄热及储热性能，及材料的色彩与肌理增加储热

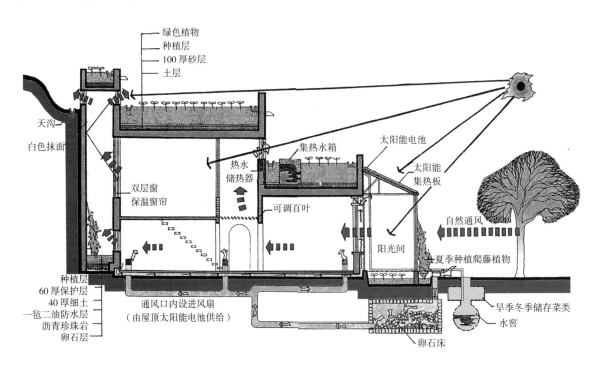

能力，减少室外环境波动对室内的影响。

（12）利用太阳能及蓄热材料的性能，改良热炕空间，形成室内辅助采暖热源。

（13）采取地沟隔污除湿换气自调节系统，满足窑居室内通风换气的需求，改善室内的空气质量。

（14）庭院的植物可控制太阳辐射与通风。

（15）改造传统水窖，可用于收集屋顶、地面的雨水，或贮藏果菜之用。

8.3 绿色窑居基本生活单位的形态拓扑群

黄土高原人们的居住生活是多种多样的，居民的生活内部结构反映了居民日常生产生活的内在规律，也维系着人们业已形成的社会生活网络。人们生于斯，长于斯，互不干扰，邻里间保持着亲密和谐的关系，创造着浓郁的乡土文化氛围。现代窑居住区的生活组织也必须考虑到居民对住区环境不同层次的生活需求，力求创造一种有明确的空间领域层次，内向性强的邻里组团，方便邻里间精神与物质上的互助与交往的空间，增强住区的凝聚力、归属感与安全感。因而，在尊重原有地形地貌的基础上，住区按照聚落—基本生活单位—窑居独院的结构模式灵活规划，依据公共—半公共—秘密的空间关系组织生活，且保证各部分之间相互联系的同时，又保持相对的独立完整。

窑居基本生活单位是窑居聚落的半公共空间，也是人们日常生活交往、休息最频繁使用的空间。在传统的村落中，一棵古树、一口老井，甚至院落之间的石阶都是人们日常生活交往的空间。农闲时，人们在此聊天、下棋，妇女们做工艺活计等，这里是体现民俗文化创造与住区协作精神的场所。在窑居营建体系的不同层级空间形态的功能与意义的探讨中，重点对黄土高原住区环境中的基本生活单位形态进行多样化的设计，便于村民依据地形选择参与设计营建。

8.3.1 庭院经济与基本生活单位的拓扑变换

8.3.1.1 庭院经济

庭院是农民生活使用最频繁的场所，也是一种潜在的土地资源。充分开发利用这些资源，可以提高土地的利用率，通过对光能的利用及生物产品的转化，获取生物质能和生产产品，有效发挥住户生产的潜力，创造明显的经济、生态效益。庭院经济指以农村庭院及其周围闲散土地为开发利用对象，以户为单元独立经营，从事以商品性为主的果、蔬菜、畜禽养殖、作坊加工等方面的生产，同时具有生态防护功能的生态经济系统。

根据农村庭院具有一定面积、人类活动频繁与水源便利等特点，依据生态设计原理，可以分为以下几种模式❶：

（1）立体栽培模式：主要在庭院中进行立体栽培，利用食物链加环原理，进行物质多级利用。选用优良品种，应用较先进的饲养、栽培技术，生产无公害的菜、果、肉等。

（2）四位一体温室模式：这种模式将生产冬季蔬菜与猪圈、厕所、沼气

---

❶ 傅伯杰等.景观生态学原理及应用[M].北京：科学出版社，2001：198.

8　绿色窑居营建体系的形态拓扑群　177

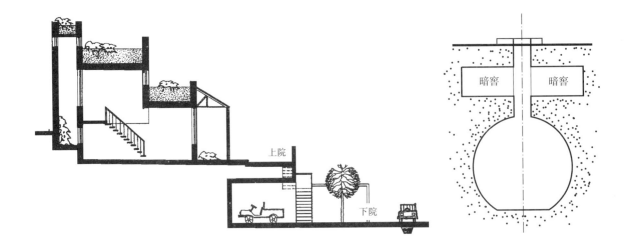

图 8-48（左）　庭院经济与立体的庭院模式
图 8-49（右）　传统水窖改进

池融为一体，实现养猪的猪粪与人粪入沼气池发酵，沼气池为蔬菜生产供能、供肥。粪便经过无害化处理，能量得到充分利用，除获得养猪、种菜的直接效益外，还有节能节肥等间接效益，同时达到控制蔬菜污染、提高蔬菜品质的目的。

（3）养牛（家畜）—沼气—果树模式：该模式下农户通过养家畜、消化作物秸秆与排出的粪便进入沼气池发酵产气，废料为蔬菜供肥。

8.3.1.2　绿色窑居庭院形态拓扑转换

为了给住户创造个体生产的条件，可以利用有限的庭院空间，将庭院划分成上下两院：上院视野开阔，阳光充裕，适于日常生活休息，下院为生产养殖、储藏空间（图 8-48）。居民可将经营项目垂直分布于立体的庭院空间：在下院，地下可建沼气池、地窖；地面可种植蔬菜，或设池塘养鱼；而窑居屋顶也可种植经济作物，如山楂或胡椒。另外，竖向可提供经济攀缘植物，如瓜果或豆类，利用各种条件开展农副产品的加工。为了充分利用庭院的土地资源，依据地形高差变化情况，可利用上院活动空间的下部挖窑作为农用机车与农具存放空间。对窑居单体、上下庭院空间的不同组织方式的有机组合，形成了空间层次丰富、形态多彩多姿的窑居院落空间。

水窖是陕北民间传统的贮水方式之一。水窖设于窑院中，平时作灌溉之用，天旱时也可作为水的补充源。庭院自产径流的拦蓄可通过挖水窖或涝池，聚集径流，转害为利，也可以将原有硬质地面及庭院周围荒地开发为果园、菜园及林地，强化降水就地入渗拦蓄，减少地表径流。尽管现代窑居可保证完备的给水排水设施，但其作为节约资源、发展庭院经济的措施，可在一定时期内保留。对于水窖还可进行一定的改进措施，如在水窖内高处设置暗窖，当雨量增加时可利用它增加容量，在旱季或冬季也可用来储存菜类或薯类（图8-49）。为了充分利用有限的水资源，可设置集水系统，将窑顶、墙体等的雨水引入放有砾石等滤水材料的滤水池以改善水质，经过滤进入蓄水池或者水窖，储存以用于庭院灌溉及清洁之用。

庭院经济是生态农业向各家各户的延伸，它帮助居民们掌握勤劳致富的科学方法，通过对光能的利用及生物产品的转化，获取生物质能和生产产品，有效发挥农户经济生产的潜力。庭院经济的模式尽可能分配与利用窑居空间，体现了对土地利用的集约效益，尤其是庭院空间立体种植，达

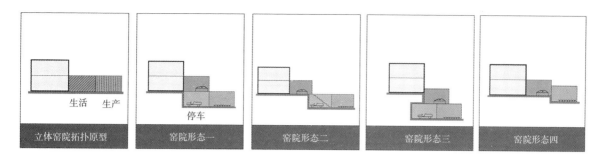

生活 生产	停车			
立体窑院拓扑原型	窑院形态一	窑院形态二	窑院形态三	窑院形态四

到了"地基占地窑面补、道路占地墙面补",力求营建活动对生态环境的影响实现"零"支出。

我们将窑居与生活庭院、生产庭院、农用机车停放等复合功能构成的窑院作为窑居院落的拓扑原型,保持窑院功能单元组合不变,依据地形的差异,变化院落空间的组合方式及位置关系,可得窑院形态的拓扑转换图(图8-50)。

8.3.2 绿色窑居基本生活单位空间布局的形态拓扑转换

绿色窑居住区应注重邻里单位对人们居住生活的重要性,以其作为规划设计的重点,按照居民原有的生活网络,自愿组织成一定规模的组团,将7~8户作为基本规模,组织成关系密切的邻里单位。为了适应黄土沟壑的转折与台地,高效利用土地,结合坡地形态布置住户的宅院,通过住户院落空间的错落交叠,围合成一个环绕邻里活动中心的完整的基本生活单位空间环境(图8-51)。

为了保证组团内部的领域性与凝聚力,应以明确的空间限定,禁止车辆与过往行人介入。内部生活道路以步行方式为主,生产与生活道路可适当分开,住户的生产运输小路可直接通向住区的主干道。在空间处理上最大限度地满足各户居民生活的私密性及邻里交往的半公共性。根据地形高差,分流宅院出入口,道路采用尽端式。这种围合式的布局灵活多变,随地形变化空间错落有致,形成空间层次丰富的窑院形态(图8-52)。

图8-50 立体窑院形态剖面拓扑转换图

图8-51 基本生活单位总平面图及透视

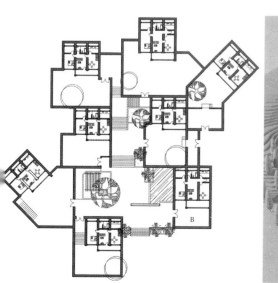

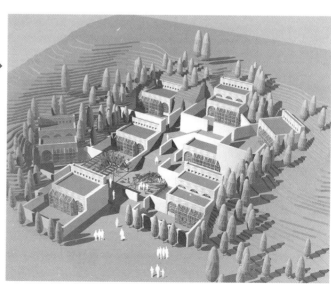

窑居院落

邻里中心

井台空间

村民自建

图 8-52 丰富的基本生活单位空间
形态

图 8-53 窑居基本生活单位形态平
面拓扑转换图

在半公共空间中，组织了几个不同高度的平台，既作为邻里活动和民俗活动的场所，又有机地连接了不同标高的住户。以踏步、绿化、石桌凳和平台等丰富空间形态，提高居者的生活情趣，唤起人们对自己家园的热爱。基本生活单位的空间形态可被归纳为：

（1）基本生活单位邻里活动中心：改善居住环境的物质与社会生活条件，提供交往、聚会与民俗活动的场所；加强居住者对空间的认同与归属感。

（2）活动休息场地：创造台阶、平台、绿化、石凳等景观小品构成的趣味性空间，提供住户深层社会交往的空间。

（3）窑居宅院：是黄土高原窑居营建体系的生活和生产细胞，是农户现代居住生活的主体空间，也是开发生物质能、利用物质的多级循环生产庭院生物产品的场所。

（4）步行公共道路：采用尽端式道路，通过邻里中心便捷地连接各住户宅院。

（5）生产道路：外部通往生产庭院的小路不穿越邻里活动中心，自成系统，直接连接上一级道路。

窑居的基本生活单位保证了住户的私密性与日常生活领域，创造了节能节地、安全卫生的居住环境，为住户提供了一个环境宜人、适宜邻里交往与举行民俗活动的共享场所。

我们以 8 户家庭作为基本生活单位的构成规模，将 8 户环绕邻里活动中心而成的方形网格形态作为窑居基本生活单位的拓扑原型，那么，保持 8 户组成元素，及户与户之间连接关系、各户与邻里中心的围合连接关系不变，根据地形差异，变化邻里中心的形态、窑居宅院的形态、基本生活单元外围的界面形态等，就可得窑居基本生活单位形态的拓扑转换图（图 8-53）。

8.4 绿色窑居聚落的形态拓扑群

绿色窑居聚落的空间环境规划目的是要寻求环境建设自身发展的内在因素，促进环境更健康、协调和持续地发展。在综合应用节能节地原则，科学地利用地方优势资源，并防灾减灾、合理利用水资源的基础上，调整聚落的空间布局结构，配备完善的公共服务设施及高层次的交往场所，营建具有宜人的空间环境与物理环境的建筑生活系统，满足现代生产生活的需求，强化环境的亲切感和凝聚力，唤起居民对家园的热爱。不仅如此，绿色窑居聚落的环境规划也结合整治与改善住区的自然生态系统与农工业生产系统，对营建中的生态、生产与生活用地进行科学的配置，力图营建一个良性循环的、优质高效的自然—经济—社会复合系统。以下将提出一些具体的规划对策。

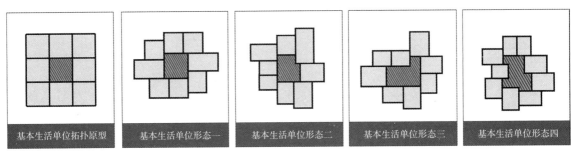

| 基本生活单位拓扑原型 | 基本生活单位形态一 | 基本生活单位形态二 | 基本生活单位形态三 | 基本生活单位形态四 |

8.4.1 地形与窑居聚落的形态拓扑变换

8.4.1.1 以节地为原则的土地分配模式

黄土高原的聚落分布与地形状况密不可分，按照地形地貌的差异，其聚落分布类型可分为"河谷川道、黄土台塬和黄土山地丘陵"[1]三种。

1. 河谷川道型

河谷川道空间地势平坦，土地肥沃，地下水与地表水补给都非常充足，是黄土高原重要的农业生产基地。在水资源极缺的情况下，宽阔的川地、丰富的水源与便利的交通，使该地区成为聚落的集中密集区域。因而，聚落多"沿流域川谷地带呈枝状分布"[2]，尤其是流域的交叉点更是聚落的集中分布点。

2. 黄土台塬型

台塬型地貌，其地势广阔平坦，土壤肥沃，提供了高质量的耕地生产空间。该地形的聚落多"均匀分布，以团聚状的较大聚落为主"。[3]

3. 黄土山地丘陵型

山地丘陵型地貌地形复杂多变，包括山坡地、丘陵坡地等，坡地多、平地少，水资源匮乏，农作物成活率不高，是黄土高原水土流失较为严重的区域，但是山地阳光充足，太阳能资源开发有相当大的潜力。该区域内的聚落多沿沟谷随耕地情况散落分布。

聚落人口的不断密集，空间的不断扩展，加剧了对黄土高原耕地与林地的吞噬。为了避免聚落营建对生态环境的影响，应在保证充足耕地面积的前提下，科学而充分地配置土地资源，实现生态、经济与社会的综合效益最大化（图8-54）。

（1）在河谷川地，充分发挥川地的效益优势，推广科学种田，调整种植业布局结构，种植以蔬菜等为主的高经济效益的经济作物；综合整治河流，保护川道河流不受污染。

（2）在川道与支沟的缓坡地带，应尽量利用坡地，顺坡就势组织聚落空间，不仅节约川地面积、加大农业建设，而且为聚落提供了具有充足阳光、风向与良好景观的空间方位。同时，调整和改善居住用地格局，通过合理规模的

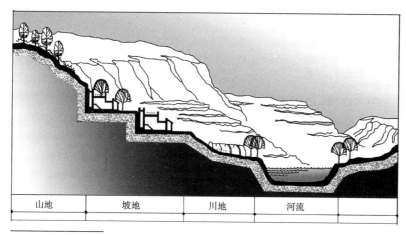

山地	坡地	川地	河流	

图8-54 绿色窑居聚落的土地利用模式

---

[1] 其分类法引自于：刘晖. 黄土高原小流域人居生态单元及安全模式——景观格局分析方法与应用 [D]. 西安：西安建筑科技大学博士论文，2005：68.

[2] 周庆华. 基于生态观的陕北黄土高原城镇空间形态演化 [J]. 城市规划汇刊，2004（4）.

[3] 刘晖. 黄土高原小流域人居生态单元及安全模式——景观格局分析方法与应用 [D]. 西安：西安建筑科技大学博士论文，2005：67.

图 8-55　窑居聚落适应地形的形态
　　　　　平面拓扑转换图

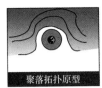

聚落组织结构紧凑布局，在满足基本设施使用的基础上，适当增加住户数量，并巧用地形地貌组织道路交通系统和统一的给水排水管网，减少道路等基础设施的经济投入。为了充分而有效地利用有限的宅基地，住区建设应推广新型的楼窑形式，提高建筑层数与立体有机地开发宅基地的庭院模式。与坡地有机结合的聚落空间层次组织，为黄土高原呈现了一派错落有致、疏密相间的聚落景观。

（3）在外围山地，结合生态农业、生态林业的实施，全面治理荒山荒坡，开展大面积的退耕还林，建设林草植被、涵养水源，改善水土流失的状况。

（4）合理规划山地、坡地与川地，采取不同的农业耕种方式，如：防护林、经济林及蔬菜、经济作物等，将田野、河流、防护林带、果树林木等纳入整体的绿化生态系统中，使住区环境生态化、美观化。同时，聚落应避免连续的带状分布，增加自然生态的横向连通性，使聚落与自然环境、农田、林地交错渗透，形成相互融合的景观生态格局。

我们以地形与窑居聚落的关系为拓扑原型，变化地形状况，可得窑居聚落适应地形的形态拓扑转换图（图 8-55）。

8.4.1.2　具有宜人空间环境的聚落布局

黄土高原的聚落规划不仅注重对土地资源的合理配置，更注重利用地形与气候条件的结合，以科学的聚落空间布局，充分利用太阳能资源，营造宜人的聚落微气候环境。

1.组团单位的层层递阶

窑居聚落营建选址在南向缓坡地，应尽量避开易滑坡、坍方与黄土垂直节理发育的地带营建。由于依坡就势建窑，使聚落内部单元组团层层递阶，窑居间前后形成了毫无遮挡的宽敞窑院空间，有利于吸纳足够的日照及窑院内立体庭院经济的开展。

2.错列式的聚落布局

聚落内部的基本生活单位与窑居独院的总体布局遵循错列式的排布方式，一方面有效地减少了前排窑院对后排窑院的阳光与通风的遮挡，可以利用前后建筑的高差不同，适当减少窑居前后的建筑间距，实现对土地利用的最大化；另一方面，错列式的布局有利于形成聚落组团内部的开敞活动中心，而且由于风向的季节性变化，冬季北向建筑物及绿化的屏障作用可以规避冬季的冷风进入，夏季的习习凉风又可以没有遮挡地、顺畅地到达聚落内部各部分。为了有利于聚落风环境的均匀，可使聚落的迎风面与夏季主导风向呈现一定夹角布置。

3.利用地形风

择居于山坡中部的窑居聚落可以避开谷地与低洼地的冷池效应与山顶的局部疾风。更重要的是，向阳南坡与谷底，或者南坡与川地之间可以利用地形风（如山谷风与水陆风），由于地形不同部位日温度差的变化而形成的局部气流循环，强化了聚落的通风，改善了聚落的风环境。

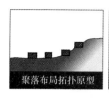

图 8-56　窑居聚落形态拓扑转换图

| 聚落布局拓扑原型 | 层层递阶 | 错落式布局 | 利用地形风 |

我们将窑居聚落群体建筑作为其形态的拓扑原型，可得窑居聚落形态的拓扑转换图（图 8-56）。

8.4.2　以适灾与节水为目的组织公共基础设施

黄土高原虽然属于干旱少雨的地区，但是年降雨量却达到 300~600mm 之间，年降雨量分布不均，多集中在 7~9 月。不过，由于对降雨的利用率不高，致使大量的水资源直接渗透进地下或者以地表径流的方式拦截入水库，造成农业生产与生活用水矛盾日益突出。当前，迫切需要将住区的规划与防洪、高效利用水资源统一结合，建立完备的公共基础设施。

1. 以绿色被覆面及透水铺面保持聚落下垫面的透水性

绿色窑居聚落的水循环设计，要求地区必须具有涵养雨水的能力，这就要求对于基地的保水应尽量保留绿地、被覆地、草沟等作为雨水直接渗入的面积，保持大地的水循环功能。为了保持聚落下垫面的透水性，在人行道、公共活动场地及停车场以碎石、卵石、枕木、植草砖等铺设的透水铺面替代混凝土的表层地面，以实现住居活动与维持大地透水功能的双赢。

2. 结合聚落的管网系统设计储集水源

目前，黄土高原的村镇聚落多是无组织排水，一旦雨季来临，雨量过大造成的洪水与滑坡会对聚落环境的安全造成极大的威胁，在合理配置住居管网的基础上，应结合管网系统，统一设计雨水收集利用系统，将在雨季收集的地表径流、雨水、泉水进入统一的地下集水、蓄水管网，一方面可以减少住区河流、水池的直接蒸发损失，另一方面通过一定的净水处理，可以大大地改善水质，以备住区生产与生活杂用。如：结合道路交通系统，设置排水管以收集雨水用于绿地的浇灌及道路的喷洒；雨水渗透排水沟以收集雨季土壤中的饱和雨水，再缓缓排出；还有，可以结合聚落群体，在坡高处建高位蓄水池，将收集的水源经净化处理后供居民生产生活清洁、浇灌之用。此外，以"坡地分段局部集蓄雨水"❶的技术，利用坡面径流的调控理论，提出不同坡段雨水集蓄利用的优化配置模式：即在坡面的不同坡段采取不同的水土保持措施，让土壤尽可能地入渗，对超过入渗的那部分径流进行分段拦截，既有的雨水就地入渗利用，有的叠加利用，有的异地储集利用，实现了控制水土流失与水资源高效利用的双重目标。

3. 满足生产生活不同需要的道路交通组织

由于人们的出行方式不再以单一的步行方式为主，还有相当的农用机动车辆、自动车、摩托车的行驶。窑居住区利用坡地组织居住生活，地形的复杂多变必然对交通联系提出更高的要求。在充分考虑到地形地貌现状，与居民原有出行线路的基础上，护坡与整形原有的道路走线，以保证居于高处的居民也能方便地使用车辆。同时，为了创造宁静、安全的居住环境，又密切

---

❶　唐晓娟. 坡地分段雨水集蓄利用技术试验研究 [D]. 咸阳：西北农林科技大学，2004：5.

图 8-57 绿色窑居聚落形态模型

居民间的联系与社会交往，应完善不同的道路等级：主干道应方便联系各居住生活单位与公共服务设施；基本生活单位内部应避免机动车辆进入，以步行方式为主，路面设置适当的平台、踏步及绿化。生产与生活道路可适当分开，住户的生产运输小路可直接通向住区的主干道。

综合以上对绿色窑居聚落规划的阐述，我们可将窑居聚落的形态模型描述为图 8-57 所示。

8.5 本章小节

本章运用第 4 章中的拓扑几何学作为建筑形态的转换与发生机制，通过对窑居独院单元的拓扑同胚原型的挖掘，作为窑居形态生成衍化的拓扑空间不变量，从窑居独院—基本生活单位—窑居聚落各层级结构出发，对窑居独院的动态弹性空间、节能空间形体、窑居单体，包括屋顶、墙体、门窗与地面的生物气候界面设计、窑居基本生活单位的庭院模式、基本生活单位形态、窑居聚落与地形利用、聚落布局等进行了深入的阐述，提出了完整地调节窑居微气候环境的被动式设计对策体系，及各类设计对策的形态转换拓扑图，完整地建构了窑居营建体系的形态拓扑群，为黄土高原的人居环境建设提供了多样化、适宜性的参照模板。

9 绿色窑居营建体系的
技术集成

传统窑居营建技术蕴涵的生态规律与文化内涵在今天仍然具有勃勃生机，应使其在现代窑居建设中得到进一步的保护与发展。窑居住区的可持续发展是以适宜性技术作为支撑的。适宜性技术强调以地区社会发展的需求作为出发点进行比较与选择，强调技术与地区自然条件、经济发展状况相协调，充分发掘传统技术的潜力，改进与完善现有技术，将地域技术与现有技术优化组合运用于住区的建设中。

9.1 地域材料与营建技术

9.1.1 地域材料

黄土高原地区的建筑材料主要包括黄土、石材、砖材和木材。其中，木材因资源十分匮乏且又是维持生态的宝贵植被资源，应属于重点保护之列，从绿色建材的理念出发，应不要滥用和浪费。而黄土、砖材、石材等因材源广泛，而构成绿色建筑材料的主要组成部分。

黄土是黄土高原地区最为丰富的资源之一，传统建筑中土的地位不可替代，直接或制成土坯后，用来制作房屋的墙体，窑洞的腿子、窑顶和部分家用设施。这种不破坏土的生态性能的技术方法始终是绿色的。但黄土材料性能中，力学性能过差，水性差，易侵蚀性大，形成明显的缺陷。黄土的蓄热性、导热性较好是其最明显的优势，要使黄土在现代村镇建筑中发挥重要作用，恐怕只有对其进行更为深入的研究与开发，扬长避短，才能真正激活它的绿色基因。

石材在黄土高原的丘陵、沟壑区资源丰厚，力学性能又优越，开采方便，加工容易，是不可多得的地方性绿色建材。不过石材的基崖体是丘陵、沟壑地形地貌的基体，大量或不良的开采会给生态环境带来沉重的打击。开山取石会破坏植被，扰动山体结构，还会带来过多的固体废弃物。但结合地区特点，采用适合的技术方法，适当开采天然石材，是丘陵、沟壑区绿色窑居住区建筑材料技术的必然走向。

砖材的原材主要是黏土，因而砖实质上是黄土材料的延伸材料。黄土高原的大片土地不乏土的资源，虽不能说用之不竭，但也确实比其他地方有更大的材源优势。砖材的材料综合性能虽不如石材，但完全可以满足村镇建筑要求。在今后的很长时期，砖都将扮演建筑用材的主要角色。只是制砖本身需要以大量的黄土资源、农田、植被和能源作为代价。因此，砖的生产目前只能走生产空心化、内燃化产品的灰绿色技术道路，并渴望及早开发合适的替代品。

9.1.2 地域材料的前景展望

1. 黄土材料

黄土材料的绿色基因与现代建筑技术的结合点在于干燥黄土的高蓄热性、高热容性与低导热性。因此，在尽量节约用土与保护土地的前提下，首先，可将其用于窑居建筑窑顶覆土，构成热工性能优良的围护结构，但应采用适宜的覆土技术以恢复窑顶植被功能；其次，可用于窑居建筑窑腿的内衬材料，既可省砖石材料，减低造价，又可提高热工及声学性能；此外，如果与被动式太阳房的集热墙结合，黄土亦是很好的集热材料。

2. 石材

石材虽是不可再生性资源，但在陕北高原丘陵、沟壑地区，材源极其丰富，其力学性能和耐久性十分优越，故其必将成为该地区人们的重要绿色建材。但为了使其走上可持续道路，依然要注意其发展策略：首先，应优化开采技术，提高成材率，减少不必要的浪费，这是开发石材的必由之路；其次，改进石材的建筑结构、建筑构造和建造技术，使窑居建筑的安全性和适用性提高，耗材率下降，施工质量更好；还有，处理好采石与保持、恢复生态、加厚植被的关系，做到开采一块、绿化一块、保护一块，才能使石材的利用走上可持续发展的道路。

3. 砖材

砖是较好的传统建材，又是难以取代的现代材料，根本原因在于其较好的性能和低廉的价格。但生产和使用黏土砖所带来的太多逆生态问题已得到大家的普遍关注。因此，首先，应尽快采用和推广黏土空心砖技术，以节约黏土，保护生态环境，保护农耕土地；其次，改进砖的烧结技术，减少生产耗能，尤其是常规能源的消耗，减少对大气的污染压力；再次，研发生态型砌块材料，作为黏土砖的换代产品，有效减缓土的消耗；最后，应开发砂土制砖、建筑固体废料制砖、工业废料制砖技术，以减轻对环境的压力。

9.2 窑居结构与构造形态

黄土高原地区窑居的结构类型虽然具有很大的适宜性，但其离整体优化的目标尚有距离，对其中绿色的基因进行挖掘与整合，才能增强其生命力。

1. 砖石拱结构（独立式窑洞）

陕北窑居住区内，采石方便，施工简便，就出现了石拱窑洞；渭北台塬地区，则多用砖拱窑洞（表9-1）。

以上两种结构类型具有资源丰富，延续传统文脉；且建筑寿命长，造价低廉；村民与地方工匠参与设计；余热利用好，太阳能、地能利用好的优势。

窑居类型现状构造尺寸 表9-1

结构类型		空间尺寸			构件尺寸					
		面宽（mm）	进深（mm）	高度（mm）	中腿厚（mm）	边腿厚（mm）	拱顶厚（mm）	覆土厚（mm）	拱高（mm）	腿壁高（mm）
石拱窑	高拱窑	3300	6000~8000	3300	600~1200	1200	240	1000~1500	1650	1650
	平拱窑				600	2000	240	1000~1500	900	2400
砖拱窑		4600	8000~10000	3900	600（砖包土）	1000~2000	240	1000	1900	2000

但也具有自重大、抗震性能欠缺、空气流动不够、空气质量差的劣势。我们可以进行一定的改良：第一，适当加圈梁、拉筋以提高整体性和抗震性能；第二，随经济条件改善，建议推广平拱式窑洞，为室内家具布置创造条件；第三，加强完善通用设施，提高室内空气质量；第四，增加阳光间，加大对太阳能的利用；第五，可设置利用地热能的自然空调系统，提高室内物理环境的舒适度。

2. 土基结构

常见的土基窑居有两种结构形式：一种是土基土坯拱结构，一种是土基砖拱结构。在渭北台塬丘陵地带，土崖高度不够，将原状土切割形成窑腿和拱券模胎，再砌半砖厚砖拱，四周夯筑土墙，形成土基砖拱结构。土基土坯拱，其形式做法与土基砖拱结构做法相似，只是掩土厚度和窑顶形式有所变化。虽然采用黄土和砖等地方材料，降低了造价，但结构承载力偏低，抗震性能低下，也可采用与石拱窑相同的改良对策。

3. 建筑构造技术

窑居建筑在构造上的劣势体现在：窑脸墙、房屋建筑的外墙，保温隔热能力不够，容易造成房屋热环境不稳定；窗墙比过大（1/2），门窗过于单薄，木窗缝隙大，冬季冷风渗透严重，导致冬季采暖能耗大；对黏土砖依赖性大，对生态环境不利。我们针对以上弊端，可采用的对策如下：第一，应适时开发高效保温墙体技术，有效提高墙体热工性能；第二，屋顶应增设保温隔热层，以改善室内热舒适状态；第三，推广高效保温节能型门窗，降低采暖能耗；第四，开发太阳能，生物质能，采暖、炊事、照明技术，节约常规能源；第五，加强乡村土炕、砖炕的科技含量，提高热效率，减少空气污染；第六，可改造传统炉灶，提高热利用率，减少排放物。

9.3 绿色窑居营建体系的技术改进

9.3.1 地基处理技术

9.3.1.1 地基处理技术现状

（1）材料：黄黏土。

（2）施工方法：开挖基槽，将表层种植土运出堆集备用，基槽开挖至"老土"为止。用作地基处理的黏土，粒径不应大于15mm，含水量以手握土料可成团、两指轻捏即碎为宜，分层铺设夯实，每层虚铺厚度在150~200mm以下。

9.3.1.2 地基处理技术改进措施

用一般黄黏土作为地基处理的材料，用小木夯等进行人工地基加固，仅适用于单层平房或单层窑居建筑的浅基础的地基处理。若地基严重不均匀，持力层很深，上部建筑为2层以上的楼房或窑洞时，仅用黏土处理地基，承载力可能会出现不足的情况，为此要有提高承载力的措施。实践中常用2∶8灰土垫层地基、建筑渣土垫层地基和砂石垫层地基，其中2∶8灰土垫层和石垫层地基是常规地基处理技术。

建筑渣土垫层地基是利用建筑拆除时的建筑渣土作为垫基处理的垫层材料，其主要成分为砂浆凝块、砖块、混凝土拆解的碎块等，再加上一半左右的黏土，分层铺设用机械夯实。由于垫层材料中增加了上述骨料，故可大大提高承载力。

此外，利用建筑垃圾，减少环境负荷，对于环境保护也是十分有利的措施。同理，新建建筑工地清除的建筑垃圾，也可作为建筑地基处理的垫层材料，其成分主要是砂子、水泥、砖块、混凝土等在施工过程撒落的部分，用作地基材料同样可提高地基承载力。

9.3.2 砖石砌筑技术

9.3.2.1 砖窑腿的砌筑技术

1. 砖窑腿的基础砌筑

在黄土高原由于大多数地方石材缺少，砖材获取容易，因此修建砖窑就成为村民们营建的主要方式。窑腿基础，在窑面一般用一块细加工的整石材，俗称"稳根石"，此石一般三面宽出窑腿面约 3~5cm，窑腿基础一般选用强度大的焦砖立砌（120mm 高），石灰砂浆砌筑，中间空隙部分用碎砖块填充，用石灰砂浆灌缝。因基础部分地位重要，故用料较好，投资较多。

2. 窑腿的砌筑

黄土高原地区的窑腿一般较宽，一般中腿在 750~1200mm 之间，边腿在 1400~2000mm 之间。为了节约材料与投资，大多以"金包银"的方式砌筑，即外表用石灰砂浆砌砖，而且只有表面用白灰砂浆砌每一块砖的边缝，中间用上好的胶泥作为粘结材料；其"金边"只有 15cm 宽，中部空隙用与砖同规格的"麦冉"土坯（即在泥浆中加入铡碎的麦草制成的土坯以增加抗拉强度）填充，稀泥浆灌缝。

9.3.2.2 砖拱的砌筑技术

窑洞拱券的砌筑，实际上是在拱券的土模上砌筑，窑腿砌成后，用土、木、柴草等修筑拱券模型（三心拱、单心拱），沿拱券模型砌砖，当到拱顶部位剩约 1m 宽时，需用焦砖干插，用薄石片、瓷片塞缝、压紧后用水泥浆灌缝，约 48h 即可拆模。砖窑除表层砖和勾缝的石灰为烧制材料外，其余均用天然土作为主要填充与粘结材料，而且一般由村民自己制作，其用料与砌筑过程均充分体现了绿色技术思想。

9.3.2.3 石窑的砌筑技术

（1）石窑基础用大块条石砌筑，窑面处用整块"稳根石"。

（2）石窑腿用块石与片石砌筑，但窑面用细加工料石。窑面用石灰砂浆作为粘结材料，以求美观；而内部全部用"麦冉泥"作粘结材料。

（3）石拱的砌筑技术：窑面的石拱材料，一般细加工为楔形石材，按拱券的模型砌筑，其内部石材为块石、片石干插。拱顶插好之后，用泥浆灌缝。由于石窑材料自重较大，拆模时间比砖窑延迟约 48h。

9.3.2.4 单层窑洞与两层窑洞砌筑技术比较

与单层窑洞建筑相比，两层窑洞建筑的建筑面积约增加了一倍，而且采用了太阳房、地冷地热自然空调等技术措施，建筑节能、自然采光、自然通风等技术之后，居住环境较传统单层窑洞有了本质的改善，可以说是对黄土高原窑居建筑传统文化及传统绿色技术的继承和发展。从窑洞砌筑技术方面而言，主要有以下几点不同：

（1）两层窑洞高度大，荷载重，因此，地基处理应用 2：8 灰垫层，或用渣土垫层、砂石垫层加强。

（2）砌体的粘结材料，单层窑洞表面用石灰浆，内部用泥浆，而双层窑洞考虑到强度、抗震等要求，采用 M5 水泥砂浆。

（3）单层窑洞窑腿可用土坯填充，而两层窑洞需采用毛石或片石填充。

（4）两层窑洞为了加强结构强度并获得较高的使用面积，窑腿宽度适当减少约 200~600mm 宽。

9.3.3 拱模制作技术

拱券模型可以形成窑洞的形状，支承未来形成强度的拱体荷载。黄土高原地区修建窑洞的拱券制作材料，不同地区用料不同。陕西及以西地区，多用木材、砖材、石材、柴草、泥土等，以木材作临时立柱、横梁，以石材与砖作瓜柱，以柴草填塞孔洞、缝隙，再用泥土在表层修模，制成一次性拱券模型，只能用作一孔窑洞的修建，每个窑洞必须制作一个模型，工作量大，劳动强度高。黄河以东的晋中地区，一般用木材制作可重复使用的活动拱券模型。这种模型一般按窑洞起拱高度、跨度及弧度制作，宽度为 1000~1500mm。用木制拱券模型修建窑洞时，当窑腿砌好后，用木柱支撑木制券模型，从两侧砌砖至顶部约 1m 处，此时用焦砖干插，并用白灰浆灌缝。随后，移动拱券模型再砌，如此周而复始重复利用模型。这种拱券模型的制模工程量小，效率较高（图 9-1）。

当修建靠山窑时，由于土层较厚，只在窑腿处开基槽，砌筑窑腿，而用留下的"窑心土"直接修拱券模型。这种方法修模简单，施工效率高。但是，对于不做抹灰的砖窑来说，砖缝不易修饰整齐，而对于做抹灰的砖窑和石窑来说，并无影响。

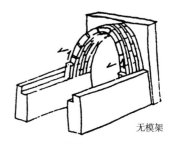

有模架

无模架

图 9-1 窑居拱模制作技术
（资料来源：荆其敏等.生态家屋 [M].
武汉：华中科技大学出版社，2010）

9.3.4 窑顶覆土技术

黄土的导热系数小，工作性能好，而且 1m 以上的黄土层，在导热计算中可以近似按无限大土层考虑，所以保温性好，可以隔绝夏季日晒，保持室内良好的热环境。因而，窑顶覆土的厚度一般达到 1~1.4m。

黄土高原地区一般是干旱、半干旱地区，年降水量极少。1m 以上的黄土黏土层，在排水可靠时不可能因降水湿透而产生渗漏。窑洞砌筑完成后，要及时在顶部覆土。因为修窑的最好季节是雨量较少的春季，当村民将窑洞修好后即进入夏季，往往会有雷雨，甚至会有短期的暴雨。此时，若不及时对窑顶覆土，可能就会出现其被雪雨冲毁，或被雷雨浇灌后，窑体长时间处于潮湿状态，难以干燥，不益于居住者的居住舒适的情况出现。

窑顶填土时，一要注意少量。窑洞刚砌筑好之后，砌筑用的泥浆、灰浆还未凝固、干透，砌体强度很低，若突然大量堆土，对结构不利，甚至会压塌窑洞。在陕北黄土高原地区，往往因靠山窑修建时，开山挖土使山体上部土层失稳而滑塌下来，将刚修好的窑洞冲压破坏。二要注意覆土均匀，土垫层分层铺设，每层垫土不宜超过 200mm，不得用机械夯，而只能用 20kg 以下的单人小石夯（手提式）夯实，以免冲击力过大而造成尚未达到正常强度的窑体破坏。

9.3.5 窑顶植被恢复技术

9.3.5.1 窑顶恢复植被的作用

恢复窑顶植被，减少裸露黄土，在未修建时一般是有植被的，为了使新窑修建之后，不致造成环境破坏，故应恢复窑顶植被。植被根系加固表层黄土，减少风沙、暴雨造成的土层流失。植被根系错综复杂，对表层黄土加固作用很大。因此，宜选择根系发达的草种种植。窑洞顶部土层厚，可种植低秆植物，如花椒、桃子等，或种植花草，可以增加经济收入。

在平原地区的平房与楼房，虽然不可做厚覆土，但可采用屋顶水池等构造，作屋顶无土栽培，种植蔬菜、花草，这样既可形成屋顶隔热层，又可增加庭院经济收入。这种方法在关中平原地区已有成功的例子，应当全面推广。

9.3.5.2 窑顶恢复植被的种类

窑顶可种植低秆经济植物，如花椒、枸杞草、酸枣等。黄土高原地区严重缺水，而种植花草、经济林木需大量浇水，这是难以做到的。杂草是适合当地自然条件的，同样可以起到覆盖黄土层、增加绿化面积的作用，同时还可以保持生物的多样性。

9.3.6 地沟做法

地沟由地下埋管和卵石床构成，利用地热与地冷原理在冬季升温，夏季降温降湿。预制钢筋混凝土楼板被预埋于地下 1.8m 深处，埋管长 10m，两端由砖砌成 900mm×900mm 的箱体连接，箱体内表面水泥抹面，内部装有光滑卵石。通过预埋陶土管将箱体与地面上风口相连接。进风口设置于室外庭园中的石桌面下，外罩大小 200mm×150mm 的钢丝网罩防护，出风口设置于室内窑腿侧面，距地坪 300mm 高，外设防护网罩（图 9-2）。

9.4 本章小节

本章通过对黄土高原地域材料、地域技术现状与前景的分析，提出了一系列地域技术与现有技术优化组合的适宜性技术策略，如：窑居地基处理技术、砖石砌筑技术、拱膜制作技术、窑顶覆土技术、窑顶植被恢复技术、地沟的具体做法等，形成了一整套黄土高原窑居营建的技术体系。

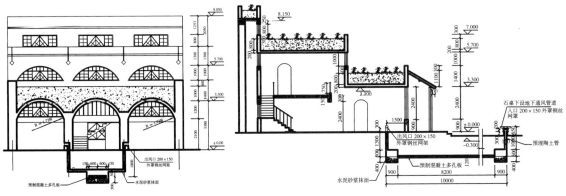

图 9-2 窑居地沟做法

10 枣园——从"原生窑洞"走向"绿色窑居"的建设实证[❶]

　　1997 年西安建筑科技大学承担了国家自然科学基金委重点研究项目"黄土高原绿色建筑体系与基本聚居单位住区模式"的课题研究。课题组在进行理论研究的同时，展开了针对黄土高原地区村镇绿色住区的实证研究，并选择了延安枣园为绿色住区建设的示范点。该项目得到了陕西省人民政府、延安市人民政府的大力支持，时任省长的程安东专程视察了枣园村，并拨出专项基金 60 万元支持绿色示范点建设。在陕西省原建设厅的指导下，由延安市宝塔区政府组织、协调，枣园村委会负责实施，2000 年年底基本完成。

　　新型窑居建筑的建成使用，标志着陕北黄土高原地区传统居住区可持续发展研究取得了突破性进展，证明了地方传统民居与现代绿色建筑技术相结合，是中国优秀传统民居建筑的发展方向。示范点建设表明，蕴涵于中国传统窑洞民居的优秀建筑文化和生态经验，将随着新型窑居建筑继承下去。华盛顿州立大学网站称："西安建筑科技大学在研究发展新型窑洞方面的成就，对于西方的可持续发展理论，亦将是极具价值的贡献。"国家自然科学基金委对该项目验收的评价为：本项目研究为黄土高原人类住区的可持续发展提供了科学的规划设计理论与方法，以及适宜的绿色建筑技术和示范样板，为我国可持续发展的绿色住宅建筑体系的研究提供了优秀的范例与成功的经验，研究成果达到先进水平。

　　笔者有幸作为课题组成员，完成了其中大量的新窑居建筑设计与村落规划的工作。

10.1 示范点概况

　　枣园村位于距陕西省延安市城区 6.5km 的西北川，与延园革命旧址相邻，地处延安红色旅游核心城区域，地处一连山和二连山的山坡上，坐北朝南，北面为高山，山脚下南面是西川河及川地，具有陕北黄土高原的地形地貌特征（图 10-1）。这里夏季气候温热、冬季寒冷干燥，雨雪稀少，日较差与年较差均较大，并且全年雨量分布不均，自然灾害频繁，水土流失严重，多干

---

❶ 本章在周若祁等．黄土高原绿色建筑体系与黄土高原基本聚居模式 [M]．北京：中国建筑工业出版社，2007 中延安枣园绿色住区示范点建设报告的基础上增改完成，笔者参与了该书的编写工作。

图 10-1（上） 枣园村的地形地貌
图 10-2（下左） 革命圣地——延园
图 10-3（下右） 枣园村的革命历史
　　　　　　　 文化背景

旱雨涝，素有"十年九旱之说"。

　　作为中国的革命圣地，枣园村具有特殊的革命历史文化背景（图 10-2、图 10-3）。枣园原是一家地主的庄园，中共中央进驻延安后，遂改名为"延园"，将此设为中央书记处的所在地。纪念地延园内现完好地保留有书记处小礼堂、总务处等办公用房和毛泽东、刘少奇、周恩来、朱德、张闻天、彭德怀等领袖人物的故居，还有散布于村内各处的社会部等机关，及在中共中央直属机关为追悼张思德召集的会议上，发表"为人民服务"讲话的台址等，使枣园村处于一种强烈的纪念地文化氛围中。所有这些展现着枣园历史发展的遗址、遗迹都应该被完整地保护，与人们的生活融为一体。

　　枣园村在 1997 年共有 160 户，632 口人，窑居是枣园村居民的主要居住形式，且分布在山坡地上，占地 4.5km²，耕地 1280 亩，经济林 760 亩，果园 250 亩，鱼塘 45 亩，蔬菜大棚 49 个（按 1996 年价格，每棚收入 8000元 / 年），1996 年，该村人均收入 2230 元。❶尽管村里人口密度较高，但窑居分布并不均匀，村民们大都结合自然地形地势布置窑洞与宅院，因而构成了空间形态丰富的窑居群体景观。枣园村的窑洞类型，普遍为靠山式和独立式。由于这里采石方便，为此多见砖石窑洞，有的使用年代已相当久远。村里住户多是由大家庭分化而形成，老人们与子女的小家庭一起生活，一户二三孔的窑内，居住密度较大，生活质量与卫生都欠佳。

　　长期自然发展形成的村落布局较为混乱，交通不畅，土地浪费较严重；生活用水来源于山中泉水和川地中的井水，水资源匮乏；村落排水无组织，生产、生活垃圾乱倒，村容村貌不整，卫生条件差，居住环境低下，整体建设水平较低。整个村落的经济水平与居住状况已严重阻碍了农业生产与人们生活水平的提高，枣园村居住环境所面临的困境成为亟待解决的问题（图 10-4 ~ 图 10-9）。

10.2　枣园绿色住区示范点建设实施目标

10.2.1　实施总目标
　　通过对枣园聚居环境中的人、自然和建筑交互作用的历史演进过程的研究，整合枣园的自然生态系统、农工业生产系统及居住生活系统，推广和应

---

❶　该指标为村委会提供，但深入调查后，发现实际人均收入应低于此数。

图 10-4（左） 独立式窑居现状
图 10-5（右） 靠崖式窑居现状

图 10-6（左、中） 村落布局无序

图 10-7（右） 村落缺乏有序的给水
排水系统

图 10-8（左） 村落营建中的弃窑建房
图 10-9（右） 窑居营建中的随意加建

用一系列节约能源，利用可再生自然资源并使污染物得以资源化处置的适宜性绿色技术，实验和验证理论模型的可靠性与操作性，确立绿色技术支持下的绿色基本聚居单位住区环境结构模式以及环境状态评价体系、可持续发展调控机制和规划设计方法，把枣园建设成为延安地区可持续发展的村镇绿色住区综合示范样板。

10.2.2 实施目标细则

（1）以区域生态良性循环为指导原则，以延安地区社会、经济、文化、生态、气候、资源、能源以及自然地形地貌等条件为基础，以延安地区生态农业、生态林业和小流域治理工程为依托，对枣园区域的绿色生态系统、住区建筑生态系统及农林牧副渔工业生产系统进行整体性综合分析与评价，完成绿色住区规划设计并付诸实施。

（2）结合历史遗址的保护，制定示范点的建筑规划，理顺保护与建设的关系，完整这一区域的整体环境治理，保持并强化文物保护区的风貌。

（3）实施和推广一整套绿色适宜建筑技术。主要包括：可再生自然能源直接利用技术，常规能源再生利用技术，建筑节能技术，窑洞民居热工改造技术，窑居室内外环境控制技术，废弃物与污染物的资源化处置与再生利用技术及主体绿化技术等。

（4）实施村容及整体环境改造。主要包括：村级供水、排水系统建设和改造，道路系统和绿化系统的整治和改造等。

（5）大力发展以退耕还林的广大果林为依托的果品加工、保鲜储藏、运输等村镇绿色企业。

10.3 枣园绿色住区示范点建设实施内容与指标

1. 项目实施内容

（1）绿色住区原则下的枣园整体环境综合治理。

（2）绿色住区原则下的枣园规划设计及实施建设。

（3）绿色住区中利用可再生自然能源为主的新型能源消费模式。

（4）绿色住区建筑节能技术、物理环境控制技术综合应用。

（5）废弃土地的复耕、养殖和种植再生技术综合应用。

（6）给水与污水处理技术综合应用。

（7）庭院经济的养、种、副等组合技术综合应用。

（8）村镇废弃物的管理机制与再生利用系统。

（9）以节约土地为原则的基本生活单位及窑居宅院建设。

2. 规划设计指标

（1）规划范围：170~200户，650~800人，面积约为5km^2，建设用地20hm^2。

（2）建设规划：25个基本生活单元（每个单元7~9户），户均建筑面积约150m^2。

（3）住区道路交通整治：村级干道约203km，户间小道约1.8km。

（4）住区供水系统：日供水100m^3，给水管网5000m，排水管网2600m。

（5）公共设施：

文化活动中心400m^2，公共浴室100m^2，卫生保健站50m^2，变配电室20m^2；提供充分的交往活动场所，在村中心处设置两个公共绿地中心，以绿化、建筑小品为主；在各组团中心设计铺面及绿化，加强邻里之间的交往；增强住区凝聚力；结合经济、社会及旅游的需求，在村口设置活动服务中心一处，设有窑洞宾馆、旅游纪念品出售、地方风俗展室以及餐饮室、小卖部等。

（6）绿化覆盖率达到40%~50%。

（7）防洪及滑坡治理。

3. 窑居建筑改造与建设计划

（1）旧窑居改造30户，新型窑居建设50户，窑壁保温防潮改造60户。

（2）被动式集热系统（阳光间）30户。

（3）太阳能热水供应系统60户。

（4）村级太阳能浴室一座。

（5）太阳能光电转换与换气系统10户。

（6）新型集热、保温、透光材料应用100m^2。

（7）主体绿化系统500m^2。

（8）窑洞节能改造30户。

（9）生产生活废弃物综合利用10户。

（10）夏季自然空调系统10户。

（11）地冷地热能利用10户。

4. 节约能源和土地资源

（1）主动式与被动式太阳能采用节能率60%，户均节（标准）煤量720kg/年。

（2）太阳能热水供应，日均供热水（平均40℃）量100kg，户均年节（标准）煤量700kg。

（3）窑居住宅节能改造（未采用太阳能采暖：采暖节能率50%），户均年节（标准）煤量600kg。

（4）夏季自然空调户节电量80kWh/年。

（5）合理的组团设计、双层院落式及庭院种植设计，在同等使用面积条件下，节约土地和宅基地20%~30%。

10.4 规划设计构思

枣园窑居住区的规划设计通过对建筑生活系统、生产系统及环境生态的重新规划设计，逐户进行院落、住户的新建和改造。整治道路系统、绿化系统及其他公共设施，有序地排放和处置废弃物、污染物，形成生活、生产与自然生态环境和人工环境良性循环的具有现代生活质量的窑居住区，实现生活功能现代化、村镇环境园林化、窑居更新科学化、住宅院落庭园化、给水排水系统化、垃圾废物无害化、管理使用制度化、住区环境生态化。

10.4.1 总体规划布局

（1）在延安至定边公路以南的川地推广科学种田，以高品质蔬菜种植为主，提高土地种植的经济效益。严禁建设项目侵占，综合治理川河，沿岸植树，保护河流不受污染，以田园风光为主。

（2）在现有村址的坡地上充分挖潜，以利用坡地设置村落种植为主体。

（3）村落外围山地结合生态农业的实施，打破单一农业种植的局面，退耕还林，全面实现农、林、牧、副、渔及生态的综合发展。建设林草植被，涵养水源，减少水土流失（图10-10、图10-11）。

图10-10 枣园绿色住区总体规划图

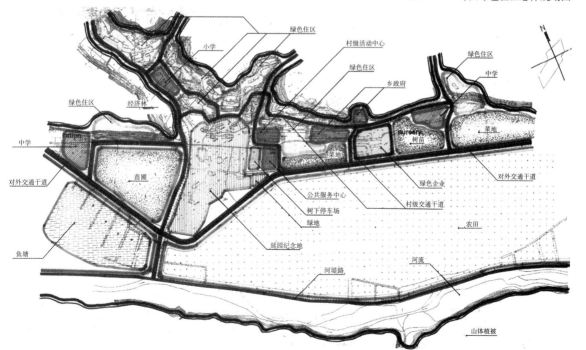

图 10-11 枣园绿色住区居住系统

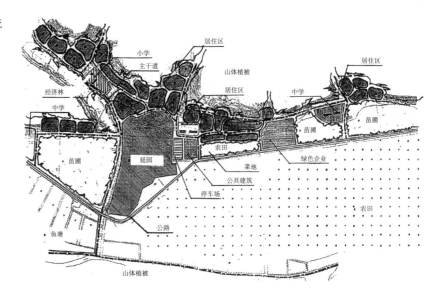

10.4.2 土地利用规划

（1）在满足现代生活必备的前提下，依山就势，合理地利用地形、地貌，充分利用土地资源，提高综合效益。

（2）严格控制企业生产用地，杜绝对居住环境污染严重的企业。在住区外围合理发展果品、副食加工、保鲜运输等绿色企业。

（3）调整和改善居住用地格局，以居住生活组团的形式紧凑布局、减少道路基础设施的经济投入。推广新型窑居建筑形式，提高层数，有机开发窑居宅基地的节地模式。

（4）充分挖掘区域内所有水资源的综合利用，运用科学技术与生态工程完成生产、生活用水多级循环利用系统。

10.4.3 道路交通系统

窑居住区位于山坡并经自然发展而形成，住户间用地分布不均，且地势极为复杂，规划设计中应尽可能理顺现有道路秩序，完善道路层次，充分利用地形地貌，进行护坡、整修和道路走线的调整。为了给村民的生活与生产提供便利的交通，村里的道路被划分成村级干道与组团级道路。村级干道连接划分了各居住组团，并使组团与公共设施联系方便。

（1）村级干道是在原有道路网络的基础上，经过护坡整治适当的路线调整而形成，坡度较缓，可便于机动车辆行驶。路面一般宽 3~4m，尽量平行于等高线，采用地方石材与炉渣铺面，路面以下敷设给水排水等设施的管线（图 10-12、图 10-13）。

（2）组团级道路连接了基本生活单元入口与邻里组团中心，具有居民日常交通与生活交往的双重性质。因而，为了保证组团内部的安全性，我们将住户的生产道路与生活道路分开，生产道路直接与村中主干道相连接，不穿越邻里中心，直接进入生产庭院。组团的生活道路可设置为坡道与台阶，满足交往与出行的需要，又阻止了车辆的进入。

图 10-12（左） 建成的村级主干道
图 10-13（右） 村级次干道

10.4.4 居住生活系统

在居住生活系统规划中，由于受地形所限，居住用地被冲沟划分成三个区域，依据聚落—基本生活单元—窑居宅院的结构模式灵活布局，划分明确公共—半公共—私密的空间领域层次。经过多次的实地踏勘、地形测量，在顺应基地原貌的基础上，适当地修正地形，将松散杂乱的窑居相互规整、扩建组合而构成 20 多个基本生活单元，每个基本生活单元 5~9 户。每个基本生活单元内的邻里活动中心位于组团的中心地带，每个住户均与其有着方便的交通联系。我们对基本生活单元进行了详细的设计，并对现有的窑居院落进行改造设计，提供了多种多样丰富的空间形态，如组团入口的拱门、活动休息场地、井台空间、绿化平台与内部的步行小径等，力求保证组团内部的私密性及日常生活的需求，又提供人们交往与地方民俗活动的有趣空间（图 10-14 ~ 图 10-16）。

10.4.5 绿色窑居设计

由于枣园村各家各户的家庭状况与经济承受能力参差不齐，一些住户的窑居年久失修、破败不堪；而另一些使用状况良好，经过一定的修缮，仍符合现代化的生活品质。基于此种复杂的条件，我们采取了两种对待方式：一种是对可以利用的旧窑改造扩建；另一种是提供符合当地气候、资源、经济与文化的、节能节地、具有健全功能的新型窑居（图 10-17、图 10-18）。新型窑居的空间功能明确，不仅有效地扩大了每户的建筑面积，明确划分了会客、起居、盥洗、餐厨等功能空间，而且在相当大的程度上改善了传统窑居

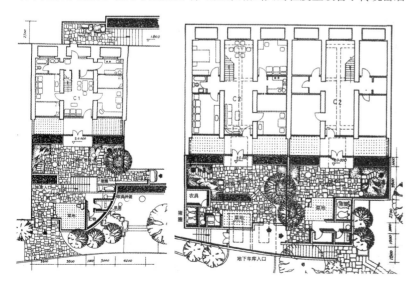

图 10-14（左） 枣园典型窑院设计
图 10-15（右） 枣园窑院改造设计

图 10-16　枣园窑居基本生活单位
　　　　　设计

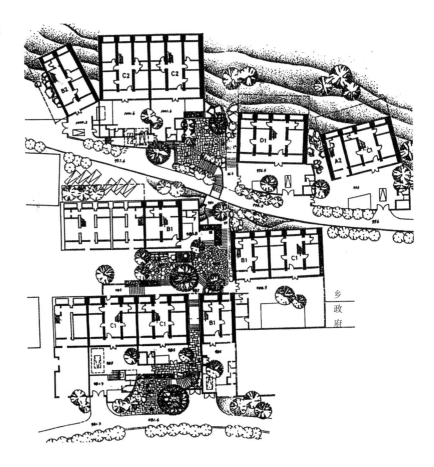

在室内物理环境方面存在的采光、通风、潮湿、卫生状况不佳等问题，明显
改善了传统的起居条件；并且在庭院改造方面，利用每户的地形状况，发展
各户庭院经济，将院落划分为生活院落与生产院落，在节地原则下满足了居
民休闲、储藏、种植、饲养等生活功用（图 10-19~ 图 10-23）。

10.4.6　绿化系统

　　枣园绿色住区的环境质量从根本上取决于大范围的生态环境，并与生态
农业、林业有机结合，将田野、河流、防护林带、果林、林木等纳入整体绿
化生态系统中，使自然环境向人工环境有机渗透。村落背景的山体天际轮廓
线是枣园村的绿色屏障，其间种植柏树与枣树，既可四季常绿，又能体现枣
园的特性。沿公路及河道大面积种植以垂柳和白杨为主的林带，同时种植村
中行道树，加强公共绿化的设计与管理。建设园林化居住环境，形成点、线、
面有机结合，平面与立面相结合的绿化系统。窑居院落全面实施立体庭院经
济，窑顶种植经济作物，既美化了环境，改善了气候，同时又发展了经济。

　　将公共停车场设计成树下停车场，既协调了延园的外部环境，又改善了
停车条件，其地面设计成为渗透性草石结合的生态铺面，避免了大面积的硬化。

10.4.7　空间景观

　　枣园绿色住区的环境景观是其内容的外在表现，主导思想要体现与大自
然的协调融合，形成田园景色、生活花园和山体绿化的大地园林化的生态景

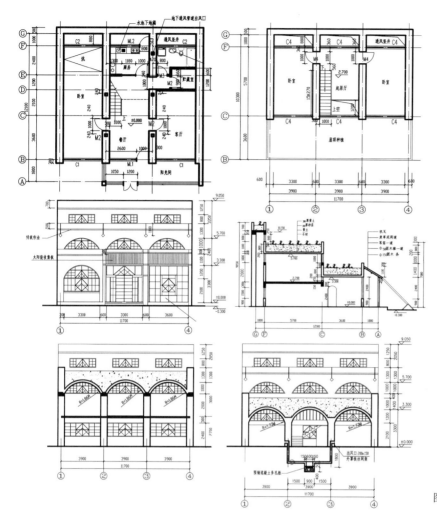

图 10-17 枣园绿色楼窑设计图

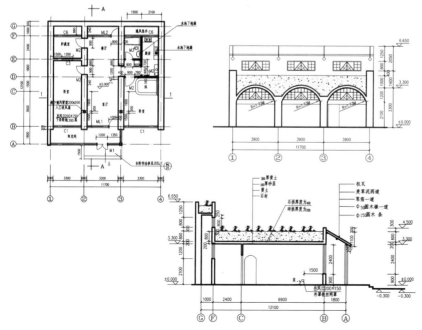

图 10-18 枣园绿色窑居施工图纸

图 10-19　建成的新窑起居室一　　　　　　　　图 10-20　建成的新窑起居室二

图 10-21　建成的新窑厨房　　　　图 10-22　建成的新窑入口　　　　图 10-23　建成的新窑阳光间

观。新型窑居基本生活单元是枣园绿色住区空间形态的一大特征，现代窑居
建筑形态、组团中心绿地与铺面、建筑小品、服务设施及精心设计的院墙等，
形成黄土高原人居环境中崭新的空间景观，充分展示窑居住区的强大生命力。
村口空间节点是景观设计的重点内容，在此应体现两个不同时代的交融，以
此强化"枣园绿色住区"的可识别性特征。

10.5　枣园绿色住区建设实施的进展

10.5.1　新型窑居住宅建设和旧窑改造

（1）1998 年 2 月至 10 月，第一批新建窑洞建造完成，共建 48 孔，16 户
人家住进了新窑居。由于该 16 户人家属于较贫困户，经费不足，加之起初对
绿色窑居在观念上还认识不够，所以第一期新窑居只是在一些方面有所改进。

（2）1999 年 8 月至 11 月，第二批新型窑居建造完成，共建 36 孔，即
6 户。❶

---

❶　每户为 3 开间双层窑居。

（3）2000 年 2 月至 8 月，第三批新型绿色窑居建造完成，共建 32 孔，8 户村民住进了新居。❶

（4）2001 年 3 月至今，104 孔新型绿色窑居投入建造，当年 10 月完工，26 户村民搬进新居（图 10-24 ~ 图 10-27）。

10.5.2　公建、基础设施新建与改造

（1）1998 年，全村住户都安装了闭路电视设备，丰富了村民的社会生活。

（2）1999 年，建造完善了枣园村的饮用水工程，使每户村民都用上了自来水。

（3）为了绿化环境，改善村容村貌，在村北的山上栽植了一万株柏树，周围种植草皮。

（4）在与延园纪念地的保护带中建设了 2200m² 的生态型停车场，组织树下停车，不仅改善了环境，同时也为村里增加了收入。

（5）2000 年，村中硬化了村级道路 1000 余米，方便了村民的居住及交通运输，使机动车辆可以进到宅院内。

（6）为了发展枣园旅游服务业，方便游客，修建了商品窑洞 8 孔，现已投入使用。另外，城建局负责修建了枣园绿色窑洞宾馆，共 12 孔，为游客提供了舒适方便的住宿条件。

（7）在村中修建了 3 个垃圾台、2 个公共厕所。

图 10-24（左上）　在建中的楼窑
图 10-25（右上）　刚建成的楼窑
图 10-26（左下）　绿色楼窑现状
图 10-27（右下）　楼窑住户

---

❶　每户为 2 个开间双层窑居。

10.5.3　新技术推广应用

由于对绿色窑居运用了多种主被动式环境调控设计对策，为确保实施后窑居环境改善能达到预期的效果，设计过程中，课题组多学科的团队与日本大学理工学部进行国际合作研究，选取枣园村几个不同类型的窑居，在两年中的冬夏两季对传统窑居的冬、夏季环境性能进行现场测定和主观问卷调查。测定项目包括：窑居室内空气三维温度场，空气温度，维护结构内表面温度，二氧化碳浓度，一氧化碳浓度，通风换气性能，太阳能辐射，紫外线辐射，室内照度，采光系数，背景噪声、混响时间及土壤温度等测试与计算分析，以便于及时对窑居的形态布局与适宜性技术的运用作相应的调整与优化（图10-28、图10-29）。

目前，有4户新建的窑居附加了阳光间，以玻璃替代麻纸，增加了房屋的采光度和利用太阳能得热。全村安装了太阳能热水器60台，为村民的生活提供了方便和卫生，同时节约了烧水所需的常规能源，减少了对环境的污染。3户进行了地冷地热技术的试验。具体做法：在院内建一个地沟，有通道与室内墙壁上的排气扇相通，利用排气扇进气或出气，使室内环境既能在夏季降温又能增加冬季得热，改善室内空气质量（图10-30、图10-31）。

10.6　本章小节

本章选择黄土高原枣园绿色住区建设作为实证研究的范例，以区域生态的良性循环为指导原则，立足于延安的生态与资源条件，以生态农业、生态林业和小流域治理工程为依托，从枣园村自身的现状出发，对住区的整体结构布局、土地利用、道路交通系统、居住生活系统、绿化系统、空间景观、公共基础设施建设等方面进行了系统的规划设计，并重点对绿色窑居设计、适宜性技术的推广运用情况进行阐述，使枣园建设成为黄土高原可持续发展的村镇绿色住区示范样板。

图 10-28（左）　与日本专家合作测试
图 10-29（右）　对传统窑居现场测试
的过程

图 10-30　已建成的地沟通风室内进风口　　　　图 10-31　对进风口的风速测试

结　论

　　2007 年，中国共产党十七大报告提出"要统筹城乡发展，推进社会主义新农村建设"，建设中国的美丽乡村；2012 年，中国共产党十八大报告更提出"必须树立尊重自然、顺应自然、保护自然的生态文明理念，把生态文明建设放在突出地位，努力建设美丽中国，实现中华民族永续发展；促进生产空间集约高效、生活空间宜居适度、生态空间山清水秀，给子孙后代留下天蓝、地绿、水净的美好家园"。如何立足于我国国情，协调处理好环境保护与资源利用、城市与乡村建设、传统与现代、全球化与地区性等诸多人居环境建设中所面临的种种矛盾与问题，建设人居环境的可持续发展成为当前紧迫而严峻的任务。

　　我国是一个以乡村为主体的社会，带有地区鲜明特质的乡村聚落及其住居已经成为代表各地区社会文化特征的主体。但是随着人居环境的城市化与乡村经济的发展，各地区乡村聚落与住居的持续发展面临着种种困难与问题：原生聚落的空间形态与现代化生活品质间存在矛盾，乡村建设缺乏科学化的引导，以及盲目套用城市建设模式，而遗失了包含乡土生态智慧与文化真实性的地区营建经验，导致乡村生态环境的恶化，也直接阻碍了我国人居环境可持续发展的进程。

　　本书的研究目的就是挖掘与整理这些宝贵的"地方性知识"，结合当前科学的理论方法与技术成果，将之有机转化为科学的地区营建体系、营建模式及对策，为地区人居环境的建设提供参照依据与可操作实施的模板，使地区传统建筑得以重生。

　　笔者在查阅大量文献资料的基础上，总结与梳理了国内外人居环境的主要理论与实践成果，并对我国人居环境研究进行了深入的思考，将研究定位在人居环境的中观层面，着眼于地区人居环境个案的范式研究。本书选取地区人居环境的典型单元，借助于多学科的研究成果，重点提出了特定地区营建活动中具有可操作性的设计对策、评价方法与适宜性技术手段，架构较完整的地区人居环境营建体系。

　　1. 研究内容与结论

　　本书以地区营建体系作为研究的切入点，主要完成了以下的工作内容。

　　1）提出地区营建体系概念

　　本书首次明确提出了地区营建体系的概念，将地区营建体系的概念界定为：基于生态系统良性循环的原则，建立在生态、经济与社会协调发展的基础上，运用生态系统的生物共生和物质多级循环再生原理，发掘传统营建中的生态经验，运用多学科的研究集成成果加以调控与评价，实现从建筑策划、设计、生产、营建、运营、废弃到再利用的建筑整个生命周期循环过程的科学化与系统化，能够满足地区居住者健康舒适的居住需求且高效和谐、节能节地、文脉延续等新型的建筑体系。

2）架构地区营建体系的理论研究框架与方法

地区人居环境建设是涉及气候、资源、社会经济、社会文化、多科学技术、设计建造与决策支持等多因素作用下的复杂的系统工程，单一建筑学研究视角很难求得研究的实质突破。只有集成相关学科的理论与智慧，将地区营建体系置于地区自然、经济、社会文化等生成生长要素构成的动态网络中，横向共时性地把握诸因素的作用与结构关系，纵向历时性把握其演进机制，从多维视野中剖析与研究地区营建体系，架构较为完整的理论研究框架与方法：

（1）理清系统结构关系：将研究的出发点置于对地区营建体系生成生长的自然、经济、技术、社会文化等构成因素分析与整体把握其综合作用的关系，为后续研究架构整体背景。

（2）挖掘原型找到本质：从文学评论中的原型批评理论获得启示，挖掘地区建筑原型，溯本求源以把握其演进的本质。

（3）探寻地区营建体系的演进机制：利用生物进化的理论，剖析不同地区、不同文明形态的建筑营建体系在聚落形态、住居、营建技术三方面的表征，挖掘其从被动地防避、自觉地适用到主动地创造的演进机制。

（4）把握调控机制：从生物基因原理中基因对生物性状的作用规律获得启示，通过对地区营建体系地域基因的挖掘、诊治识别，把握其演进的发生与调控机制。

（5）运用科学的求解方法：掌握控制论下的系统方法与思维，运用系统工程方法，与正负反馈控制实现优化，使地区传统营建体系进化为自组织、自适应、自调节系统；从生态学原理与智慧获得启示，进行合理的人居环境规划，减轻营建对生态的负效应，为地区营建体系解决错综复杂问题，提供了科学的求解途径与研究方法。

（6）探寻形态的发生机制：地区人居环境营建体系的各种原则与对策最终必将体现在地区的空间形态规划与设计上。利用拓扑几何学原理及其思维方法作为建筑形态转换的媒质，找到内在整体结构支撑下的形态能动的发生与运算机制。通过挖掘各地区建筑拓扑原型，结合现代科学的原理改良与重组，探索特定地区营建体系的形态发生机制及适宜性的多样化形态。

（7）建立科学的评价方法：运用神经元网络的概念，融入模糊思想，建立绿色地区营建体系的综合评价目标体系，为地区营建体系研究提供了定性与定量相结合的决策方法与技术支撑。

（8）架构研究的操作平台：地区人居环境营建体系的理论体系就是在以上相关学科的理论与方法支撑下，架构起以地域基因的概念与调控原理、评价方法两大部分为核心的操作基点平台。通过多学科智慧架构地区营建体系协调共享的基点平台，为人居环境的地区范式研究提供科学的发展方略和营建导则（图结论）。

3）把握黄土高原窑居营建体系的地域基因调控机制

黄土高原的人居环境建设对我国人居环境的可持续发展有着举足轻重的作用，选取黄土高原具有朴素生态典范的居住细胞——窑居作为地区营建体系研究的深入点，通过挖掘与识别窑居应对黄土高原气候、地形、物质资源及社会文化等环境因素的优势"地域基因"，并对症诊治阻碍其良性生长的

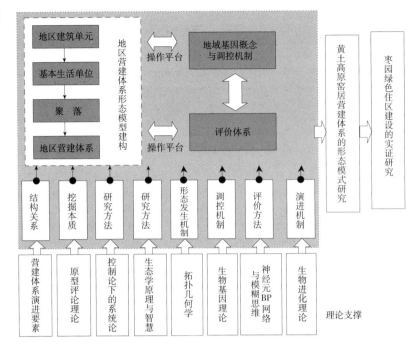

图结论 地区营建体系的理论研究
框架与方法

劣势基因，重点对影响窑居可持续发展的关键因素置于适宜性技术体系的调控下，重组与整合窑居地域基因，建构绿色窑居营建体系的"地域基因库"。

4）建构黄土高原窑居营建体系的形态拓扑群

本书通过对原生窑居形态结构的还原与抽象，找到包含应对黄土高原各环境因子的拓扑同胚元，以结合科学原理与技术改良的窑居拓扑原型为形态构造元素组合，运用形态拓扑学的理论，架构了从窑居的拓扑原型—窑居独院—窑居基本生活单位—窑居聚落—窑居营建体系的各层级设计对策及形态模式菜单，并具体提出了包括：窑居单体的动态弹性空间、节能空间形体及生物气候界面、窑居基本生活单位、窑居聚落各层级的被动式设计对策细则及形态拓扑变换群，为专业人员与居住者协作设计提供了直接的参照模板。

5）枣园绿色示范点的建设实证

以枣园绿色住区建设作为实证研究的范例，并从住区空间环境规划、绿色窑居的设计建造及适宜性技术的推广等实践过程，验证地区营建体系理论的可行性与适宜性。

2. 研究的反思与展望

地区营建体系的研究是一项涉及多学科的极其复杂的研究课题，架构其完整的理论与方法体系远非一本著作可以完成。限于笔者学识疏浅，能力所限，著作完成后仍留有不少遗憾之处与未尽的工作，以待今后的拓展研究：

（1）关于地域基因的理论虽然建立了研究的方法与思路，但是对于地区营建体系演进机制调控过程的把握及"地域基因库"的建立，都需要结合科学的评价过程而展开。笔者只是概泛地阐述，限于笔者的专业背景书中尚未深入触及。

（2）关于营建体系的评价部分，由于是对课题组成果的综合，对该部分的论述较为概括，还不够深入；今后需要进一步结合黄土高原的环境现状设计易用性的评价体系软件。

（3）关于建筑形态拓扑理论，笔者论述了拓扑几何学在建筑形态变换上的应用基础及原理，但是在建筑形态的拓扑转换图示规律上未能给予直接的阐述，后期将进一步探索形态拓扑转换的图示规律与转换原则。

（4）黄土高原窑居营建体系的形态拓扑群是一套多层级、体系化的窑居营建模型菜单，本书中对窑居营建体系拓扑群的研究主要放在了窑居独院层级上，以后的研究工作将重在窑居基本生活单位与窑居聚落层级，深入挖掘窑居群体的适宜性、多样化形态。

（5）本书得出了一套较为完整的窑居被动式调控的设计对策细则，及各层级的形态拓扑模型菜单，可作为专业人士设计的参照模板，研究主要还是侧重于定性研究。但在设计实践中，设计对策的综合选择离不开定性与定量相结合的科学评价，才能作为方案决策的最终依据，今后的研究工作将侧重于利用模拟工具对设计对策与拓扑形态进行定量的预测与评价。

以上对于研究的回顾与反思，将是笔者今后研究的动力与目标。

参考文献

著作

[1] 吴良镛 . 人居环境科学导论 [M]. 北京：中国建筑工业出版社，2001.

[2]（英）T·A·马克斯，E·N·莫里斯 . 建筑物·气候·能量 [M]. 北京：中国建筑工业出版社，1990.

[3] 赵万民 . 三峡工程与人居环境建设 [M]. 北京：中国建筑工业出版社，1999.

[4]（美）拉普卜特著 . 住屋形式与文化 [M]. 张玫玫译 . 台北：境与象出版社，1976.

[5] 杨大禹 . 云南少数民族住屋——形式与文化研究 [M]. 天津：天津大学出版社，1997.

[6] 汪芳编著 . 查尔斯·柯里亚 [M]. 北京：中国建筑工业出版社，2003.

[7] 吴良镛 . 世纪之交的凝思——建筑学的未来 [M]. 北京：清华大学出版社，1999.

[8]（美）阿尔温德编 . 建筑节能设计手册——气候与建筑 [M]. 刘加平等译 . 北京：中国建筑工业出版社，2005.

[9] 孙大章 . 中国民居研究 [M]. 北京：中国建筑工业出版社，2004.

[10] 叶舒宪 . 神话——原型批评 [M]. 西安：陕西师范大学出版社，1997.

[11] 林耀华 . 民族学通论 [M]. 北京：中央民族大学出版社，1997.

[12] 阿兰·邓迪斯编 . 世界民俗学 [M]. 上海：上海文艺出版社，1990.

[13]（美）C·亚历山大 . 建筑的永恒之道 [M]. 北京：知识产权出版社，2002.

[14] 王谷岩 . 叩开生命之门 [M]. 上海：上海科技教育出版社，2001.

[15] 王身立等 . 传承生命——遗传与基因 [M]. 上海：上海科技教育出版社，2001.

[16] 赵功民 . 遗传的观念 [M]. 北京：中国社会科学出版社，1996.

[17] 佘正容 . 生态智慧论 [M]. 北京：中国社会科学出版社，1996.

[18] 李盛等 . 构筑生命——蛋白质、核酸与酶 [M]. 上海：上海科技教育出版社，2001.

[19] 刘先觉 . 现代建筑理论：建筑结合人文科学、自然科学与技术科学的新成就 [M]. 北京：中国建筑工业出版社，1999.

[20] 段进 . 城镇空间解析：太湖流域古镇空间结构与形态 [M]. 北京：中国建筑工业出版社，2002.

[21]（美）阿诺德著 . 初等拓扑的直观概念 [M]. 王阿雄译 . 北京：人民教育出版社，1980.

[22] 苏步青 . 拓扑学初步 [M]. 上海：复旦大学出版社，1986.

[23]（瑞士）皮亚杰著 . 结构主义 [M]. 北京：商务印书馆，1984.

[24]（俄）B·R·巴尔佳斯基等著 . 拓扑学奇趣 [M]. 裴光明译 . 北京：北京大学出版社，1887.

[25] 陈蓉霞 . 进化的阶梯 [M]. 北京：中国社会科学出版社，1996.

[26] 刘沛林 . 古村落：和谐的人聚空间 [M]. 上海：三联书店，1997.

[27] 李立 . 乡村聚落：形态、类型与演变——以江南地区为例 [M]. 南京：东南大学出版社，2007.

[28] 吕爱民 . 应变建筑——大陆性气候的生态策略 [M]. 上海：同济大学出版社，2003.

[29] 刘绍权 . 农村聚落生态研究——理论与实践 [M]. 北京：中国环境科学出版社，2006.

[30] 卢升高等 . 环境生态学 [M]. 杭州：浙江大学出版社，2004.

[31] 王如松 . 高效、和谐——城市生态调控原则与方法 [M]. 长沙：湖南教育出版社，1988.

[32] 王如松等 . 从褐色工业到绿色文明——产业生态学 [M]. 上海：上海科学技术出版社，2002.

[33] 尚玉昌 . 普通生态学 [M]. 北京：北京大学出版社，2002.

[34] 金观涛，华国藩 . 控制论与科学方法论 [M]. 北京：新星出版社，2005.

[35] 侯继尧，王军等 . 窑洞民居 [M]. 北京：中国建筑工业出版社，1989.

[36] 钱学森 . 工程控制论（新世纪版）[M]. 上海：上海交通大学出版社，2007.

[37] 贝塔朗菲著 . 一般系统论 [M]. 林京义，魏宏森译 . 北京：清华大学出版社，1987.

[38] 钱学森 . 论系统工程 [M]. 长沙：湖南科学技术出版社，1988.

[39] 陈秉钊 . 可持续发展中国人居环境 [M]. 北京：科学出版社，2001.

[40] 王沪宁 . 当代中国村落家族文化——对中国社会现代化的一项探索 [M]. 上海：上海人民出版社，1991.

[41] 宋晔皓 . 结合自然整体设计——注重生态的建筑设计研究 [M]. 北京：中国建筑工业出版社，2000.

[42] 宋德萱 . 建筑环境控制学 [M]. 南京：东南大学出版社，2003.

[43] 林宪德 . 绿色建筑——生态、节能、减废、健康 [M]. 北京：中国建筑工业出版社，2007.

[44]（美）克里斯托弗·亚历山大 . 建筑模式语言 [M]. 北京：中国建筑工业出版社，1989.

[45] 杨柳 . 建筑气候学 [M]. 北京：中国建筑工业出版社，2010.

[46] 夏云等 . 生态与可持续建筑 [M]. 北京：中国建筑工业出版社，2005.

[47] 西安建筑科技大学绿色建筑研究中心编 . 绿色建筑 [M]. 北京：中国计划出版社，1999.

[48]（德）英格伯格·弗拉格等编 . 托马斯·赫尔佐格——建筑 + 技术 [M]. 李保峰译 . 张凌云校 . 北京：中国建筑工业出版社，2003.

[49]（英）布赖恩·爱德华兹编著 . 可持续性建筑 [M]. 周玉鹏，宋晔皓

译.北京：中国建筑工业出版社，2003.

[50]（美）B·吉奥沃尼.人·气候·建筑 [M]. 陈士麟译.北京：中国建筑工业出版社，1967.

[51]（美）阿摩斯·拉普卜特著.文化特性及建筑设计 [M].北京：中国建筑工业出版社，2004.

[52] 单军.建筑与城市的地区性——一种人居环境理念的地区建筑学研究 [M].北京：中国建筑工业出版社，2010.

[53] 宋德萱.节能建筑设计与技术 [M].上海：同济大学出版社，2003.

[54] 刘启波，周若祁著.绿色住区：综合评价方法与设计准则 [M].北京：中国建筑工业出版社，2006.

[55] 清华大学建筑学院，清华大学建筑设计研究院编著.建筑设计的生态策略 [M].北京：中国计划出版社，2001.

[56] 诺伯特·莱希纳著.建筑师技术设计指南——采暖·降温·照明 [M]. 张利等译.北京：中国建筑工业出版社，2004.

[57] 周曦，李湛东编著.生态设计新论——对生态设计的反思和再认识 [M]. 南京：东南大学出版社，2003.

[58] 傅伯杰等.景观生态学原理及应用 [M].北京：科学出版社，2001.

[59]（日）真锅恒博.住宅节能概论 [M].北京：中国建筑工业出版社，1987.

[60] 刘加平.建筑物理 [M].北京：中国建筑工业出版社，2000.

[61] 张彤.整体地区建筑 [M].南京：东南大学出版社，2003.

[62] 葛丹东.中国村庄规划的体系与模式——当代新农村建设的战略与技术 [M].南京：东南大学出版社，2010.

[63] 周若祁，王竹等.黄土高原绿色建筑体系与黄土高原基本聚居模式 [M].北京：中国建筑工业出版社，2007.

[64]Hamdi N. Housing without Houses：Participation，Flexibility，Enablement[M].New York：Van Nostrand Reinhold Company，1991.

[65]Donald Watson，FAIA，Kenneth Labs.Climate Design：Energy-Efficient Building Principles and Practices[M]. New York：McGraw—Hill Book Company，1983.

[66]Baruch Givoni. Climate Considerations in Building and Urban Design[M]. New York：Van Nostrand Reinhold，1998.

[67]Victor Olgyay. Design with Climate：Bioclimatic Approach to Architectural Regionalism[M]. Princeton：Princeton University Press，1967.

[68]Baruch Givoni. Passive and Low Energy Cooling of Buildings[M]. New York：Van Nosterand Reinhold，1994.

期刊

[1] 刘加平.传统民居生态经验的科学化与再生 [J]. 中国科学基金，2003（4）：234-236.

[2] 房志勇.传统民居聚落的自然生态适应研究及启示 [J]. 北京建筑工程学院学报，2000（1）：50-58.

[3] 王冬. 乡土建筑的技术范式及其转换 [J]. 建筑学报, 1993 (8)：26-27.

[4] 韩冬青. 类型与乡土建筑环境——谈皖南村落的环境理解 [J]. 建筑学报, 1993 (8)：52-55.

[5] 蔡镇珏. 中国民居的生态精神 [J]. 建筑学报, 1999 (7)：53-56.

[6] 邓晓红, 李晓峰. 从生态适应性看徽州民居 [J]. 建筑学报, 1999 (1)：9-11.

[7] 王建国. 世界乡土居屋和可持续性建筑设计 [J]. 建筑师, 2005 (6)：6-14.

[8] 朱馥艺. 干阑——传统生态建筑的时代思考 [J]. 华中建筑, 1999 (6)：87-89.

[9] 孙大鹏等. 可持续的农村住宅营建体系初探 [J]. 华中建筑, 2006 (12)：25-27.

[10] 杨大禹. 中国传统民居的技术骨架 [J]. 华中建筑, 1997 (1)：8-11.

[11] 罗康隆. 论民族生计方式与生存环境的关系 [J]. 中央民族大学学报 (社科版), 2005 (5)：44-51.

[12] 罗康隆. 文化理性与生存样态的文化选择 [J]. 吉首大学学报 (社科版), 2006 (3)：70-77.

[13] 曲冰等. 活的建筑——关于建筑类生命特征的思考 [J]. 建筑学报, 2005 (1)：48-52.

[14] 齐康. 建筑·空间·形态——建筑形态研究提要 [J]. 东南大学学报 (自然科学版), 2000 (1)：1-6.

[15] 付已榕. 无限的空间——莫比乌斯住宅之挑战 [J]. 新建筑, 2006 (5)：85-87.

[16] 李滨泉等. 建筑形态的拓扑同胚演化 [J]. 建筑学报, 2006 (5)；51-54.

[17] 张宏. 等级居住与宗法礼制——兼析中国古代传统建筑基本特征 [J]. 东南大学学报, 1998 (6)：22-26.

[18] 汪丽君等. 以类型从事建构——类型学设计方法与建筑形态的构成 [J]. 建筑学报, 2001 (8)：42-46.

[19] 陈伟. 徽州乡土建筑演变的内在机制与启示 [J]. 规划师, 2001 (5)：57-65.

[20] 王冬. 现代设计方法论与乡土建筑的"过程" [J]. 新建筑, 1998 (2)：13-14.

[21] 陈伟. 徽州乡土建筑和传统聚落的形成、发展与演变 [J]. 华中建筑, 2000 (3)：123-125.

[22] 曾坚. 多元拓展与互融共生——广义地域建筑的创新手法探析 [J]. 建筑学报, 2003 (6)：11-13.

[23] 成思危. 复杂科学与系统工程 [J]. 管理科学学报, 1999 (6)：2-7.

[24] 谭跃进等. 复杂适应系统理论及其应用研究 [J]. 系统工程, 2001 (9)：1-6.

[25] 周民良. 黄土高原的生态建设与结构调整 [J]. 经济研究参考, 2003 (22)：12-18.

[26] 李素清. 黄土高原产业结构调整与生态产业建设对策 [J]. 太原师范学院学报（自然科学版），2004（3）：66-70.

[27] 李壁成等. 黄土高原城镇化发展战略研究 [J]. 水土保持研究，2005（3）：145-147.

[28] 袁建平，蒋定生. 论黄土高原沟壑区几种土地资源开发利用模式 [J]. 中国水土保持，1999（4）：20-23.

[29] 周庆华. 基于生态观的陕北黄土高原城镇空间形态演化 [J]. 城市规划汇刊，2004（4）：84-87.

[30] 刘瑾. 农村社会变迁研究中的传统与现代 [J]. 西北工业大学学报（社会科学版），2003（4）：27-29.

[31] 钱雪飞. 农民城乡流动与农村社会结构变迁 [J]. 江西社会科学，2005（2）：20-24.

[32] 朱又红. 我国农村社会变迁与农村社会学研究述评 [J]. 社会学研究，1997（6）：44-54.

[33] 郑萍. 村落视野中的大传统与小传统 [J]. 读书，2005（2）：11-19.

[34] 岳邦瑞等. 国内地区建筑研究的路径 [C]. 第十五届中国民居学术研讨会，2007：245-249.

[35] 钱大行. 住宅适应性设计对可持续使用功能的影响 [J]. 住宅科技，2006（5）：37-40.

[36] 席晖. 适应性设计——支撑体住宅理论及实践 [J]. 城乡建设，2007（3）：67-68.

[37]（德）克劳斯·丹尼尔斯. 通过整体设计提高建筑适应性 [J]. 世界建筑，2000（4）：19-22.

[38] 刘加平等. 黄土高原新型窑居建筑 [J]. 建筑与文化，2007（4）：39-41.

[39] 汝军红. 辽东满族民居建筑地域性营造技术调查——兼谈寒冷地区村镇建筑生态化建造关键技术 [J]. 华中建筑，2007（1）：73-76.

[40] 陈洋等. 关于黄土高原城乡住区的集雨节水 [J]. 华中建筑，2001（5）：1-8.

[41] 杨柳. 新型窑居太阳房设计与热环境分析 [J]. 西安建筑科技大学学报（自然科学版），2003（3）：23-27.

[42] 杨经文. 绿色摩天楼的规划与设计 [J]. 世界建筑，1999（2）：21-29.

[43] 李凯生. 乡村空间的清正 [J]. 时代建筑，2007（4）：10-15.

[44] 王怡，杨柳，刘加平等. 传统与新型窑居建筑的室内环境研究 [J]. 西安建筑科技大学学报（自热科学版），2001（12）：309-312.

[45] 王冬. 乡村聚落的共同建造与建筑师的融入 [J]. 时代建筑，2007（4）：16-21.

[46] 王冬. 乡土建筑的技术范式及其转换 [J]. 建筑学报，1993（8）：26-27.

[47] 戴帅等. 上下结合的乡村规划模式研究 [J]. 规划师，2010（1）：6-12.

[48] 李芗. 东南传统聚落生态学研究初探 [J]. 小城镇建设，2001（9）：10-15.

[49] 刘莹，王竹. 绿色住居"地域基因"理论研究概论 [J]. 新建筑，

2003（2）：21-23.

[50] 徐淑宁，王竹 . 绿色住居界面机理研究初探 [J]. 华中建筑，2004（1）：26-28.

[51] 裘晓莲，王竹 . 地域绿色住居可持续发展评价体系——神经元网络的理论构建 [J]. 华中建筑，2002（3）：7-12.

[52]Carlo R. Dana R., Koen S.Building Form and Environmental Performance：Archetypes, Analysis and an Arid Climate[J].Energy and Buildings，2003，35.

[53]A.F.Tzikopoulos, M.C. Karatza, J.A. Paravantis. Modeling Energy Efficiency of Bioclimatic Buildings，2005，37.

[54]N.M. Nahar, P. Sharma, M.M. Purohit.Performance of Different Passive Techniques for Cooling of Buildings in Arid Regions[J].Building and Environment，2003，38.

[55]M.M. Purohit, Shruti Aggarwal, G.N. Tiwari, N.M. Nahar, P. Sharma, Studies on Solar Passive Cooling Techniques for Arid Areas[J].Energy Conversion and Management，1999，40.

[56]R.P. Leslie. Capturing the Daylight Dividend in Buildings：Why and How?[J]. Building and Environment，2003，38.

[57]Ralph L. Knowles.The Solar Envelope：Its Meaning for Energy and Buildings[J]. Energy and Buildings，2003，35.

学位论文

[1] 贺勇 . 枣园黄土高原绿色住区试验研究 [D]. 西安：西安建筑科技大学硕士学位论文，1998.

[2]李立敏 . 从控制论的角度研究枣园绿色住区可持续发展机制 [D]. 西安：西安建筑科技大学硕士论文，1998.

[3] 贺勇 . 适宜性人居环境研究——"基本人居生态单元"的概念与方法 [D]. 杭州：浙江大学博士论文，2004.

[4] 杨柳 . 建筑气候分析与策略研究 [D]. 西安：西安建筑科技大学博士论文，2003.

[5] 王怡 . 寒冷地区居住建筑夏季室内热环境研究 [D]. 西安：西安建筑科技大学博士学位论文，2003.

[6] 赵群 . 传统民居生态建筑经验及其模式语言研究 [D]. 西安：西安建筑科技大学博士学位论文，2004.

[7] 滕军红 . 整体与适应——复杂性科学对建筑学的启示 [D]. 天津：天津大学博士论文，2002.

[8] 苏宏志 . 系统科学的建筑观与创作方法研究 [D]. 重庆：重庆大学博士论文，2007.

[9] 黄欣荣 . 复杂性科学的方法论研究 [D]. 北京：清华大学博士论文，2005.

[10] 刘晖 . 黄土高原小流域人居生态单元及安全模式——景观格局分析方法与应用 [D]. 西安：西安建筑科技大学博士论文，2005.

[11] 雷振东 . 整合与重构——关中乡村聚落转型研究 [D]. 西安：西安建筑科技大学博士学位论文，2005.

[12] 裴晓莲 . 长江三角洲地域绿色住居可持续发展评价方法探讨研究 [D]. 杭州：浙江大学硕士学位论文，2004.

[13] 刘莹 . 从生物基因原理研究地域绿色住居 [D]. 杭州：浙江大学硕士论文，2003.

[14] 徐淑宁 . 从生物膜结构的角度研究绿色住居 [D]. 杭州：浙江大学硕士论文，2001.

[15] 王杉 . 长江三角洲地域绿色住居评价体系软件设计 [D]. 杭州：浙江大学硕士论文，2006.

[16] 张樯 . 持久与灵活的创造——建筑弹性设计理论与实践研究 [D]. 天津：天津大学硕士学位论文，2004.

[17] 陈飞 . 建筑与气候——夏热冬冷地区建筑风环境研究 [D]. 上海：同济大学博士学位论文，2007.

[18] 陈宇青 . 结合气候的设计思路——生物气候建筑设计方法研究 [D]. 武汉：华中科技大学硕士论文，2005.

[19] 谭良斌 . 传统民居建筑环境发展演变机理研究 [D]. 西安：西安建筑科技大学硕士论文，2004.

[20] 陆莹 . 乡镇民居营造中的标准化与非标准化——由编制丽江新民居图集引发的思考 [D]. 昆明：昆明理工大学硕士论文，2006.

[21] 张钊 . 生态视野下的聚落形态和美学特征研究 [D]. 天津：天津大学硕士论文，2006.

[22] 朱芬萌 . 陕西黄土高原生态环境重建技术对策研究 [D]. 咸阳：西北农林科技大学硕士论文，2001.

[23] 王安 . 适宜生长的集镇居住建筑设计初探——以川渝丘陵地区为例 [D]. 重庆大学硕士学位论文，2004.

后　记

从吴良镛先生在《北京宪章》中提出研究地区建筑学，探索在全球化趋势下具有中国特色的城市与乡村发展道路以来已有十余年，这期间我国城镇化的速度突飞猛进，社会主义新农村建设全面开展。研究基于地域现状的地区营建方式，关键是将植根于地区环境的营建智慧在当下的语境中有机转化并获得再生，这是解决现阶段地区人居环境建设中矛盾与问题的有效求解途径。

本书着眼于地区营建的范式研究，挖掘与整理那些已被或将被遗失的"地方性知识"，以多学科的视角与方法，致力于建构有利于地区人居环境可持续发展的营建体系及形态模式。研究内容关注于问题的思考与学术增长点，而涉及学科领域的系统研究未有深入触及，还有待于本人在后续的研究中进一步地推进，也诚恳地希望在此学术道路上的同仁们批评指正。

本书由魏秦主稿，其中第1章至第3章、第5章、第8章、及第4章与第6章主要部分由魏秦撰写，第4.2节由王竹、魏秦、刘莹共同完成；第4.6节由王竹、裘晓莲完成；第6.3节由王竹、魏秦、贺勇共同完成；第7章、第9章、第10章部分内容是在《黄土高原绿色建筑体系与基本聚居单位住区模式研究报告》的基础上发展完成的，由王竹、魏秦、贺勇、李立敏共同撰写。

对学术研究方向的探究从来就是一个快乐与痛苦并存的漫长修炼过程，反复的思索与煎熬伴随着层层疑问化解的过程，即使问题解决尚在继续，但是这种研究的探索状态可以说是一个专业研究者研究历程的宝贵财富积累。在本书即将出版之际，回顾自己进入地区建筑学的研究领域，不知不觉已有十余个年头了。选择地区人居环境研究作为我的主攻研究方向，这归功于我的导师王竹教授的一贯引领与指导，是先生为我指引了地区建筑学研究之路。当时我作为一名对专业还一知半解的本科生，参与了国家自然科学基金重点项目《黄土高原绿色建筑体系与基本聚居单位住区模式》的示范点——枣园绿色住区的规划设计工作，直至后来师从先生继续攻读硕士研究生，才算是正式步入地区建筑学的研究领域，重点从地区建筑原型入手，探讨地区建筑营建的基本原理与深层结构。从古朴厚重的西北高原到山灵水秀的江南水乡，伴随着从西北到东南的地域转变，我也完成了从学生到教师的角色转换。之后进入浙江大学，再次拜师于王竹教授门下，又参与了先生承担的国家自然科学基金项目"长江三角洲城镇基本住居单位可持续发展适宜性模式研究"，并对长三角地区的传统聚落与住居营建进行了深入的调研，在已有的研究基础之上，完成了博士论文《黄土高原地区人居环境营建体系的理论与实践研究》，以黄土高原的实践研究为着生点，从多学科视角提出地区营建体系的概念。

无论是从专业启蒙的西安、教学工作的上海，还是学术启智的杭州，都让我得以在相当稳定的时间与空间内，从多元的视角下来审视与思考不同地域人居环境的状况与问题。回顾十余年来研究历程的每一步，都是在王竹教授的辛勤栽培与教诲下点点滴滴积累而来，先生广阔的学术视野、敏锐而富有创造力的学术思想、严谨求实的治学态度、克己宽厚的师者风范都时时刻刻激励着我。值此书出版之际，首先要深深感谢恩师自始至终给予我最大的指导、支持与关照：从开始跟随先生进行乡村调研与访谈，在先生的言传身教下进行乡村规划设计；仔细研读先生推荐并为我重点注释的书目；先生不厌其烦给我解答研究思考过程中的疑难与困惑，总能在我迷失研究方向之时，引领我回归研究正途；到每一次学位论文的指导，从选题、研究方法、论文架构到阐述方式，先生都倾注大量心血；是恩师在学术研究上的不断启发与引导、课余生活中的点拨与教诲才开启我研究的新思维，让我逐渐成为一个拥有自己研究方向与学术理想的专业人员。而本书自始至终又是在老师的学术思想与观点影响下而逐步深化展开的。

　　地区人居环境研究是一个需要多学科融贯综合的复杂课题，研究进展的每一步都无法离开多学科团队合作的共同努力。所以，本书也是依托于不同阶段的学术团队共同工作的成果，尤其是选题的提出与研究框架的建立，始终伴随着不同研究团队老师们的启发与研究团队伙伴间的交流，完整的理论架构又是在学术团队既有成果的充实与凝练下才得以更为扎实的。无论是西安的黄土高原绿色建筑体系研究团队，还是杭州的"长三角"人居环境营建研究团队，都为本书的选题启发、体系架构与内容充实提供了扎实的素材。因而可以说，本书不仅仅是作者本人多年学术研究积累的成果，还是对两个研究团队整体研究成果的集成与提升。

　　值本书出版之际，还要特别向两个研究团队中给予启智与帮助的老师们：西安建筑科技大学的刘加平院士、西安交通大学的周若祁教授、西安建筑科技大学的王军教授等致以诚挚的谢意！刘加平老师高瞻远瞩的学术素养，敏锐而通达的学术头脑，在研究数据采集与分析、地区建筑的气候学方面给予本书很大的思路启发与研究的技术支撑；周若祁老师严谨缜密的治学风范，鼓励我把握每一次学习与研究的机会；王军老师对西北地区民居的大量研究为本书实证的分析研究提供了不少思想启发，有幸能够进入这样一个思想活跃而进取的研究团队中，可视为受用一生的宝贵财富。

　　也要感谢在西安建筑科技大学黄土高原绿色建筑体系研究团队曾经一起的研究伙伴杨柳教授、闫增峰教授等，在隆冬与盛夏时数次共同下乡调研与测试，学科间相互的启发与研讨，为研究获得了大量的数据资料与分析成果；与李立敏副教授共同参与设计讨论，她从控制论视角研究绿色住区的观点对本书的理论平台架构有很大的启发，终生难忘那段研究经历！

　　还要感谢浙江大学"长三角"人居环境营建研究团队中的贺勇教授、于文波教授、曹永康副教授、朱晓青副教授、刘莹、徐淑宁、裘晓莲、朱炜、王杉、王建华、张海燕等学术伙伴，课题研究中，大到研究框架的讨论，小到研究资料的收集，他们都无私地分享与给予，不厌其烦地在课余讨论选题与研究方法。尤其是与贺勇师兄共同参与王竹教授的多个课题研究，师兄活跃的研究思路与宽阔的学术视野深深影响着我；而刘莹对绿色住居地域基因理论的研究、徐淑宁对绿色住居界面机理的研究、裘晓莲从神经元网络理论对绿色住居评价体系的研究，都为本书的理论方法与平台架构提供了大量的基础研究成果，浙江大学人居环境营建研究团队的浓郁学术氛围拓宽了作者的研究视野，也成就了本书理论方法的基本核心框架，对于他们对本书的贡献再次致以真诚的谢意！

感谢清华大学的单军教授、中国美术学院的王国梁教授、浙江大学的杨秉德教授、华晨教授，他们都为本书提出了许多建设性的意见。

本书得以出版还要感谢中国建筑工业出版社的副总编辑张惠珍女士、李东禧主任对论著出版的支持与多方关照；也要感谢负责本书出版工作的唐旭主任与编辑李成成女士，正是由于他们细致周到的工作与辛勤的付出，使本书得以顺利出版。

最后，由衷地感谢我的家人无怨无悔的支持与鼓励，本书完稿离不开他们一直默默的付出，希望本书的出版可以告慰在母亲的天之灵。

魏秦
2013 年 8 月 20 日于上海